普通高等教育计算机类课改系列教材

网络编程原理与实践

张彤　王煦　高天　编著

西安电子科技大学出版社

内 容 简 介

本书主要以 Ubuntu 操作系统和 Web 浏览器为运行环境,详细且全面地介绍了计算机网络编程的概念、原理和方法。全书共分为三个部分:第一部分为第 1 章和第 2 章,主要介绍网络编程和 Ubuntu 系统的概念;第二部分为第 3 章至第 9 章,主要介绍网络层和传输层的编程原理及方法;第三部分为第 10 章至第 14 章,主要介绍应用层的编程原理及方法。本书从扩展的全栈开发角度,全面讲解了网络编程系统,可使读者整体理解和使用网络编程体系。

本书可作为高等学校计算机专业的本科教材,也可供网络编程社区成员、软件开发爱好者参考。

图书在版编目(CIP)数据

网络编程原理与实践 / 张彤, 王煕, 高天编著. -- 西安 : 西安电子科技大学出版社, 2024.8. -- ISBN 978-7-5606-7302-8

Ⅰ. TP393.4

中国国家版本馆 CIP 数据核字第 20246C9N20 号

策　　划	高　樱　明政珠
责任编辑	高　樱
出版发行	西安电子科技大学出版社(西安市太白南路 2 号)
电　　话	(029) 88202421　88201467　　邮　编　710071
网　　址	www.xduph.com　　　　电子邮箱　xdupfxb001@163.com
经　　销	新华书店
印刷单位	咸阳华盛印务有限责任公司
版　　次	2024 年 8 月第 1 版　　2024 年 8 月第 1 次印刷
开　　本	787 毫米×1092 毫米　1/16　　印　张　19
字　　数	450 千字
定　　价	56.00 元

ISBN 978-7-5606-7302-8

XDUP 7603001-1

*** 如有印装问题可调换 ***

前 言

本书的编写目的是为计算机专业本科课程"网络编程原理与实践"的教学提供一本多层次的教材，使读者能够全面理解和掌握从链路层到应用层的网络设计原理和编程方法，本书也可作为自学网络编程的技术人员的参考书。

本书共 14 章。第 1 章介绍了网络编程的基础知识，从网络接口层到应用层，对网络编程的原理进行了系统性的讲述；第 2 章介绍了 Ubuntu 操作系统中与网络编程相关的基础知识；第 3 章到第 9 章主要介绍了基于套接字和 IPC 的网络编程、基于 I/O 模型及服务器模型的网络编程，主要包括使用 C/C++语言、使用 gedit 的纯文本界面和使用 Qt 的图形化界面进行编程；第 10 章到第 14 章介绍了应用层的网络编程，主要使用 JavaScript 和 Node.js 语言进行编程，涉及静态网页设计、动态网页设计、长连接、物联网、全栈开发等内容。书中的程序设计，在网络层、传输层主要基于 Ubuntu 环境，应用层的前端基于 Web 浏览器，应用层的后端基于 Node.js，读者在学习过程中也会对这些环境有更深刻的理解。我们在书中还介绍了许多常用的网络编程调试工具、集成开发环境、第三方工具，这些都有助于读者分析和测试网络程序。

本书的第 1 章至 5 章由王煦编写，其他章节由张彤编写，高天对程序测试做了大量的工作，全书由张彤统稿。本书的第 3 章至第 9 章继承和借鉴了方敏、张彤编著的《网络应用程序设计》一书(西安电子科技大学出版社 2005 年出版)。本书的编写得到了方敏教授的热情指导和帮助，在此对方敏教授表示衷心的感谢。本书在写作和编程过程中使用了很多国产软件，也较多地借助了讯飞星火、ChatGPT 等智能平台，以及讯飞语音、百度翻译等工具，在此对这些平台和工具的创造者表示敬意。

本书获得"西安电子科技大学教材建设基金资助项目"的立项和资助，在此表示感谢。

本书相关的程序存放在西安电子科技大学出版社官网的"资源中心"，读者可以下载使用。如有问题可以给 1489495702@qq.com 留言。如果后续联系方式有变化，我们将在上述网站中说明。

编者
2024 年 3 月

目　　录

第 1 章　网络编程基础 1
1.1　概述 1
1.1.1　网络编程简介 1
1.1.2　ISO/OSI 模型与 TCP/IP 模型 3
1.1.3　服务模型和服务方式 6
1.2　TCP/IP 网络协议 7
1.2.1　IPv4 协议 7
1.2.2　TCP 协议 8
1.2.3　UDP 协议 11
1.2.4　HTTP 协议 12
1.2.5　链路层协议 15
1.3　抓包工具 Wireshark 17

第 2 章　Ubuntu 系统 21
2.1　Linux 和 Ubuntu 21
2.1.1　简介 21
2.1.2　VMware Workstation 22
2.1.3　Ubuntu 安装与配置 26
2.2　常用 Shell 指令和工具 27
2.2.1　常用 Shell 指令 27
2.2.2　常用工具 31

第 3 章　TCP 套接字编程 34
3.1　概述 34
3.1.1　套接字 34
3.1.2　套接字地址 35
3.1.3　字节顺序 36
3.2　TCP 套接字函数 37
3.2.1　套接字函数和 C/S 编程模型 37
3.2.2　应用示例 44
3.3　DHCP 54
3.4　DNS 与域名访问 56
3.4.1　DNS 系统 56
3.4.2　域名访问函数 57

第 4 章　UDP 套接字函数和高级套接字函数 59
4.1　UDP 套接字函数 59

  4.1.1 套接字函数和 C/S 编程模型 59
  4.1.2 应用示例 61
 4.2 高级套接字函数 65
 4.3 多路复用 73

第 5 章 原始套接字及带外数据和 IPv6 编程 78
 5.1 原始套接字 78
  5.1.1 建立和选项 78
  5.1.2 ping 程序编写 81
 5.2 TCP 带外数据 89
  5.2.1 带外数据概念 89
  5.2.2 带外数据编程 91
 5.3 IPv6 编程 97
  5.3.1 IPv6 协议 97
  5.3.2 IPv6 套接字编程 99

第 6 章 套接字编程 103
 6.1 Qt 编程 103
  6.1.1 Qt 的发展历程 103
  6.1.2 Qt 的主要特点 103
  6.1.3 Qt 的基本类 105
  6.1.4 Qt 编程示例 105
 6.2 Windows 环境下的套接字函数编程 113
 6.3 C#编程 117

第 7 章 信号和进程 123
 7.1 信号 123
  7.1.1 信号机制 123
  7.1.2 信号发送 124
  7.1.3 信号接收和处理 125
  7.1.4 信号集合 128
 7.2 进程 130
  7.2.1 Linux 进程管理 130
  7.2.2 进程的生命过程 131
  7.2.3 调用 exec() 135
  7.2.4 进程的同步 136
  7.2.5 进程的终止 137
 7.3 守护进程 141
  7.3.1 守护进程编程 141
  7.3.2 超级守护进程 145

第 8 章 进程间通信 147
 8.1 概述 147

8.2 管道和命名管道 148
   8.2.1 管道 148
   8.2.2 命名管道 153
8.3 Unix 域套接字 156
   8.3.1 命名 Unix 域套接字 156
   8.3.2 非命名 Unix 域套接字 159
8.4 信号灯和共享内存 161
   8.4.1 信号灯 161
   8.4.2 共享内存 166

第 9 章 I/O 模型和服务器模型

9.1 I/O 模型及编程 170
   9.1.1 概述 170
   9.1.2 阻塞式 I/O 编程 171
   9.1.3 非阻塞式 I/O 编程 175
   9.1.4 多路复用 I/O 编程 178
   9.1.5 信号驱动 I/O 编程 180
9.2 服务器模型及编程 184
   9.2.1 循环服务 184
   9.2.2 并发服务 185
   9.2.3 epoll 191

第 10 章 云网站的搭建

10.1 概述 201
   10.1.1 云网站的优点和问题 201
   10.1.2 基本服务模型 201
10.2 Nginx 服务器 202
   10.2.1 Nginx 概述 202
   10.2.2 Nginx 配置 206
   10.2.3 URL 匹配及跨域问题 210
   10.2.4 Nginx 的运行 212
10.3 工具 WinSCP 213
10.4 工具 VNC Viewer 213

第 11 章 基于 HTML 的静态网页编程

11.1 HTML 概述 216
11.2 HTML 常用标签 217
   11.2.1 基本结构及文本 217
   11.2.2 表格/表单和输入/输出 219
   11.2.3 语义元素 221
   11.2.4 图形/图像和其他多媒体 223
   11.2.5 脚本及其他 225

11.3　CSS 和 CSS3 226
　11.3.1　选择器 226
　11.3.2　盒子模型 229
　11.3.3　CSS 属性类型 230

第 12 章　基于 JavaScript 和 Node.js 的动态网页编程 235

12.1　JavaScript 235
　12.1.1　概述及语法 235
　12.1.2　js 函数 237
　12.1.3　DOM 和事件处理及 JQuery 239
　12.1.4　外部函数引用 245
　12.1.5　异步编程 249
12.2　Node.js 254
　12.2.1　概述和安装配置 254
　12.2.2　事件循环 256
　12.2.3　模块 258

第 13 章　WebSocket 和 MQTT 261

13.1　WebSocket 261
　13.1.1　长连接概念 261
　13.1.2　基于 WebSocket 的聊天室 262
13.2　MQTT 267
　13.2.1　物联网与 MQTT 协议 267
　13.2.2　基于云平台的 MQTT 服务器 269
　13.2.3　基于 Node.js 的 MQTT 编程 277

第 14 章　全栈开发示例 282

14.1　全栈开发和示例方案 282
　14.1.1　全栈开发 282
　14.1.2　示例方案 282
14.2　硬件系统设计 284
14.3　后端和 MQTT 系统设计 289
14.4　前端设计 290

参考文献 294

第 1 章 网络编程基础

1.1 概 述

1.1.1 网络编程简介

计算机网络已经是我们大多数人生活和工作的一部分，当一个人发现手机没电或者断网的时候，他往往会产生与世隔绝，被世界抛弃的感觉。是的，计算机网络为我们提供了强大的服务，支持我们的生活和工作。那么，计算机网络的定义是什么呢？让我们来向计算机网络提出这个问题吧。打开 https://chat.openai.com/ 网站，向 ChatGPT 输入提问词：computer network 和 definition。我们将得到如下的回复：

Definition:

  A computer network is a collection of interconnected computers and other devices that are capable of sharing resources and information with each other. The primary purpose of a computer network is to facilitate communication and data exchange among connected devices. Networks can be classified based on their size, geographical coverage, and the communication protocols they use.

我们再来访问一家中国的 AI 平台讯飞星火，打开网站 https://xinghuo.xfyun.cn/desk，输入关键词：计算机网络、定义。得到回复：

  计算机网络是指将地理位置不同的具有独立功能的多台计算机及其外部设备，通过通信线路连接起来，在网络操作系统、网络管理软件及网络通信协议的管理和协调下，实现资源共享和信息传递的计算机系统。

把二者综合并简化一下，可得到这样的定义：计算机网络是将多台计算机等设备通过通信线路连接起来，实现信息交互的系统。

网络编程的涵盖范围比计算机网络这个定义要稍微广泛一点，网络编程除了要考虑计算机之间的信息交互，还要考虑计算机内部各个程序之间的信息交互。在一台计算机上常常同时运行着成百上千个程序，每个程序内部又可能分为多个线程，这些程序之间和线程之间都存在着信息交互的问题。

线程之间的交互可以直接通过内存访问来解决，具有最高的效率；而同一台计算机上不同进程之间的交互可以通过 IPC(Inter-Process Communication)方法和相关协议来实现，具有比较高的效率；不同计算机上程序之间的交互则需要通过网络设备及 TCP/IP 等网络协议来解决，效率相对较低。因此，从网络编程的角度来看，计算机网络是通过通信线路将多个程序连接在一起，实现信息交互的系统。

计算机网络从工作方式来划分，可以分为网络边缘和网络核心两部分。

网络边缘主要由主机和应用程序(包括客户端和服务器)组成，是用户直接使用的，用来进行数据通信和资源共享的部分。例如，运行应用程序(如浏览器、HTTP 服务器)的主机位于网络边缘。网络核心是为边缘部分提供连通性和数据交换基础的服务网络，由大量网络服务设备和连通设备(如路由器)组成。

本书所讨论的网络编程，是指用于网络边缘的各节点之间进行交互的应用程序的设计与实现，不涉及路由器等网络核心设备的程序设计。

计算机网络的通信线路多种多样，包括电路板、同轴电缆、光纤、无线电等，数据在这些线路上传输时，会受到各种各样的干扰和攻击，会产生数据错误、数据丢失和数据被窃取等问题；同时，由于核心设备特别是路由器绝大多数采用分组交换的方式，会造成数据传输过程中数据延迟、数据重复等问题。因此，总体上说，通信线路是一种不可靠介质。网络编程的目的就是在这种不可靠介质的基础上，通过正确使用网络协议和进行巧妙的程序设计，实现应用程序间高效、安全和可靠的信息交互。

网络编程(或者说是网络应用程序设计)涉及的计算机技术内容比较多，包括网络协议、操作系统、数据库、编程语言、编程模型、编程方式等。本书主要基于 TCP/IP 协议、Linux 操作系统、C/C++ 语言、JavaScript 语言展开学习和讨论。

计算机网络按规模来划分，可分为 Internet、广域网(WAN)、城域网(MAN)、局域网(LAN)、个域网(PAN)、体域网(BAN)，如图 1.1 所示。其中，个域网(Personal Area Network，PAN)由于通常采用无线通信的方式，因此又称 WPAN (Wireless Personal Area Network)，是一种通信范围大约在人体周边几米至十几米内，实现个人与周边小范围内智能设备互连的网络，如手机与蓝牙手环的连接。体域网(Body Area Network，BAN)则是通信范围在人体周边几米至人体内部，实现个人与周边很小范围内、以

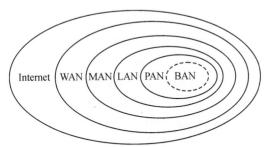

图 1.1 按规模划分的网络体系

及人体表面和人体内部智能设备互连的网络，如与帕金森病人颅内的脑起搏器的无线连接。BAN 因目前应用较少，所以也常常被归于 PAN 范畴以内。对于网络编程而言，从 Internet 到局域网的连接基本可以采用 TCP/IP 协议解决，它们具有比较通用的编程模型和方法。对于 PAN 和 BAN，很多情况下在传输层和网络层 TCP/IP 协议不能适用，但在应用层已经有各种各样的解决方案和技术，可以使用与 LAN 等更大规模网络一致的方法解决问题。

通过对本书的学习，你可以做很多有趣的事情，你可以搭建自己的网站，可以实现计算机和手机之间的聊天，可以实现对家中智能设备的控制，等等。

在学习和练习的过程中需要注意，计算机技术是动态发展和进步的，在教科书上讲到的技术不会是最新的技术，它只是网络编程方法在某个发展阶段的一个技术快照，你需要

在学习网络编程的基本原理和方法之后，结合现时技术来开发自己的程序。

1.1.2 ISO/OSI 模型与 TCP/IP 模型

模型化研究方法是研究计算机网络和实现网络编程的一个基本方法，既避免了涉及具体机型和技术的实现细节，也避免了技术进步对互联标准的影响。

大型的计算机网络具有节点数量多，节点的操作系统各异，字节顺序不同，通信方式、通信速度、处理能力都不相同，数据传输过程中存在缓存、丢失、重复、错误等问题。计算机网络将千差万别的计算机节点互联起来，就需要这些节点彼此之间具有开放性，需要遵守一致的互联标准协议。现在，采用的是分层的方法，将实际计算机网络系统中涉及互联的公共特性抽象出来，构成模型系统，然后基于这些模型系统来组成开放的互联网络。

1. ISO/OSI 网络模型

国际标准化组织(ISO)颁布的 ISO/OSI 网络模型，全称为开放式系统互联参考模型(Open System Interconnection Reference Model)，将网络抽象成一个具有七层结构的体系，从底层到顶层依次为物理层、链路层、网络层、传输层、会话层、表示层和应用层，每层的功能如下。

(1) 物理层：规定通信设备的机械、电气、功能和过程等特性，用于建立、维护和拆除物理链路连接，实现网内两实体间的物理连接，并按比特串行传送数据。

(2) 链路层：将原始比特流转化为有意义的数据帧，并确定设备的物理地址，以及进行一定程度的错误检测和修正。

(3) 网络层：负责数据包的发送和接收，如 IP 地址的选择。

(4) 传输层：负责数据的分割和组装、错误检测和修正，以及端到端的数据传输和流量控制。

(5) 会话层：负责建立和维护两台电脑之间的通信连接，例如创建、管理和维护会话。

(6) 表示层：负责数据的加密和解密，以及数据压缩。此外，表示层也提供一种标准表示形式，用于将计算机内部的多种数据格式转换成通信中采用的标准表示形式。

(7) 应用层：负责处理特定的应用程序细节，为应用程序或用户的请求提供各种服务。例如，应用层可以为计算机用户、各种应用程序以及网络提供接口，也可以为用户直接提供各种网络服务。

不同节点的同等层按照网络协议实现对等通信，而相邻层之间的关系是上下连接关系，每一层都利用下一层所提供的服务实现本层的功能，并为上层提供服务。信息传输在发送过程中是从高层到低层逐层传递的，在接收过程中则是从低层向高层逐层传递的。

2. TCP/IP 网络模型

TCP/IP 网络模型也被称为 TCP/IP 协议簇，是 Internet 的基础协议。该模型对 OSI 模型进行了简化，采用了四层结构，分别是网络接口层、网络层、传输层和应用层，各层主要功能如下。

(1) 网络接口层：完成实际数据通信。该层也常常被称为链路层。

(2) 网络层：使用 IP 数据包(Datagram)将数据传送到正确的目的地。

(3) 传输层：完成数据传输功能。根据 TCP/IP 数据包中的 IP 地址和端口完成连接等通信工作，相当于 OSI 模型中的传输层以及会话层的一部分。

(4) 应用层：由实际网络应用软件(FTP、HTTP 等)构成的协议层，相当于 OSI 模型的应用层和表示层以及会话层的一部分。

3. 分层模型与常用协议

OSI 网络模型与 TCP/IP 网络模型的对比如图 1.2 所示。

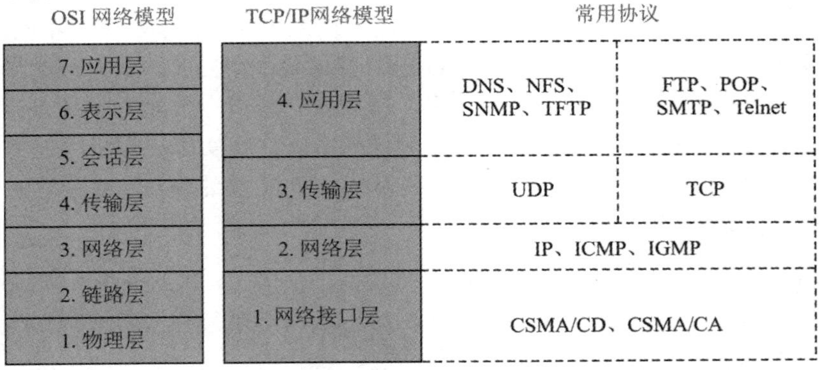

OSI 网络模型	TCP/IP网络模型	常用协议	
7. 应用层	4. 应用层	DNS、NFS、SNMP、TFTP	FTP、POP、SMTP、Telnet
6. 表示层			
5. 会话层			
4. 传输层	3. 传输层	UDP	TCP
3. 网络层	2. 网络层	IP、ICMP、IGMP	
2. 链路层	1. 网络接口层	CSMA/CD、CSMA/CA	
1. 物理层			

图 1.2 OSI 网络模型与 TCP/IP 网络模型的对比

涉及的常用协议说明如下。

(1) CSMA/CD(Carrier Sense Multiple Access / Collision Detection，载波监听多点接入/碰撞检测)、CSMA/CA(Collision Avoid，碰撞避免)：这两种协议在局域网中管理网络设备访问共享的通信介质，防止数据包冲突和网络拥塞。

(2) IP(互联网协议)：根据 IP 地址实现目标节点的定位，并完成网络层数据包的收发，是一种无连接、不可靠的网络层协议，仅仅负责数据的传输，并不保证数据的完整性和正确性。

(3) ICMP(Internet Control Message Protocol，互联网控制消息协议)：用于网络层主机之间、主机和路由器之间传递控制消息，反馈网络是否出现拥塞、节点是否可达、路由是否可用等网络状态信息。

(4) IGMP (Internet Group Management Protocol，互联网组管理协议)：负责 IPv4 组播成员管理。它主要运行于主机与组播路由器之间，在 IP 主机和与其直接相邻的组播路由器之间建立和维护组播组成员的入组、退组等管理工作。

(5) ARP(Address Resolution Protocol，地址解析协议)：将 IP 地址转换为 MAC 地址；RARP(Reverse Address Resolution Protocol，反向地址解析协议)：作用与 ARP 协议相反，将 MAC 地址转换为 IP 地址。这两种协议介于网络接口层和网络层之间。

(6) TCP (Transmission Control Protocol，传输控制协议)：是一种面向连接的、可靠的、基于字节流的传输层通信协议。在使用 TCP 协议进行数据传输之前，必须先建立 TCP 连接。在传送数据完毕后，必须释放已经建立的连接。TCP 协议还具有应答确认机制和流控能力，可以保证数据包的顺序性和完整性，从而确保数据的可靠传输。

(7) UDP(User Datagram Protocol，用户数据报协议)：提供无连接、不可靠和快速的传输层服务。UDP 常用于广播数据传输、实时数据传输和简单通信。同时，UDP 具备广播能力，可用于发现尚未入网的成员。

(8) TFTP (Trivial File Transfer Protocol，简单文件传输协议)：用于客户机与服务器之间进行简单文件传输，实现简单，占用资源小，适合局域网文件传输，但安全性较差。端口号为 69，基于 UDP 协议实现。TFTP 协议能完成的基本操作只有两种：从远程服务器上读取文件或者向远程服务器上传文件。

(9) Telnet(远程终端协议)：用于 Internet 远程登录服务，用户可以在本地的计算机上完成对远程主机的操作。Telnet 协议为用户提供了便利的网络操作途径，但其安全性较低，在进行敏感信息的传输时需要谨慎使用。

(10) SNMP(Simple Network Management Protocol，简单网络管理协议)：用于监测网上设备是否出现需要关注的事件，从而使网络管理员能够有效管理网络性能，发现并解决网络问题以及规划网络扩展方案。

(11) SMTP(Simple Mail Transfer Protocol，简单邮件传输协议)：用于电子邮件的发送和传输。SMTP 协议在邮件发送中有三个主要阶段：连接建立、邮件传送和连接关闭。在连接建立阶段，客户端向服务器发送 HELO 命令，开始建立一个传输通道。在邮件传送阶段，客户端向服务器发送 MAIL FROM 和 RCPT TO 命令，指定邮件的发送者和接收者。最后，在连接关闭阶段，客户端向服务器发送 QUIT 命令，结束邮件传送并关闭传输通道。

(12) DNS(域名系统)：用分布式数据库实现的命名系统，可以实现 IP 地址与域名的映射。

(13) NFS(网络文件系统)：用来在不同的系统间实现文件共享。

(14) FTP(File Transfer Protocol，文件传输协议)：用于在网络上进行文件传输，包括 FTP 服务器和 FTP 客户端。用户使用 FTP 客户端通过 FTP 协议访问位于 FTP 服务器上的文件资源。在客户端和服务器建立连接前要经过一个"三次握手"的过程，保证客户端与服务器之间的连接能够稳定可靠。FTP 协议有两种工作方式：主动模式和被动模式。主动模式下，服务器主动连接客户端数据端口；而在被动模式下，服务器等待客户端连接自己的数据端口。

(15) POP (Post Office Protocol，邮局协议)：主要用于电子邮件的接收。常见的版本是 POP3，使用 TCP 的 110 端口进行通信。在接收邮件时，邮件会从邮件服务器下载到本地主机上。一旦邮件被下载，POP3 服务器则会删除邮件，以此保证用户在不同设备上查看邮件时，不会重复收取同一份邮件。

基于 TCP/IP 模型，网络数据的发送和接收流程如图 1.3 所示。

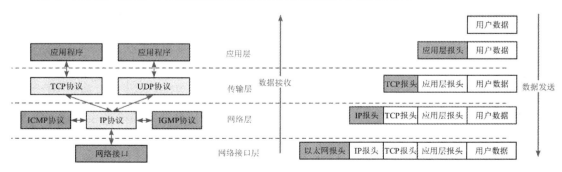

图 1.3　TCP/IP 模型的数据逐层收发

数据发送的流程是：用户的原始数据(可能是一段文字或者一张图片)在应用层附加一

些说明，形成应用层的数据包，传递给传输层；在传输层加上 TCP 头，形成 TCP 数据包，然后 TCP 数据包被传送给网络层；在网络层附加 IP 头，形成 IP 数据包，然后 IP 数据包被传送给网络接口层；在网络接口层附加以太网头，通过物理线路发送出去。接收数据的流程则相反，逐层剥离报头，最后得到用户数据。每一层除了本层数据报头以外的部分，都将作为数据包的体部数据进行传输。在数据的逐层传送过程中，可能会经历多次的分包、组包操作。

1.1.3 服务模型和服务方式

1. 服务模型

常用的计算机网络服务模型分为 C/S(Client/Server，客户机/服务器)、B/S(Browser/Server，浏览器/服务器)和 P2P(Peer-to-Peer，点对点)。其中，前两者采用有中心化的结构运行，后者采用去中心化的结构运行。

(1) C/S：客户机(也称客户端)是指运行于某个操作系统环境中的用户界面或应用程序，它向服务器(也称服务端)发出服务请求；服务器则是处理这些请求、执行所需任务，并将结果发送回客户机的应用程序。典型的 C/S 工作过程：客户机向服务器发出连接请求，服务器回复同意连接；客户机向服务器发出任务请求，服务器响应任务请求并返回结果；客户机和服务器断开连接。通常一个服务器会给大量的客户机提供服务，形成一个以服务器为中心的集中式系统。集中式系统具有易于控制和管理、安全性高的优点，但如果中心点出现故障，就会造成整个系统的崩溃。C/S 模式下，客户机与操作系统相关，程序的跨平台特性不好。

(2) B/S：也称为基于 Web 的架构，是 C/S 的一种改进模式，客户机在 Web 浏览器上运行，客户机程序与具体的操作系统无关，使得程序具有良好的跨平台特性。

(3) P2P：是一种对等结构，允许单个计算机(对等体)直接连接和共享资源，而不需要集中式服务器。每个对等体都可以充当客户端或服务器，贡献自己的资源并享用来自其他对等体的资源。P2P 以其去中心化的运行方式，降低了单点故障引发系统大范围故障的风险，但在安全性、控制和管理等方面面临着更多的复杂性。

2. 服务方式

常用的服务方式有循环服务、并发服务、混合服务。其中，循环服务的服务器依次处理每个客户端的请求，直到当前客户端的请求处理完成，才会去处理下一个客户端的请求。其优点在于实现简单且资源消耗小；但缺点也很明显，即针对某个客户机的长时间服务会阻塞其他客户端的请求，单个客户机的故障可能会造成整个系统的停运。并发服务器则运行于多任务机制，例如多进程，为每一个客户端的请求创造一个进程，各进程并行运行，一个服务器可以同时为多个客户端提供服务，单个客户机的故障不会造成整个系统的崩溃。并发服务的优点在于并行，缺点在于实现相对复杂且消耗资源较多。选择循环服务还是并发服务，需要根据任务的特点来施行，当任务简单且任务处理消耗时间很短时，可以选择循环服务；当任务复杂或处理消耗时间较长时，可以选择并发服务。混合服务是循环服务与并发服务的综合。例如：服务器平时工作于循环模式，当判断当前任务耗时较长时，则开辟一个新进程，针对当前任务进行并发服务，而主进程继续进行循环服务。

1.2 TCP/IP 网络协议

1.2.1 IPv4 协议

　　IP 协议是 Internet 网络中网络层的核心协议，是一种非面向连接的、不可靠的协议。不可靠是指数据的丢失、出错和无序。数据的无序通常是指由于多路径路由，而不同路径上路由器对数据包的缓存时长不同，从而造成先发的数据后收到，后发的数据先收到的现象。IP 协议有两个版本：IPv4 和 IPv6，前者使用 32 位地址，后者使用 128 位地址。IPv4 的数据格式如图 1.4 所示，每行 32 位(4 字节)，其中"数据"之前称为首部(头部)；"数据"可以包含多行，称为体部或数据区。

版本(4)	头部长度(4)	服务类型(8)	总长度(16)		
标识(16)			MP(3)	碎片偏移(13)	
生存时间 TTL (Time To Live)(8)		数据协议(8)	头部校验和(16)		
源 IP 地址(32)					
目的 IP 地址(32)					
选项					
数据					

图 1.4 IPv4 的数据格式

　　IPv4 格式结构的各部分含义和作用如下：
　　(1) 版本：4 位，如果值等于 4 表示是 IPv4 数据包，如果等于 6 表示是 IPv6 数据包。
　　(2) 头部长度：4 位，以行(32 位)为单位的计数值。因选项部分的长度是可变的，所以头部长度也是可变的。头部长度最小值是 5，最小的 IP 包是 20 字节。
　　(3) 服务类型：8 位，是与通信质量 QoS 相关的选项。
　　(4) 标识：16 位，数据包的唯一识别值。IP 协议维持一个计数器，每产生一个数据包，计数就 +1 作为标识。同一个数据包的各个分片具有相同的标识值。数据的分片和重组，需要借助该标识值来执行。
　　(5) MP：3 位，与数据分片相关，表示是否允许分片，以及当前分片是不是最后一个分片。
　　(6) 碎片偏移：13 位，以 8 字节为单位，用于指示分片数据在原数据报中的位置。标识、MP、碎片偏移三者共同实现了对数据报分片进行表达。
　　(7) 生存时间 TTL：8 位，表示数据包被允许在网络上存在的时间，实际是指可以经过的路由器的个数，每经过一个路由器该值减 1。当减为 0 时，路由器丢弃该数据包，不再转发，以此保证无效的数据包不会永久地生存在网络上。例如：TTL = 5，若数据包经过 5 个路由器仍未到达目的地址时，数据包将被丢弃，本次数据传送失败。如果预估数据传递的路径会比较复杂，则应当把 TTL 值设的比较大，如 TTL = 127。

(8) 数据协议：8 位，是指上层数据协议的代码，如 TCP、UDP 等。

(9) 总长度(数据包长度)：16 位，以字节为单位的整个数据包的长度。数据包长度只有 16 位，所以最大的 IP 包是 64K 字节。

(10) 头部校验和：16 位。发送数据时，首先将校验和设置为 0，然后以 16 位为单位，将数据包头部进行累加，成为 1 个 32 位数；再将该 32 位数的高 16 位和低 16 位相加，丢弃进位，得到一个 16 位数；最后对这个 16 位数进行取反操作填入头部校验和。接收数据时，以 16 位为单位将整个数据包累加，再加 1 并保留低 16 位，如果结果为 0 表示头部正确，否则表示头部出错。IP 数据包仅对头部数据进行校验，不对其承载的体部数据进行校验。

(11) 源 IP 地址：32 位，发送方的 IP 地址。

(12) 目的 IP 地址：32 位，接收方的 IP 地址。

(13) 选项：长度可变。选项这段很少被使用，主要用于网络查错、测量、安全方面的操作。

(14) 数据：长度可变，表示用户数据。

IPv4 地址实际上是一个 32 位数，为了易读易记，我们将它表达为数字点的形式。例如：100.100.2.3 表示地址 01100100 01100100 00000010 00000011B(0x64640203)。在编程时，我们需要借助函数将数字点地址与 32 位数地址进行转换。

1.2.2　TCP 协议

TCP 协议是一种面向连接的全双工通信协议，能够保证数据包可靠有效地到达接收端；并且，该协议具有流量控制能力，能够根据接收端的接收能力来调节发送端的数据发送量。

TCP 数据格式如图 1.5 所示，每行 32 位。TCP 协议是传输层的协议，在这一层引入了端口的概念。端口用来区分在同一台计算机上运行的不同的应用程序。例如：提供 Web 服务的应用程序端口是 80(十进制)，提供 FTP 服务的应用程序端口是 21。

图 1.5　TCP 数据格式

TCP 协议中各元素的含义如下：

(1) 源端口号：16 位，表示发送方的端口号。

(2) 目的端口号：16 位，表示接收方的端口号。

(3) 序列号：32 位，用来标识发送方的数据顺序。

(4) 确认号：32 位，用来标识接收方希望下一次收到的数据序列号。

(5) 头部长度：4 位，4 字节为单位的头部大小。

(6) 码位：6 个控制位，1 有效/0 无效，表明当前数据包的功能类型。
- SYN：请求建立连接；
- ACK：对收到的数据给予响应；
- RST：复位连接，即断开连接再重新开始建立连接；
- PSH：Push，通知接收方立即对收到的数据进行处理；
- FIN：Finish，请求断开连接；
- URG：Urgent，表示有紧急数据(又称带外数据)。

(7) 窗口大小：16 位，用来说明接收方能够接收多少个字节的数据，发送方据此确定下一次发送的数据量。

(8) 校验和：16 位。将 IP 伪头部、TCP 头部、TCP 数据按照 16 位的字长进行累加，对累加和取反即得到校验和。其中，IP 伪头部包括源 IP 地址(4 字节)、目的 IP 地址(4 字节)、协议号(2 字节，高字节 0 低字节 6)、TCP 包长(2 字节)，共 12 字节。

(9) 紧急指针：16 位。当 URG 位有效时，紧急指针用来指示带外数据的位置。

(10) 选项：以 32 位为单位，长度可变，可添加时间戳等。选项可以没有。

(11) 数据：表示用户数据，可以没有。

TCP 协议通过超时重发和握手(即应答)的方式来确保数据可靠地到达对方，通过序列号和确认号来保证数据的有序性，通过接收窗口来对数据流量进行调控。一个基于 TCP 协议的 C/S 交互过程，包括建立连接、数据传输和断开连接。各阶段的正常数据交互情况(TCP 数据交互过程)如图 1.6 所示。

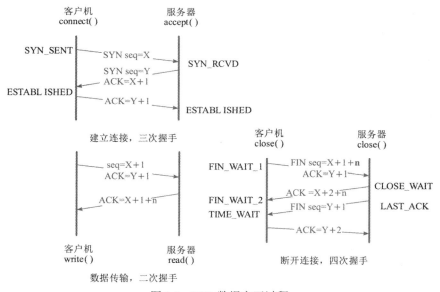

图 1.6　TCP 数据交互过程

1. 建立连接

采用三次握手的方式建立连接。首先客户机发出一个包含 SYN 的数据包，请求与服务器建立连接；服务器收到这个数据包后，回复一个包含 ACK 的响应数据包；客户机收到该响应数据包后，再对服务器回复一个含 ACK 的响应数据包，以此确定双方建立起连接。从图 1.6 中可以看到，所谓三次握手实际上是四次握手，实现了两组呼叫和应答，将其中的第二、三次握手合成为一次，从而形成三次握手。

图 1.6 中，客户机在初始的时候拥有一个由内核随机分配的序列号 X，服务器则拥有序列号 Y；客户机请求建立连接时将 X 发送给服务器，表示客户机的数据排序从 X 开始；服务器对 X 回应 X + 1，表示希望下次接收 X + 1 序号开始的数据；同时服务器把 Y 发送给客户机，客户机回应 Y + 1，表示客户机希望下次接收 Y + 1 序号开始的数据。这里，+1 表示建立连接被视为占用了 1 个字节的通信。

2. 数据传输

采用两次握手的方式进行数据传输。延续上一阶段建立连接时的序列号，发送端发出序号为 X + 1 开始的 n 个字节数据，接收端回应 X + 1 + n，n 表示收到的字节数，也就是发送端发送过来的数据量。接收端由于仅仅是确认而没有给发送端发数据，因此接收端的序列号依旧是 Y + 1。在数据传输阶段还采取了一些措施保证可靠性，主要有：

(1) 超时重传：发送方在发送了数据包后，等待一段时间，如果没有收到对应的 ACK 回复，则认为报文丢失，会重发这个数据包。

(2) 快速重传：接收方发现有数据包丢失，就会发送 ACK 报文告诉发送方重传丢失的报文。如果发送方连续收到序号相同的 ACK 包，将触发快速重传，不再等待超时而立即重传数据。

(3) 流量控制：接收方通过接收窗口告知发送方，自己还有多少缓冲区可以接收数据；发送方就调整发送数据的字节数不超过该窗口的大小，不会导致接收方没有能力接收数据。

(4) 拥塞控制：由于网络是不稳定的介质，难免会发生拥塞，而超时重发会进一步加重拥塞程度，因此需要采取拥塞控制措施，包括慢启动、拥塞避免、快重传和快恢复等。

3. 断开连接

采用四次握手的方式断开连接。发送方发出一个包含 FIN 和序列号 XX 的数据包，接收方回复一个包含 ACK 和 XX + 1 的响应包。断开连接也被视为占用了 1 个字节的通信。TCP 是全双工通信，当发送方已经没有数据可给对方发送时，就断开本方的发送通道，也就是对方的接收通道；当对方没有数据可发时，执行相同的操作，断开对方的发送通道，也就是本方的接收通道。

当本方切断了自己的发送通道，如果也立刻切断本方的接收通道时，由于对方可能正有一些数据在发送，或者对方先前发送的数据被暂时缓存在网络上，那么本方将不能收到这些数据，违背了 TCP 可靠性的设计原则。所以，需要延迟一段时间再切断接收通道，这个阶段被称为 TIME_WAIT 状态，TIME_WAIT 状态的时长是两倍的网络数据最大生存时间。在程序运行时，TIME_WAIT 状态可能会造成一些问题。例如：我们想建立一个稳定的 Web 服务器，但因电磁干扰而使这个服务器发生崩溃，此时如果马上重启这个服务器，则由于 TCP 协议还处于 TIME_WAIT 状态，使得服务端口仍被占用，重启就会失败，所以编程时常常需要关闭这个状态。

就单独通道的关闭而言，实际上是一个两次握手过程。那么是否采用三次握手更可靠呢？这里涉及两军问题。

如图 1.7 所示，蓝军的通信方式被限定只有一种：派一个士兵通过白军阵地到达另一方的蓝军阵地，也就是通过一个不可靠的介质去传递信息。蓝军如果想打败白军，那么就需要蓝军双方同时发动进攻，于是蓝军一号派一个传令兵，去向蓝军二号传达信息，要求第二天中午 12 点同时发动进攻。但这个传令兵有可能在通过白军阵地时被敌人捕获，从而不能到达蓝军二号。这样，蓝军一号是不敢在约定时间发起进攻的。如果传令兵安全地到达蓝军二号，而且又从蓝军二号安全地返回蓝军一号。此时，蓝军二号在约定的时间仍然不敢进攻，因为蓝军二号不能确认这个传令兵是否安全地返回到蓝军一号。无论这个传令兵通过多少次白军阵地为蓝军双方进行信息确认，都不能保证他最后一次通过白军阵地是成功的。也就是说，从理论上来讲，无论多少次的握手，都不能保证断开连接的绝对可靠。因此，TCP 在断开全双工信道的一条通信线路时，采用两次握手。

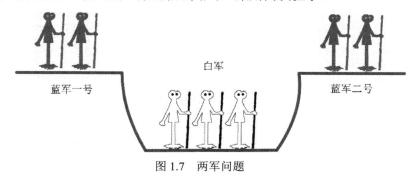

图 1.7　两军问题

4．交互过程中出错

请求连接或发送数据不成功的情况下，采用超时重发机制，若多次尝试后仍不成功，则宣告连接失败，停止继续尝试或断开连接。如果在数据传输过程中出现了错误，例如又收到先前旧的连接请求(由于路由器缓存造成)，这时就回复一个 RST 数据包，复位连接。

TCP 协议通过一系列技术手段实现了可靠、有序和流控，具有优越的性能，但得到这种性能是要付出代价的：降低了效率并且不能实现多点通信。而 UDP 协议在效率和广播方面具有优势，也得到了广泛的应用。

1.2.3　UDP 协议

UDP 协议属于传输层协议，格式比较简单，如图 1.8 所示，每行 32 位。

UDP源端口(16)	UDP目的端口(16)
UDP数据报长度(16)	UDP校验和(16)
数据	
…	

图 1.8　UDP 数据格式

UDP 的校验和计算与 TCP 类似。将 IP 伪头部、UDP 头部、UDP 数据按照 16 位的字长进行累加，对累加和取反即得到校验和。其中，IP 伪头部包括源 IP 地址(4 字节)、目的 IP 地址(4 字节)、协议号(2 字节，高字节 0 低字节 17)、UDP 包长(2 字节)，共 12 字节。

1.2.4 HTTP 协议

HTTP(Hyper Text Transfer Protocol)协议和 HTTPS(Hyper Text Transfer Protocol over Secure Socket Layer)协议，属于应用层协议，不涉及低层(传输层和网络层)的编程。(读者可以先跳过这个小节，待到阅读完第 8 章内容之后，再来看本节。)

HTTP 协议是一种明文传输协议，从数据流向上可分为两类：从浏览器到服务器的 HTTP 请求和从服务器到浏览器的 HTTP 响应。HTTP 的数据格式包含三个部分：命令、头信息、实体数据。其中，命令表明数据包的请求方法、寻找的资源路径和使用的协议版本。头信息部分主要传输服务器或者客户端的一些设定信息，可以有任意多个条目，传输时使用"名称：值"(Key-Value)的形式，可以使用 HTTP 协议规定的头信息名称，也可以根据需要自行定义。实体数据用来在 HTTP 发出 POST 请求时，提交存储参数，以 GET 方式请求时为空；在 HTTP 响应时，在此存放服务器送出的 HTML 文件。

HTTP 请求分为完全请求和简单请求。完全请求的命令数据格式是：

方法　相对 URL 路径　协议版本

例如，我们要访问中国教育网的一个网页 www.edu.cn/20050419/3134630.shtml，那么在建立好连接之后，就发出如下一条指令：

GET /20050419/3134630.shtml HTTP/1.0

其中，GET 是请求方法，表示这是一条读网页的命令。执行方法对大小写是敏感的，不能写成 get 或 Get。/20050419/3134630.shtml 表示相对路径，即不包含协议和网络地址的路径，它指明了要访问的网络资源。HTTP/1.0 表示客户方采用 HTTP1.0 版本的格式向服务器发出请求。

HTTP 常用的请求方法及其含义如表 1.1 所示。其中，最常用的请求方法是 GET 和 POST。

表 1.1　HTTP 常用的请求方法及其含义

方　法	含　义
GET	请求读一个页面
HEAD	请求读一个页面的头信息
PUT	请求存储一个页面
POST	请求附加一项资源，如 FORM 参数的传递
DELETE	请求删除一个网页
LINK	连接两个已有的资源，如连接 HTML 文件与 CSS 文件
UNLINK	切断两个已有资源的连接

HTTP 服务器收到请求后，就会返回响应信息，响应数据中包括协议版本、成功或错误代码和 MIME(Multipurpose Internet Mail Extensions，多用途互联网邮件扩展)信息。MIME 信息中包括服务器信息、实体信息和文本内容等。表 1.2 是 HTTP 响应的状态信息代码及其含义，表中 x 代表 0~9 的任意数字。

HTTP 简单请求就是数据包中不包含协议版本，如 GET /20050419/3134630.shtml，这时服务器的响应信息中将不包含头信息。

表 1.2　HTTP 响应的状态信息代码及其含义

代　码	类　型	含　　义
2xx	成功	服务器成功接受请求
3xx	重新定向	为完成请求，需采取进一步行动
4xx	客户错误	客户的请求中有错误，或服务器不能满足请求
5xx	服务器错误	服务器无法满足客户的有效请求

一个完整的 HTTP 协议会话过程包括四个步骤：

(1) 建立连接：Web 浏览器与 Web 服务器建立连接，即客户机的主动套接字与服务器 80 端口的听套接字建立连接，服务器调用 accept()函数，接受连接并创建出连接套接字。

(2) 请求服务：Web 浏览器通过套接字向 Web 服务器提交请求，即调用 write()函数，将 GET 或 POST 命令发送给服务器。

(3) 服务回应：Web 服务器读出数据，即调用 read()函数，然后进行事务处理，处理结果又通过调用 write()函数传回 Web 浏览器；Web 浏览器读出数据，并显示出相应的页面。

(4) 关闭连接：应答结束后，Web 服务器立即与 Web 浏览器断开，以保证其他 Web 浏览器能够与 Web 服务器建立连接。

我们通过一个例子来观察这个会话过程，在 Linux 系统下打开一个终端，然后运行 Telnet。会话过程如下所示，其中 C 代表客户机，S 代表服务器，T 代表 Telnet。

C: [root@localhost root]# telnet www.edu.cn 80

T: Trying 202.205.10.1...

T: Connected to www.china.edu.cn (202.205.10.1).

T: Escape character is '^]'.

C: GET /20050419/3134630.shtml HTTP/1.0

C:

S: HTTP/1.1 200 OK

S: Date: Mon, 25 Apr 2005 02:08:34 GMT

S: Server: Apache/1.3.31 (Unix) PHP/4.3.8

S: Connection: close

S: Content-Type: text/html

S:

S: <html xmlns="http://www.w3.org/TR/xhtml1/strict">

S: <head><META http-equiv="Content-Type" content="text/html; charset=GB2312">

S: <title>国产数据库产业获突破</title>

S: </head>

S: <body bgcolor="#FFFFFF" topmargin="0">

S: ......

S: </body>

S: </html>

T: Connection closed by foreign host.

首先，客户机输入想要连接的服务器主机名和端口 80，Telnet 程序找到相应的 IP 地址，然后与服务器主机的 80 端口建立连接，完成了 TCP 协议的三次握手过程。接下来，客户机发出一个完全请求数据包，要求获得路径位置的文件。由于命令可以输入多行，结束标志是一个空行，对应于 ASCII 字符的"\r\n"，因此在输入了"GET /20050419/3134630.shtml HTTP/1.0"后有一个空行。服务器成功地处理了这个请求，返回响应数据包，先是头信息，表明服务器使用 HTTP/1.1 返回数据，代码 200 表示成功接受了请求。下面是时间、Web 服务器类型、实体数据类型等，然后是一个空行，表示后面是实体数据。实体数据是一个 html(Hyper Text Markup Language)文件。因为数据量太大，这里对实体数据进行了大量的删除。实体数据传输结束后，服务器就与客户机断开了连接。Telnet 显示连接已经被对方(服务器端)断开。

如果采用简单请求，则服务器只给我们返回一个文件，而没有前面的服务器说明、数据类型说明等信息。

如果请求了一个不存在的页面，则服务器会给我们返回一个错误代码。例如，在连接后输入 GET /20050419/3134630.SHTML HTTP/1.0，服务器就会给我们返回如下信息，表示这个请求无法实现。

HTTP/1.1 404 Not Found

Date: Tue, 26 Apr 2005 09:31:15 GMT

Server: Apache/1.3.31 (Unix) PHP/4.3.8

Connection: close

Content-Type: text/html; charset=iso-8859-1

<!DOCTYPE HTML PUBLIC "-//IETF//DTD HTML 2.0//EN">

<HTML><HEAD>

<TITLE>404 Not Found</TITLE>

</HEAD><BODY>

<H1>Not Found</H1>

The requested URL /20050419/3134630.SHTML was not found on this server.<P>

<HR>

<ADDRESS>Apache/1.3.31 Server at www.edu.cn Port 80</ADDRESS>

</BODY></HTML>

Connection closed by foreign host.

HTTP/HTTPS 是 Web 的基础支撑技术之一，而 Web 是 Internet 上被普遍应用的技术。

Web 的基本技术特点包括：在传输层和网络层采用 TCP/IP 协议，缺省端口是 80；在应用层采用 HTTP/HTTPS 协议，使用超文本文档实现信息交互；基本上运行在 B/S 和 C/S 模式下。

基于 Socket 及 HTTP 协议的通信，属于明文通信，容易发生泄密、数据被窃取和篡改等问题，是不安全的通信方式。SSL(Secure Socket Layer，安全套接字层)及其升级版 TLS(Transport Layer Security，传输层安全性)属于加密协议，能够良好地保证数据的机密性，不易被第三方拦截或篡改。目前，网络上使用的基本都是 TLS，但习惯上程序员仍称其为 SSL。HTTPS(超文本传输协议安全)是 HTTP 协议和 SSL/TLS 协议的组合，提供了传统 HTTP 的安全版本。

对于应用程序设计来说，HTTP 通信和 HTTPS 通信的编程方法并没有大的区别，加解密过程是由内核及编程引擎解决的，在实际应用中我们常常通过对 Web 服务器进行配置，将 HTTP 通信自动转为 HTTPS 通信。

1.2.5 链路层协议

通常网络应用程序设计并不涉及链路层的编程，但了解一些有关链路层的协议格式等内容，有助于我们更深入地理解网络的层次结构，对于程序设计和调试过程中出现的问题能够更准确地判断。

1. 以太网协议

以太网采用总线型结构连接，所有节点都通过同一条电缆连接在一起，任何数据的发送实际都是广播，即 1 点发送所有点(包括发送者自身)都可以收到数据，接收者通过地址过滤等方式从广播数据中摘取发给自己的数据。以太网协议也被称为 MAC 协议，采用 CSMA/CD(Carrier Sense Multiple Access with Collision Detection)，即带有冲突检测的载波监听多路访问技术，特点是：先听后发，边发边听，冲突停发，随机延时后重发。具体过程是：节点在发送数据前，首先侦听通信线路上是否有载波，如果有载波就暂时不发送数据，如果没有载波，节点就向外发送数据；在发送数据的过程中进行监听，如果出现数据错误(即产生干扰或者发生碰撞)，则加强干扰，其目的是避免第三方节点再介入通信冲突；然后停止发送数据，按照退避规则产生一个随机延时，之后再重复先前的过程去抢占信道。

MAC 协议由 802.3 标准给出定义，数据格式如图 1.9 所示。

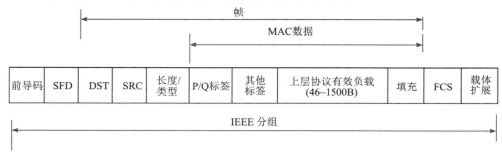

图 1.9 MAC 数据格式

各元素含义如下：

(1) 前导码(Preamble)：由 7 字节 0xAA 组成，相当于一串占空比 50%的方波，接收端通过测量方波的宽度，使接收端的适配器能够迅速调整接收器的时钟频率，从而实现接收端和发送端的频率相同。

(2) SFD(Start Frame Delimiter，帧起始定界符)：由 1 字节 0xAB(10101011)组成，表示一帧的开始。接收方的移位寄存器中先前的数据基本都是 0xAA 或 0x55，什么时候数据成为 0xAB，就表示完成帧同步了。

(3) DST、SRC：目的 MAC 地址、源 MAC 地址，各 6 字节。

(4) 长度/类型：0x0800 表示承载的是 IP 协议；0x0806 表示承载的是 ARP 协议；0x8035 表示承载的是 RARP 协议。

(5) MAC 数据：46～1500 字节，承载的数据，如 IP 包。

(6) FCS(Frame Check Sequence，帧校验)：由 CRC 得出，4 字节。

MAC 协议的有效数据负载不超过 1500 字节，数据帧比较短，这种方式有利于减少线路干扰对整体数据的影响。由于采用比较短的帧，MAC 数据在与 IP 数据进行转换时，需要进行分包和组包操作。

2. ARP 协议和 RARP 协议

ARP(Address Resolution Protocol，地址解析协议)：仅知道主机的 IP 地址时，用来确定其物理地址(即 MAC 地址)。

RARP(Reverse Address Resolution Protocol，反向地址转换协议)：主机基于 MAC 地址从网关服务器的 ARP 表或者缓存上请求一个 IP 地址。

ARP/RARP 数据格式如图 1.10 所示。

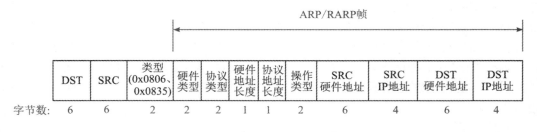

图 1.10　ARP/RARP 数据格式

(1) ARP 过程：SRC 广播一个 ARP 请求包，如果网络中存在 DST，则回应 1 个 ARP 应答包，在应答包头部填入 DST 的 MAC 地址；SRC 将 DST 的 MAC 缓存，此缓存有生存期。MAC 地址全 1，表示广播。如果 ARP 请求是跨网请求，那么连接网络的路由器就担当 ARP 代理(ARP Proxy)的职责，对该请求转发和应答。

(2) RARP 过程：SRC 广播一个 RARP 请求包；RARP 服务器收到该请求，检查 RARP 表，如果查到相应的 IP 地址，就回应一个 RARP 响应包，在其中填入 IP 地址；如果查不到相应的 IP 地址，就不响应。

1.3 抓包工具 Wireshark

网络程序调试是网络编程过程中工作量最大的任务之一。一个性能良好的程序，往往是通过大量试错得到的。在找 bug 的过程中，常常难以确定问题究竟出在哪个环节：是发送方没有发出数据，还是发出了数据，接收方没有正确收到；或者是接收方收到了数据，但没有正确处理；还可能是接收方正确收到了数据，并给予了回应，但发送方没有收到回应；也可能是发送方收到了回应，但是却没有正确处理这个回应。因此，一个通用的数据包抓取工具，对于我们实现错误定位和纠错具有重要的意义。

Wireshark 是一个开源的网络数据包分析软件，由 Gerald Combs 开发并在 1998 年以 GPL 开源许可证发布，其最初名称为 Ethereal，在 2006 年更名为 Wireshark。Wireshark 使用 WinPCap 作为接口(因此安装了 Wireshark 后，你的计算机中会安装 WinPCap，不要删掉它)，直接与网卡进行数据报文交换，捕获硬件上的二进制流，然后组装这些数据包，再分析捕获的数据包，识别其中的协议信息。Wireshark 由于其跨平台、可视化且功能强大的特性，成为抓包软件中应用最广的成员。

Wireshark 的一些常用过滤规则如下：

(1) IP 过滤。

ip.src == 192.168.3.36：只显示源 IP 等于 192.168.3.36 的数据包。

ip.dst == 192.168.3.36：只显示目的 IP 等于 192.168.3.36 的数据包。

ip.addr == 192.168.3.36：只显示源 IP 或目的 IP 等于 192.168.3.36 的数据包。

(2) 端口过滤。

tcp.port == 80：只显示端口等于 80 的 TCP 数据包。

tcp.dstport == 80：只显示目的端口等于 80 的 TCP 数据包。

(3) MAC 过滤。

eth.src == D0:39:57:CB:2E:D7：源 MAC 地址过滤。

eth.dst == D0:39:57:CB:2E:D7：目的 MAC 地址过滤。

(4) 协议过滤。

http：只显示 HTTP 数据包。

icmp：只显示 ICMP 数据包。

(5) 组合过滤，包括：

(icmp) && (eth.dst == f8:9a:78:c4:d2:e0)；

((icmp) && (eth.dst == f8:9a:78:c4:d2:e0)) || (eth.src == f8:9a:78:c4:d2:e0)。

注意，不经过被监控网卡传输的数据，Wireshark 截获不到。例如：网卡是无线网卡 WLAN，本机地址是 192.168.3.36，发送 ping 192.168.3.36 命令(一个 icmp 包)去连接自己。由于数据不经过 WLAN，因此截获不到。图 1.11 显示了网卡的选取，此处选择 WLAN 进行监控。

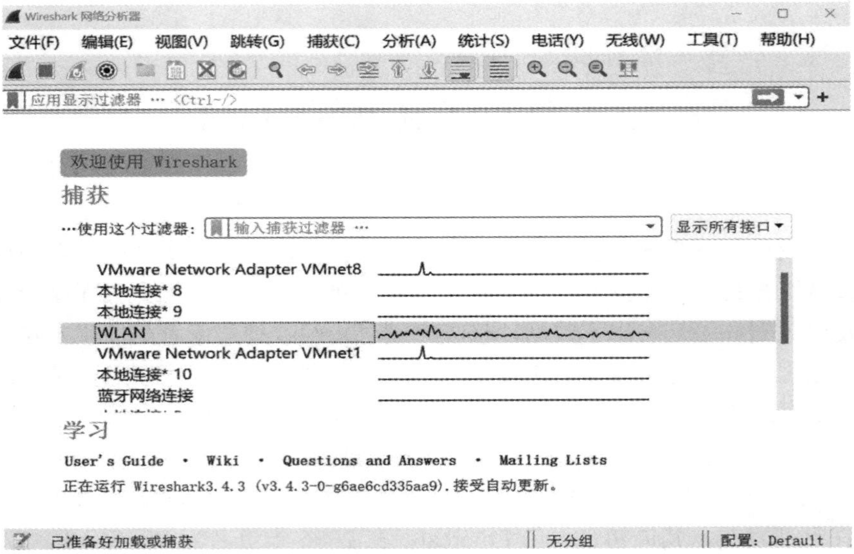

图 1.11 选择 WLAN 进行监听

图 1.12 显示我们抓取了一组 TCP 端口为 80 或者 UDP 端口为 80 的数据包。80 是使用 HTTP 协议的 Web 端口，在服务器端被自动转为了 HTTPS 服务，所以端口号为 443 的数据包也可以被截获。在图中上方选取一个条目后，中间区域会显示这个数据包所包含的包类型，包括以太、IP、TCP 等；下方区域显示的是十六进制的具体数据。鼠标选择中间区域的包类型以后，下方区域会将相应包的头部数据显示为选中状态。

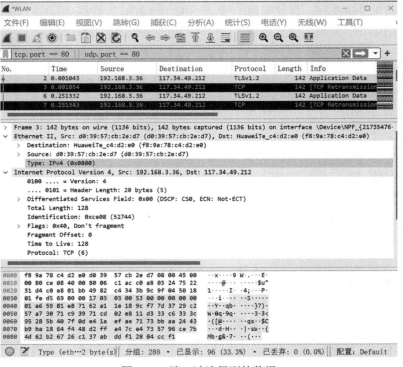

图 1.12 端口过滤得到的数据

图 1.13～图 1.15 清晰地为我们展示了数据包封包情况。图 1.13 中，被选中的数据是一个 TCP 数据包，前面 4 字节是源端口和目的端口，分别为 49384(0xC0E8)和 443(0x01B1)，TCP 的头部共 20 字节。

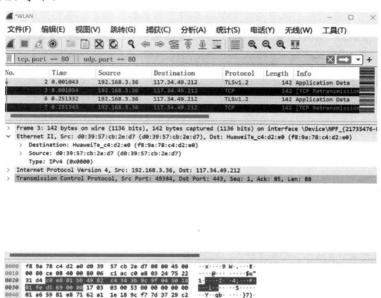

图 1.13　TCP 头部数据

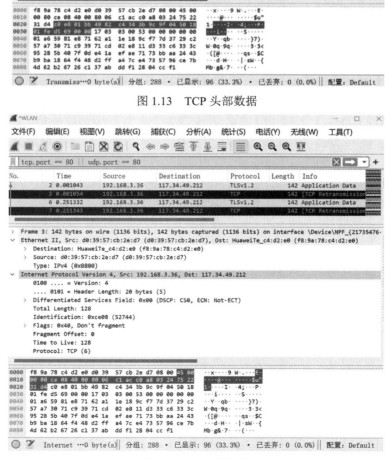

图 1.14　IP 头部数据

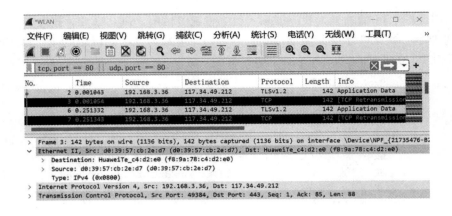

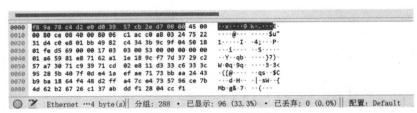

图 1.15 MAC 头部数据

图 1.14 中，被选中的数据是一个 IP 数据包的头部，第一个字节 0x45 表示版本号是 4，头部共 5 行(20 个字节)；头部的最后 8 个字节表示源地址(0xC0A80324，192.168.3.36)和目的地址(0x752231D4，117.34.49.212)；再向前 2 个字节是头部校验和，再向前的 2 个字节 0x80 表示 TTL = 128，0x06 表示上层协议是 TCP。IP 头部之后是数据区承载的 TCP 数据包。

图 1.15 中，被选中的数据是一个以太网数据包的头部，表示这是一个从 F8:9A:78:C4:D2:E0 发给 D0:39:57:CB:2E:D7 的上层为 IP(0x0800)的数据包。

第 2 章 Ubuntu 系统

2.1 Linux 和 Ubuntu

2.1.1 简介

本书选择 Linux 作为网络编程的主要操作系统平台，是基于以下 4 方面原因：Linux 是一个开放式系统，网络上有大量开源软件为其提供支持；Linux 在当前服务器市场的占有率遥遥领先于其他操作系统；Linux 的桌面系统具有友好的人机界面，便于程序开发和调试；Linux 是可裁剪的，在嵌入式系统方面得到了广泛的应用。

Linux 的开发始于 1991 年，当时芬兰赫尔辛基大学大二学生 Linus Torvalds 宣布他正在开发一个新的操作系统内核。他用自己的名字 Linus 加上 Unix 的 x 来命名这个操作系统为 Linux。他最初将 Linux 开发为一个业余项目，并开放了源代码。1992 年，Linus 采用了 GPL 许可证的版权许可。GPL(General Public License)是自由软件许可证之一，要求软件的提供者必须向用户提供源代码，用户也可以修改和分发源代码。用户在发布其修改过的软件时也必须遵守开源的要求。GPL 许可证具有传染性，一旦某个软件使用了 GPL，则它的衍生品都需要遵守 GPL。GPL 并不强制要求免费，允许收费后才提供源代码。

Linux 操作系统推出后，很快获得了世界各地开发人员的关注和贡献，形成了一个大型的程序员协作社区。在社区成员的共同工作过程中，Linux 内核与 GNU 工具和其他软件相结合，形成完整的操作系统，并使得这个操作系统得到快速发展。随后，大量的公司也加入开发者行列，Linux 逐步成为应用最广泛的操作系统之一，并在网络服务器领域占据了绝对优势地位。同时，Linux 也是 Android 等手机系统的底层操作系统。目前，Linux 存在许多系列的发行版本，被普遍应用的主要包括 Ubuntu、Fedora、Debian、CentOS 等。

Ubuntu 是一个基于 Debian 的 Linux 发行版，由南非企业家 Mark Shuttleworth 和他的公司 Canonical 于 2004 年 10 月首次发布。Ubuntu 具有良好的易用性，其桌面环境主要使用 GNOME 或 Unity(与版本有关)，图形化桌面非常友好，对于习惯使用 Windows 桌面的用户来说非常容易适应。Ubuntu 采用 Debian 的包管理系统，其中包括高级包工具 APT(Advanced Packaging Tool)，这使得软件的安装、更新和删除非常容易。

Ubuntu 是南非祖鲁语的一个单词,南非前总统纳尔逊·曼德拉(Nelson Mandela)曾如此谈论这个词汇:

"A traveler through a country would stop at a village and he didn't have to ask for food or for water. Once he stops, the people give him food, entertain him. That is one aspect of Ubuntu, but it will have various aspects. Ubuntu does not mean that people should not enrich themselves. The question therefore is: Are you going to do so in order to enable the community around you to be able to improve?"

"当某个旅行者穿越一个国家时,他到达了一个村庄并停留下来,这时他不必去请求村民们给他提供食物或水。一旦他停留下来,人们就会提供食物给他,招待他。这是 Ubuntu 的一个方面,但它还有其他方面的内容。Ubuntu 并不意味着人们不应该使自己富足。因此,问题是:你这样做是为了让你周围的社会能够得到改善吗?"

可见,Ubuntu 的内涵与 Linux 的分享、进步的精神是一致的。

2.1.2　VMware Workstation

我们常常在 Windows 计算机上通过虚拟机来安装 Ubuntu 系统,VMware Workstation 是一款常用的虚拟机软件。

在 https://www.vmware.com/或其他网站上下载 VMware Workstation Pro 软件进行安装(本书安装的版本为 VMware Workstation 17 Pro)。安装完成后,在控制面板查看网络连接(如图 2.1 所示)或者在设备管理器里查看网络适配器(如图 2.2 所示)。可以看到,增加了 2 个虚拟网卡 VMnet1 和 VMnet8,前者用于仅主机(Only-Host)模式的网络连接,后者用于 NAT 模式的网络连接。还有一个默认存在,但不作为虚拟硬件设备使用的虚拟网卡 VMnet0,用于桥接模式的网络连接。在进行网络配置时,建议选择桥接模式,如图 2.3 所示。

图 2.1　网络连接中的虚拟网卡

图 2.2 设备管理器中的虚拟网卡

图 2.3 网络连接模式选择——桥接

VMware Workstation Pro 的网络模式主要有桥接、NAT 和仅主机。

(1) 桥接：通过虚拟网桥进行网络连接。如图 2.4 所示，虚拟机与宿主机在同一个子网中，是地位相同的两个独立主机。例如：在 192.168.3.1/24 网络中，路由器地址是 192.168.3.1，宿主机的地址是 192.168.3.12，虚拟机的地址是 192.168.3.35。

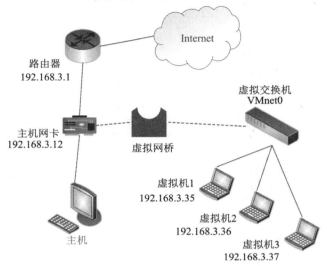

图 2.4　虚拟网桥

(2) NAT：通过虚拟 NAT(Network Address Translation，网络地址转换)设备进行网络连接。如图 2.5 所示，宿主机通过实际网卡(同时又被命名为虚拟网卡 VMnet0)去连接路由器。系统在 VMnet8 网卡上建立了一个虚拟交换机，并在虚拟交换机建立了一个新的子网，宿主机和所有虚拟机都加入这个子网，子网各主机的地址由 DHCP 服务分配。新子网中宿主机节点不提供 NAT 服务，NAT 服务是由虚拟交换机提供的，借助 VMnet0 的线路直接连接到路由器，所以新子网中成员访问 Internet 时不需要其中的宿主机节点参与控制。宿主机同时加入两个网段里拥有两个地址，访问 Internet 时，宿主机不使用 VMnet8 的地址，此时宿主机与虚拟机在不同的子网中。

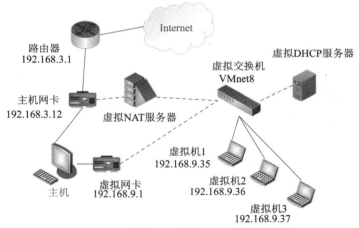

图 2.5　虚拟 NAT

(3) 仅主机：也被叫作独立主机模式(如图 2.6 所示)，相当于 NAT 模式下没有安装 NAT 服务，而形成了内外网结构。如果 VMnet1 子网中的宿主机节点不提供 NAT 服务，虚拟机就只能通过交换机访问宿主机或者这台计算机上的其他虚拟机，不能访问外网。如果

VMnet1 子网中的宿主机节点将自己的 VMnet0 网卡共享给子网,则相当于宿主机节点承担起一个路由器的功能,虚拟机就可以通过这个路由器访问外网。

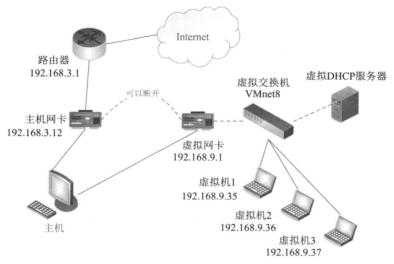

图 2.6　仅主机模式

如图 2.7 所示,有关网络配置的参数可以在虚拟网络编辑器中查看和修改。通过单击 **VMware Workstation Pro** 菜单栏上的"编辑"→"虚拟网络编辑器",可打开编辑界面。

图 2.7　虚拟网络编辑器

除了上述的 3 种网络配置外,我们也可以选择自定义的方式。在自定义方式下,我们可以添加更多的虚拟网卡,在这些虚拟网卡上进行网络配置,如增加新的子网。

2.1.3 Ubuntu 安装与配置

在 VMware Workstation Pro 界面选择"创建新的虚拟机",载入 Ubuntu 安装文件(本书采用 ubuntu-20.04.4-desktop-amd64)。完成初始安装后,需要进行一系列配置工作。

(1) 修改为当地时区和语言。完成初始安装后,将时区修改为当地时区,如 CST(Shanghai,中国),时间格式为 24 小时。Ubuntu 的默认语言是英文,需要安装中文。如图 2.8 所示,在"设置—区域与语言",点击"+"号,添加汉语。然后点击"管理已安装的语言",将"汉语(中国)"拖动到第一行,作为系统默认的第一语言使用。键盘输入法系统选择"IBus",然后点击"应用到整个系统",重启虚拟机,系统的显示语言变为中文。

(2) 更换数据源。Linux 的大量软件包和更新程序位于网络上,初始数据源在国外,网络通信速度可能极慢,需要将数据源改为国内的镜像源。常用的镜像源有阿里云、华为云、腾讯云等。如图 2.9 所示,打开"软件和更新",在"下载自:"下拉框中选择"其它",在"中国"条目下选择一个性能好的镜像。注意,有些软件包并没有被镜像源收集到,你需要添加软件包的正源,添加方法见 2.2.2 小节关于 vi 编辑器的叙述。

图 2.8 选择汉语为首选语言　　　　　图 2.9 更换数据源

(3) 安装需要的软件。打开"软件中心"(Ubuntu software),在图形化界面搜寻和安装需要的软件。在此之后,对系统软件全面更新,打开一个终端执行以下指令,其中第一行检查哪些软件包需要更新,第二行执行这些更新。

```
sudo apt update
sudo apt upgrade
```

(4) 安装 Vm tools 工具。如果 Ubuntu 虚拟机无法与宿主机之间复制、粘贴文字以及文件,则应安装此工具。可以通过单击虚拟机的菜单"虚拟机"→"重新安装 VMware Tools(T)"来执行,若此选项无效,则可以通过 apt 工具安装。打开一个终端,在 root 权限下执行以下两条指令,然后重启 Ubuntu。

sudo apt autoremove open-vm-tools

sudo apt install open-vm-tools-desktop

(5) 在桌面上放置快捷方式。为了使用方便，把应用程序以快捷方式的形式放到桌面上。Windows 系统中，我们可以直接将快捷方式拖到桌面上，Ubuntu 系统则没有这么直截了当。Ubuntu 的大量应用程序放在 /usr/share/applications 目录中，在此找到目标软件并点击鼠标右键，选择"复制到"，把软件复制到目录"桌面"里，然后在被复制到桌面的图标上点击鼠标右键，选择"允许启动"。图 2.10 中，"终端"是已经设置了"允许启动"的快捷方式，"gedit"是尚未设置的。

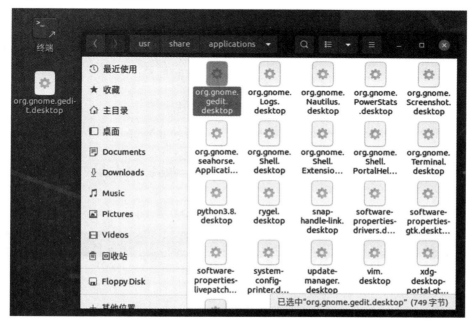

图 2.10 桌面图标的设置

(6) 图形界面与文本界面的切换。Ubuntu 在有些终端(tty)上启动，进入图形界面；而在其他终端上启动，则进入文本界面。通过组合功能键可以在这些终端之间进行切换，但对于一些计算机特别是笔记本电脑来说，功能键已被占用而不能使用，这时可以通过 chvt 指令来进行终端切换。如：chvt 2 表示切换到 2 号终端。Ubuntu17 之前的版本中，tty7 表示图形界面，tty1～tty 6 表示文本界面；之后则发生了变化，在 20.04 版本中，tty1 和 tty2 表示图形界面，其他表示文本界面。

2.2 常用 Shell 指令和工具

2.2.1 常用 Shell 指令

Shell 是 Linux 系统中的命令行接口，它为用户提供了与操作系统进行交互的手段，用户通过输入 Shell 指令来执行各种操作,诸如文件管理、进程控制、系统设置等。Shell 还支持脚本编程,用户可以编写一系列的命令组合成一个脚本文件,以便一次性连续执行多个任务。

常见的 Shell 包括 Bash、C Shell、Korn Shell 等。其中,Bash(Bourne Again Shell)最为常用,它是对原始的 Bourne Shell(1977 年出现的一种 Unix Shell)的扩展和改进。Bash 提供了丰富的命令和语法,使得用户可以方便地与 Linux 系统进行交互。

Shell 指令很多,此处仅介绍一些网络编程和调试过程中最常用的指令,以及与网络关系密切的指令及其常用参数选项。

(1) ls:显示出当前目录所含的文件,无选项时,不会显示隐藏文件。

- -a:显示包含隐藏文件在内的所有文件。Ubuntu 在任何目录下都隐藏着".."和".."文件。一个文件名或目录前面带有点号".",表示该文件或目录为隐藏文件。如果 ls 不带参数 a,则隐藏不会显示出来。Linux 有一些表示目录的符号:

.:当前目录。

..:上级目录。

~:主目录,与 home/username 目录大体相同,但并非完全一样。

/:根目录。

- -l:除文件名外,将文件的详细信息(文件类型、权限、所有者、大小等)也显示出来。

(2) man:提供对各种命令、函数、程序的查询。

例如,man firefox 给出了 firefox 的说明,如图 2.11 所示。

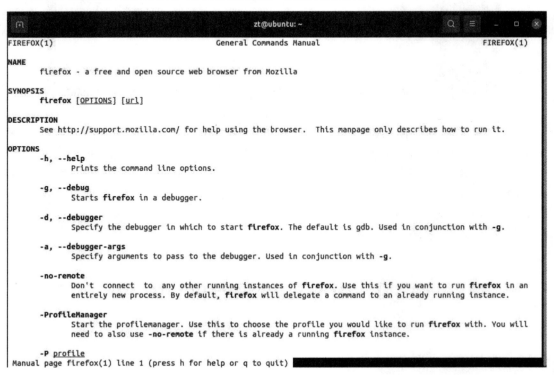

图 2.11　man firefox 的结果

(3) whereis：查询某个程序所在目录。

例如，whereis firefox 给出了如下回复：

firefox: /usr/bin/firefox /usr/lib/firefox /etc/firefox /usr/share/man/man1/firefox.1.gz

(4) chmod：改变文件权限。

例如，chmod 777 myTest 给文件 myTest 赋予最高权限。

当用 ls -l 指令列出文件 myTest 的详细信息时，得到如下一串文字：

-rwxrw-r--1   root   root   1213   Feb 2 09:39   myTest

其中，字符的含义如下：

第一个字符代表文件(-)、目录(d)、链接(l)。

其后的字符每 3 个为一组(rwx)，分别为读(r)、写(w)、执行(x)。

第一组 rwx：文件所有者(user)的权限是读、写和执行。

第二组 rw-：文件所有者同一组的用户(group)的权限是读、写，但不能执行。

第三组 r--：不与文件所有者同组的其他用户(other)的权限是读，但不能写和执行。

后面的 1 表示连接的文件数是一个；root 表示用户；下一个 root 表示用户所在的组；1213 表示文件大小(字节数)；Feb 2 09:39 表示最后修改日期；myTest 表示文件名。

上述例子中，777 就是把 rwxrw-r-- 的每一位都设置为有效，即改为 rwxrwxrwx。也可以这样修改权限：

chmod ug + w myTest：文件所有者及同组成员可写。

chmod a + x *：当前目录下的所有文件对所有成员都可执行。

(5) ifconfig：查询及修改网络配置。

例如，执行 ifconfig 命令可以得到如图 2.12 所示的回应，从中可以看到网卡 ens33 关联的 IPv4 地址(inet)、IPv6 地址(inet6)、MAC 地址(ether)等。Lo 表示回环网卡(Loopback adaptor)，是一种软件实现的虚拟网卡，用于通信测试，任何发送到该网卡上的数据都将立刻被同一网卡接收到。回环地址为 IPv4 的 127.0.0.0/8 和 IPv6 的::1/128。

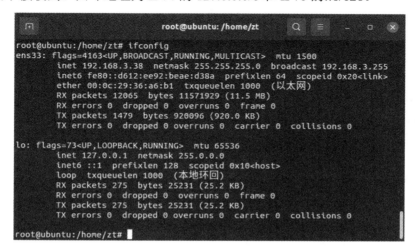

图 2.12 ifconfig 查询结果

如果计算机上有更多的卡，将被命名为 ens34、ens35 等。Ubuntu16 以前的版本用 eth0、eth1 等名称来命名网卡，ens 是比 eth 更先进的命名规则。但在一些嵌入式系统中仍在使用

Ubuntu14 及之前的版本，需要注意这种规则的变化。

ifconfig 的一些其他用法如下：

ifconfig ens33 192.168.3.49：修改 IP 地址为 192.168.3.49；

ifconfig ens33 down：关闭这块网卡；

ifconfig ens33 up：开启这块网卡。

ifconfig 在 Windows 系统中的对等指令是 ipconfig，可在 Windows 的 cmd 窗口或 PowerShell 中运行和观察。

(6) netstat：查询和统计网络连接的状态及数据传输情况。netstat 查询结果如图 2.13 所示。

netstat -a：查询所有端口；

netstat -at：查询所有 tcp 端口；

netstat -au：查询所有 udp 端口；

netstat -ax：查询所有 unix 端口；

netstat -nltp：查询所有 listening tcp 端口，含路径。

图 2.13　netstat 查询结果

(7) ping、ping6：用于检查网络是否连通。

ping 192.168.3.36：探测 IPv4 网络中，目的 IP 地址是否能连通；

ping baidu.com：探测 IPv4 网络中，目的网站是否能连通；

ping www.baidu.com：探测 IPv4 网络中，目的网站是否能连通；

ping6 fe80::d612:ee92:beae:d38a：探测 IPv6 网络中，目的 IP 地址是否能连通。

防火墙是网络安全的一个重要措施。当网络程序调试时，我们经常需要打开或者关闭防火墙，有时候需要永久关闭防火墙。一些相关指令和操作如下：

firewall-cmd --state：查看防火墙状态；

sudo service firewalld stop：临时关闭防火墙；

sudo service firewalld disable：永久关闭防火墙，与服务版本有关，未必可用；

sudo service firewalld start：运行防火墙。

也可以使用另一种方法：安装 sudo apt-get install sysv-rc-conf 这个软件工具。运行 sysv-rc-conf 后，在界面中加减 X 即可。firewalld 默认 2、3、4、5(运行级别，可用 runlevel 查看)为 X(表示防火墙运行)。图 2.14 显示了使用 service 进行防火墙设置的情况，图 2.15 显示了使用 sysv-rc-conf 工具操作的情况。

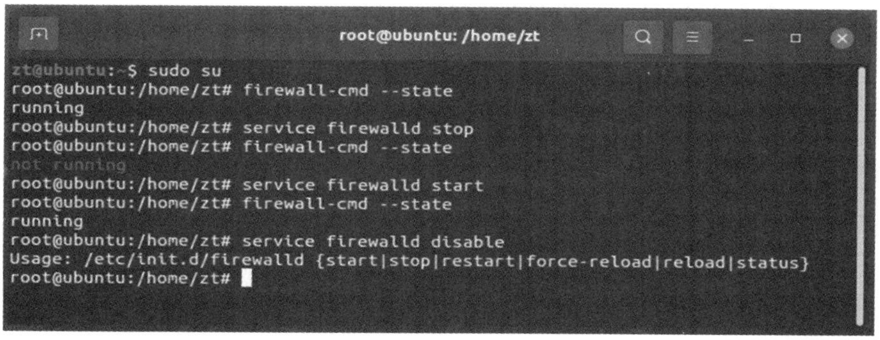

图 2.14　使用 service 进行防火墙设置

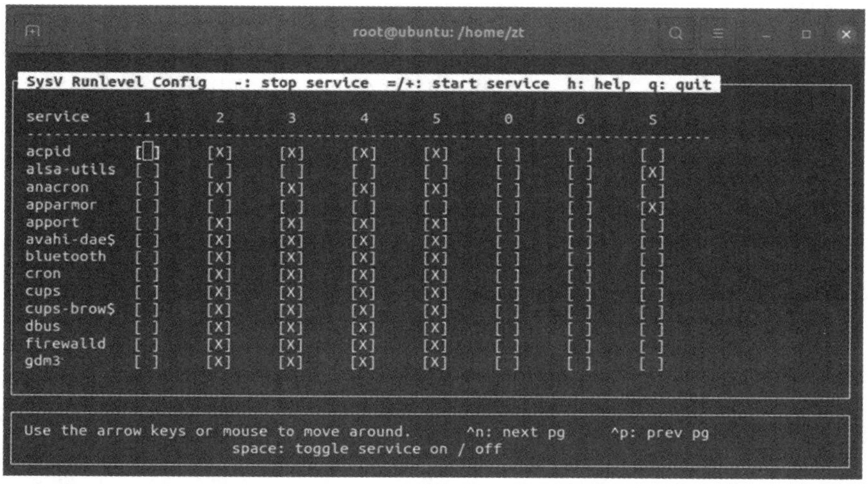

图 2.15　使用 sysv-rc-conf 工具操作的情况

2.2.2　常用工具

1. 软件包管理工具 apt

apt 是一种软件包管理工具，用于安装、更新和删除软件包。在此过程中，它能够自动更新系统中的软件包列表和版本信息，自动分析和处理软件包之间的依赖关系。

有两个与 apt 非常相似的命令行工具 apt-get 和 apt-cache，都源自 Debian 系统。apt 对二者进行了综合和改进，性能更加先进，自 Ubuntu16 版本以后，越来越多地使用 apt。并非 apt-get 被全面弃用，目前存在少量的软件可以用 apt-get 安装，但不能用 apt 安装。

apt 的主要操作有：

apt autoremove：自动删除没用的依赖包；

apt edit-sources：编辑源列表；

apt full-upgrade：升级软件包时自动处理依赖关系；

apt install：安装软件包；

apt list：列出包含条件的包(如已安装、可升级等)；

apt purge：删除软件包并删除配置文件；

apt remove：删除软件包但保留配置文件；
apt search：搜索应用程序；
apt show：显示指定安装包的基本信息；
apt update：更新存储库索引；
apt upgrade：升级所有可升级的软件包。

在安装一个软件时，最常用的流程是：

  apt update→apt upgrade→apt install softwareName

2. 文本编辑器 gedit

gedit 是 Ubuntu 中一个类似 Windows 的 notepad 的文本编辑器。

3. 命令行编辑器 vi

vi 是 visual 的缩写，是迄今为止所有 Linux 发行版都包含的，针对命令行的一种文本编辑器，用于创建、编辑文本文件。vim 是 vi 的升级版，但 vi 由于其简洁性仍被广泛使用。

vi 指令定义的按键很多，最常用的包括 i(插入)、:w(保存文件)、:q(退出文件)、:wq (保存并退出文件)。以图 2.16 为例，说明 vi 的典型使用方法。左侧是在 gedit 中打开的文件 tstfile，可以在右侧终端中用 vi 打开此文件并修改：

(1) 打开文件 vi tstfile；
(2) 使用上下左右键移动光标；
(3) 在待插入的位置输入"i"，然后输入文字；
(4) 输入":w"保存，或输入":q"退出，或输入":wq"保存并退出。

图 2.16 vi 示例

另一个例子：安装 sysv-rc-conf 时，apt 找不到相关资源，但我们知道这个软件源自哪里，于是在数据源里添加一项，然后进行安装。流程如下：

打开配置文件 vi /etc/apt/sources.list，在文件最后一行中添加如下一段文本：

  deb http://archive.ubuntu.com/ubuntu/trusty main universe restricted multiverse

  apt update

  apt install sysv-rc-conf

4. 编译器 gcc/g++ 以及 make

gcc 用来编译 C 语言程序，g++ 用来编译 C++ 程序，两个编译器的用法一样。例如：

  gcc -c 1.c　　　　　　//生成 1.o 文件
  gcc -c 2.c　　　　　　//生成 2.o 文件
  gcc -o hello 1.o 2.o　　//将 1.o 和 2.o 链接，生成可执行文件 hello
  ./hello　　　　　　　　//运行 hello 文件

make 用来执行 makefile 文件，makefile 文件将多个文件的编译过程组合为一个文件，大大减小了多文件编译的人工工作量。例如，创建一个 hello.mak 文件：

  #hello.mak
  hello: 1.o 2.o
    gcc　1.o 2.o -o hello
  1.o:　　1.c 1.h
    gcc -c 1.c
  2.o:　　2.c
    gcc -c 2.c

运行 make-f hello.mak，生成可执行文件 hello.mak。

第 3 章 TCP 套接字编程

3.1 概述

3.1.1 套接字

Socket(套接字)是一个软件工具,或者说是一种不可见控件,应用程序可以通过套接字函数来访问低层网络协议。常用的套接字类型有流式套接字、数据报套接字、原始套接字、Unix 套接字等。如图 3.1 所示,在 Linux 系统中,Socket 的主体在内核中实现,层次结构分为 GLIBC 接口层、BSD 接口层和协议接口层。其中,GLIBC 接口层是一个 GNU 标准的 C 语言程序库,提供一系列系统调用、I/O 管理、线程管理等函数;BSD 接口指 BSD(Berkeley Software Distri-bution) Socket API,是来源于美国加州大学伯克利分校的套接字编程接口;协议接口层是为了实现多个种类协议簇,如 Inet Socket 主要用于 TCP/IP 网络,Unix Socket 主要用于进程间通信。

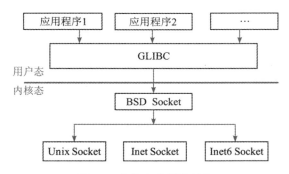

图 3.1 套接字的层次结构

虽然大多数情况下,程序员是在开发 TCP/IP 类的应用网络,但套接字是一个针对多类型协议的工具,它的很多函数和数据结构都是通用性的。当开发针对某个特定类型协议的应用程序时,往往需要采用与这种类型相关的一些数据结构和函数,因而也就常常涉及数据结构指针的强制转换。

3.1.2 套接字地址

通用的套接字地址结构如下：

```
struct socketaddr{
    unsigned short    sa_family;       //协议簇的编码值，表示为 AF_XXX
    char              sa_data[14];     //协议地址
}
```

其中，AF_XXX 可以取如下值：

AF_INET：代表 TCP/IP 协议簇，用于 Internet 网络；
AF_UNIX：代表 Unix 域协议簇，用于进程间通信；
AF_APX：代表 Novell IPX，已基本弃用；
AF_INET6：代表 IPv6 协议簇；
AF_APPLETALK：代表 Appletalk DDP(Datagram Delivery Protocol)协议簇；
AF_X25：代表 X.25 协议簇，与分组交换相关。

当进行 Internet 网络开发时，这个通用地址结构的第二行参数没有明确的(IP 地址、端口)含义，使用起来并不方便。因此，Socket 定义了专用于 Internet 网络的地址结构，也就是 TCP/IP 协议簇的套接字地址结构 sockaddr_in。具体代码如下：

```
#include<linux/in.h>
struct in_addr {
    union {
        struct { u_char  s_b1, s_b2, s_b3, s_b4; }   S_un_b;
        struct { u_short s_w1, s_w2; }    S_un_w;
        u_long    S_addr;              // 32 位数，常常需要转化为数字点地址
    } S_un;
};
struct sockaddr_in {
    short             sin_family;      //地址类型：AF_XXX
    u_short           sin_port;        //端口号，网络字节顺序
    struct  in_addr   sin_addr;        //IP 地址，网络字节顺序
    char              sin_zero[8];     //填充字节，必须为全零
};
```

当引用头文件时，需要注意：<linux/socket.h> <linux/in.h> 与 <sys/socket.h> <netinet/in.h>有所不同，前者与平台有关，程序只能在 Linux 系统运行；后者与平台无关，跨平台特性更好。一般来说，与操作系统相关的函数在匹配的操作系统中运行效率会高一些。效率和兼容性这两个指标常常是矛盾的。在大多数情况下，我们优先考虑兼容性。

因为很多套接字函数使用通用地址变量作为参数，所以我们需要进行一些指针强制转换的操作，将一个 Internet 地址变量 addr 强制转为通用地址变量，即经常见到代码：(struct sockaddr *)&addr。

sockaddr_in 的元素中，明确包含了端口和 IP 地址，给我们编写 Internet 程序带来了方便。下面函数实现了 32 位数 IP 地址、sockaddr_in 结构 IP 地址与数字点 IP 地址的转换。

```
#include < netinet/in.h >
int inet_aton(const char* cp, struct in_addr * inp); // (src, des), 数字点地址转为结构地址，仅适用 IPv4
unsigned long int inet_addr(const char *cp);        //数字点地址转为 32 位数
char* inet_ntoa(struct in_addr in);                 //结构转为数字点地址，仅适用 IPv4

#include <arpa/inet.h>
//字符串地址转为二进制数地址，对 IPv4 和 IPv6 都适用
int inet_pton(int af, const char *src, void *dst);    // af 表示协议簇
//二进制数地址转为字符串地址，对 IPv4 和 IPv6 都适用
const char *inet_ntop(int af, const void *src, char *dst, socklen_t size);   // af 表示协议簇
```

编程中常用以下两组函数做一些针对字节数组的处理。

- 字节处理函数

```
#include <strings.h>
void bzero(void* s, int n);
void bcopy(const void* src, void* dest, int n);
int bcmp(const void* s1, const void* s2, int n);
```

- 内存处理函数

```
#include <strings.h>
void memset(void* s, int c, size_t n);
void memcpy(void* dest, void* src, size_t n);
int memcmp(const void* s1, const void* s2, size_t n);
```

在复制时，bcopy 的源字节块与目的字节块可以重叠，memcpy 则不能。

3.1.3 字节顺序

对于多字节的数据类型来说，存在着高、低字节的排列顺序问题，小端结构(little-endian)低字节在前高字节在后，大端结构(big-endian)高字节在前低字节在后。例如，一个 unsigned int 数据，它的值为 1234567890，表示为十六进制就是 0x499602D2，采用小端结构时表达为 D2 02 96 49，采用大端结构时表达为 49 96 02 D2。网络上的计算机有些采用大端结构，有些采用小端结构，如果不进行转换，那么就无法正确地进行数据交换。

Internet 规定在网络上采用大端数据传输。对于整数类型数据，下面函数可以实现主机字节顺序与网络字节顺序的交换。

```
#include <netinet/in.h>
unsigned long int htonl(unsigned long int hostlong);     //主机顺序转为网络顺序，host 转 net
unsigned short int htons(unsigned short int hostshort);
unsigned long int ntohl(unsigned long int netlong);      //网络顺序转为主机顺序，net 转 host
unsigned short int ntohs(unsigned short int netshort);
```

在发送数据时，调用 hton 类型函数进行转换，然后发到网上；对接收到的数据，调用 ntoh 类型函数进行转换，然后才可使用。对于只包含字符、整数类型成员的结构和类，可以对其整数成员逐一进行转换。

对于浮点数来说，采用一种更加通用的方法：在发送端，把浮点数转换为一个字串，然后把字串发到网上；在接收端，把接收到的字串转换为一个浮点数，然后进行运算。这种方法通过牺牲效率获得通用性，在应用层编程时广泛使用。例如，HTML 文档和 XML 文档，所有内容都是文本。

下面一段代码用于判断主机是哪一种端结构，其中 short 是 2 字节数据。

```
bool isBigEndian(void)
{
    short s=0x1234;
    uint8_t* pc=(uint8_t*)&s;
    if(*pc == 0x12)
        return true;
    else
        return false;
}
```

用字节指针 pc 指向 short 数据变量 s，pc 的内容等于 s 的高字节数值就是大端结构，否则就是小端结构。

3.2 TCP 套接字函数

3.2.1 套接字函数和 C/S 编程模型

TCP 套接字的基本函数包括 socket()、bind()、listen()、accept()、connect()、read()、write()、close()等。我们使用这些函数，可以实现通用的 C/S 编程。

1. 套接字函数

TCP 套接字的基本函数说明如下。

1) socket()

socket()格式如下：

　　　　int socket(int domain, int type, int protocol);

功能：创建套接字。

返回的套接字描述符是一种文件描述符，与位于内核程序中的一个标志套接字的数据结构关联，用来唯一标识这个成功创建出来的套接字。

参数：

domain：协议族，可取 AF_UNIX、AF_INET、AF_APPLETALK 等。

type：Socket 类型，可取 SOCK_STREAM、SOCK_DGRAM、SOCK_RAW。
SOCK_STREAM：流式套接字，AF_INET 情况下等同于 TCP 套接字；
SOCK_DGRAM：数据报套接字，AF_INET 情况下等同于 UDP 套接字；
SOCK_RAW：原始套接字，操作 IP 或 ICMP 等协议。
Protocol：子协议。type 等于 SOCK_RAW 时，protocol 有效，其他情况下等于 0，表示默认协议。

返回值大于 0 的套接字描述符属于文件描述符，实际是大于 2 的值，因为文件描述符 0、1、2 默认分配给了标准输入、标准输出和标准错误；返回值等于 –1 表示失败，错误类型由全局变量 errno 标识。

2) connect()
connect()格式如下：
    int connect(int sockfd, sockaddr* servaddr, int addrlen);

功能：请求与服务器建立连接，发起并完成建立连接的三次握手过程。connect 是一个短期的阻塞式函数，在三次握手过程中该函数是阻塞的。三次握手成功或者失败，它都将退出阻塞。

参数：
sockfd：套接字描述符，表示 socket()成功时的返回值。
servaddr：通用类型的地址参数，用来放置被请求的服务器的 IP 地址和端口。
addrlen：servaddr 的长度。不同类型的地址结构的字长不同，用此参数告知编译器。

返回值等于 0 表示成功；返回值等于 –1 表示失败，错误类型由全局变量 errno 标识。

例如：
    sockaddr_in servaddr;
    bzero(&servaddr, sizeof(servaddr));
    servaddr.sin_family=AF_INET;
    servaddr.sin_port=htons(serverport);　　　　　　//端口号要在网上传输，字节要顺序转换
    if(inet_aton("192.168.0.2", &servaddr.sin_addr)<0)　　//字节顺序转换已在函数内部处理过
    {　/*错误处理*/}
    if(connect(sockfd, (struct sockaddr*)&servaddr, sizeof(servaddr))<0)
    {　/*错误处理*/}

客户机一般不指定自己的 IP 和 PORT，Ubuntu 系统通常在 32 768 以上的端口中选择一个，称为自由端口；1024 以下端口称为保留端口；1025～32 767 端口称为公共端口。

保留端口是留给标准服务用的，如 Web 使用 80 端口、FTP 使用 20 和 21 端口、SSH 使用 22 端口。

自由端口，不同的系统分配的号段不一样，可以在系统配置文件里查到，但很多系统(包括 Ubuntu)由于版本众多，配置文件差异也很大，不容易找到和修改这些文件。所以，也可以采用测试的方法来找号段范围，在本书附带的例程中，我们给出一个这样的程序，见文件夹 findMaxFreePort(出版社官网的"资源中心")。自由端口由操作系统来分配，实际上是采用累加的方式来计算号码，它能够保证同一台计算机上的不同程序所拥有的端口号不

会重复。在一台计算机上运行着很多程序,如果不采用自由端口的方式,而采用人为指定的方式分配端口,那么很可能会造成两个不同程序拥有相同的端口号。因为这两个程序在同一台计算机上,使用同一块网卡工作,所以它们的 IP 地址也相同,这样远方的接收者收到数据后,会认为是同一个程序发出的请求;对于远方回复的数据,请求者所在的计算机也无法判别应该交给哪个程序。

保留端口和自由端口以外的端口是公共端口,客户机在能够确保某个公共端口号不会使用其他服务的情况下,可以使用这种公共端口。

使用 TCP 连接的 C/S 程序,标识一个连接的四要素:发送方 IP 地址、发送方端口、接收方 IP 地址、接收方端口。一定要保证这个标识的唯一性。

3) bind()

bind()格式如下:

  int bind(int sockfd, sockaddr* myaddr, int addrlen);

功能:给套接字绑定地址和端口。

参数:

sockfd:套接字描述符,表示 socket()成功时的返回值。

myaddr:通用类型的地址参数,用来放置待绑定的 IP 地址和端口。

addrlen:myaddr 的长度。不同类型的地址结构的字长不同,用此参数告知编译器。

返回值等于 0 表示成功;返回值等于 −1 表示失败,错误类型由全局变量 errno 标识。

例如:

  sockaddr_in servaddr;

  bzero(&servaddr, sizeof(servaddr));

  servaddr.sin_family = AF_INET;

  servaddr.sin_port = htons(serverport);   //端口号要在网上传输,字节要顺序转换

  servaddr.sin_addr.s_addr = htonl(INADDR_ANY);

  if(bind(int sockfd, sockaddr* myaddr, int addrlen))

  { /*错误处理*/}

一台计算机上可能有多块网卡,地址 INADDR_ANY 实际值是 0.0.0.0,表示程序可以接收来自任何一块网卡的数据,也可以适用于 IP 地址经常变化的情况。

有关指定 IP 地址和端口的几种排列组合及说明:

(1) 服务器只指定端口,是通用方法。一般使用 INADDR_ANY。

(2) 服务器指定端口和 IP 地址,只接收来自某个网卡的数据。

(3) 客户机不指定 IP 地址,也不指定端口,是通用方法。一般地址由 socket()根据网卡上的地址自动添加,端口使用自由端口。

(4) 客户机指定端口,则只使用某个端口工作。一般不采用这个方法。

(5) 客户机指定 IP 地址,则只使用特定网卡上的数据。

(6) 客户机指定端口和 IP 地址,除了调试基本不会这样用。

4) listen()

listen()格式如下:

```
int listen(int sockfd, int backlog);
```

功能：将主动套接字转换为被动套接字，即听套接字。

参数：

sockfd：套接字描述符，表示 socket()成功时的返回值。

backlog：已完成连接队列的最大长度。

返回值等于 0 表示成功；返回值等于 −1 表示失败，错误类型由全局变量 errno 标识。

说明：TCP 协议为每个听套接字维护两个队列，如图 3.2 所示。

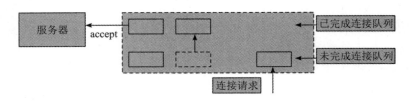

图 3.2　TCP 听套接字的队列

(1) 未完成连接队列：也称半连接队列，已开始三次握手但尚未完成。

(2) 已完成连接队列：也称全连接队列，已完成三次握手，但 CPU 正忙，暂时不能处理。

半连接队列的成员在完成连接时，如果全连接队列有空位，就会被剪切到全连接队列；当 CPU 不忙时，就会查看全连接队列，如果有成员就取出进行处理。

当半连接队列满时，如果有新的连接请求到达，服务器将不予理睬，原因有两个：

① 队列满的暂时性。半连接队列满时，全连接队列一定是满的。当 CPU 不忙时，会将就绪的成员从全连接队列里取出，此时全连接队列就不满了；半连接队列里就会有一个就绪的成员被移到全连接队列里，半连接队列也就不满了，再有新的连接请求就可以接待了。

② 超时重发机制。客户机一次连不上服务器，超时后会再次发起连接，此时连网慢了一些。

听套接字只用来完成接收连接，无其他功能。刚刚创建出来的套接字都是主动套接字，很大程度上是因为听套接字要耗费更多的资源来建立和维护队列。

5) accept()

accept()格式如下：

```
int accept(int sockfd, struct sockaddr* addr, int* addrlen);
```

功能：从已完成连接队列中取出一项，进行服务。

参数：

sockfd：套接字描述符，表示 socket()成功时的返回值。

addr：通用类型的地址参数指针，用来读取对方的 IP 地址和端口。

addrlen：指针，用来读取对方地址结构的字长。

返回值大于 0 表示新创建的连接套接字的描述符；返回值等于 −1 表示失败，错误类型由全局变量 errno 标识。

说明：成功时，返回三个结果，函数的返回值是一个新的套接字描述符，这个新的套接字被称为连接套接字；addr 存放客户机地址；addrlen 存放客户机地址长度。随后听套接字继续监听，连接套接字和客户机维持连接，读、写等操作都在连接套接字上进行。

6) close()

close()格式如下：

    int close(int sockfd);

功能：断开连接，关闭套接字。

参数：

sockfd：套接字描述符，表示 socket()成功时的返回值，或者是连接套接字。

返回值等于 0 表示成功；返回值等于 −1 表示失败，错误类型由全局变量 errno 标识。

说明：

(1) TCP 是全双工连接，close()首先切断了自己的发送通道，接收通道则要延迟一段时间(TIME_WAIT)以后才会断开。

(2) 套接字描述符实际上是一种文件描述符，其打开和关闭采用引用计数，close()是将当前套接字的引用计数减 1。当多个程序共用一个套接字时，只有最后一个程序也关闭了套接字时，它才真正从内存中被销毁。

7) read()和 write()

read()和 write()的格式分别如下：

    int read(int fd, char* buf, int len);

    int write(int fd, char* buf, int len);

功能：从接收缓存区读取数据，向发送缓存区拷入数据。

参数：

fd：套接字描述符；

buf：接收或发送缓存区首地址；

len：要接收或发送的字节数。

read 返回值：没有出错但无数据到达，则程序阻塞；其他情况返回整数 n。

n=len	读出 len 个字节，可能只读出了接收缓存区中的一部分数据；
n>0 and n<len	读出 n 个字节；
n=0	读通道已关闭，通常是对方调用了 close；
n<0	出错或异常，返回 −1，错误代码在全局变量 errno 中。

数据被读出后，将从接收缓存区中清除。在阻塞过程中，程序可以被中断并向下一行执行。例如：在终端里输入 Ctrl + C，中断属于异常而不是错误，编程时常常是处理完中断服务之后重新调用 read()函数进入阻塞。

例如，将各种返回值情况都考虑后，编写一个 read_all 函数，代码如下：

    int read_all(int fd, char* buf, int nBytes);

    {

        for(; ;){

```
                rc = read(fd, buf, nBytes);
                if(rc>0)                        //读出 rc 个字节
                { return rc; }
                else if(rc == 0)                //读通道已关闭
                {
                    close(fd);
                    return 0;
                }
                else if(errno == EINTR){}       //中断，继续循环并进入 read()阻塞
                else{
                    printf(stderr, "Read error");   //出错
                    close(fd);
                    return -1;
                }
            }
        }
```

write 返回值：
① 系统发送缓冲区中空间大于参数 len 时，返回 len。
② 系统发送缓冲区中空间小于参数 len 时，write()函数阻塞，数据被逐渐发出，直到完全放入缓存区。
③ 出错或连接被复位，返回 -1，错误代码在全局变量 errno。
④ 阻塞过程中收到中断信号，返回 EINTR。

write()函数成功返回，并不代表数据已从网卡发出，只表示数据已拷入发送缓存区。发送缓存区的数据将由 TCP 协议随后发出。

例如，将各种返回值情况都考虑后，编写一个 write_all 函数，代码如下：

```
        int write_all(int sockfd, char* buf, int nBytes);
        {
            for(; ; ){
                wc=write(sockfd, buf, nBytes);
                if(wc>=0)
                    return wc;
                else if(errno == EINTR){}
                else{
                    printf(stderr, "Write error");
                    close(sockfd);
                    return -1;
                }
            }
        }
```

8) getsockname()和 getpeername()

getsockname()和 getpeername()的格式分别如下：

  int getsockname(int fd, struct sockaddr* localaddr, int* addrlen);

  int getpeername(int fd, struct sockaddr* peeraddr, int* addrlen);

功能：getsockname 获取 fd 关联的本机地址，getpeername 获取 fd 关联的对方地址。

参数：

fd：套接字描述符。

localaddr、peeraddr：分别存放本机、对方的地址。

addrlen：存放地址长度(字节数)。

返回值等于 0 表示成功；返回值等于 −1 表示失败，错误类型由全局变量 errno 标识。

2．C/S 编程模型

TCP 套接字的 C/S 编程模型如图 3.3 所示，工作流程如下：

(1) 启动服务器程序。

(2) 服务器运行 socket()，创建出一个网络端点。这个刚创建的端点是一个主动套接字，并且没有与任何 IP 地址和端口关联。主动套接字没有监听的功能。

(3) 服务器运行 bind()，给网络端点关联 IP 地址和端口。这个 IP 地址和端口被公布后，客户机就可以访问该服务器了。

(4) 服务器运行 listen()，将主动套接字转换为被动套接字，也就是听套接字。被动套接字具有监听的功能，可以探测到是否有客户机来请求建立连接。

(5) 服务器运行 accept()，开始执行监听任务。

(6) 启动客户机程序，创建一个套接字。

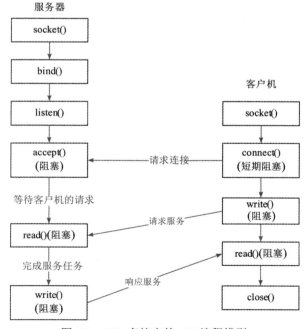

图 3.3　TCP 套接字的 C/S 编程模型

(7) 客户机运行 connect()，向服务器发起连接请求。

(8) 服务器收到并同意连接请求后，新生成一个套接字，称为"连接套接字"，连接套接字与客户机保持连接；服务器的听套接字继续其监听工作，等待其他客户机的连接请求。

(9) 客户机运行 write()，把业务数据发给服务器，然后运行 read()等待读取服务器返回的处理结果；服务器运行 read()读出业务数据，对所请求的业务进行处理，然后将处理结果通过 write()发送给客户机，之后服务器就可以返回到 read()函数，也可以调用 close()断开连接。

(10) 客户机 read()读到结果数据，然后运行 close()，断开与服务器的连接，一次 C/S 过程结束。也可以是服务器回复后，主动调用 close()断开连接。假如网络出现干扰，客户机发出请求后，服务器进行了回应，但客户机没有收到结果数据，此时服务器又没有主动断掉连接，那么客户会停留在 read()上长久等待。

默认的 C/S 模型采用阻塞式运行方式，也就是说 read()接收不到数据时，程序会一直停留在这个函数上，不会往下执行；accept()函数没有监听到客户机的请求时，也会一直停留。阻塞过程中，函数一直在等待某种事件发生，在此期间函数不占用 CPU 时间。所以，即使有大量程序处于阻塞状态，也不会影响 CPU 的运行速度。

3.2.2 应用示例

要求：找出两个自然数之间的所有质数，并计算其平均值，其中寻找质数、平均值计算由两个不同的服务器完成。

分析：
① 我们优先选择可靠性高的通信方式，所以选用 TCP 套接字；
② 整数在网络上传输时，需要考虑字节顺序问题；
③ 需要设计一个应用层的通信协议，使通信双方能够理解对方的意图；
④ 客户机关心的是如何完成任务，而不是具体的通信方式；
⑤ 涉及较多的程序文件时，应使用 make file 文件。

方案：
① 服务器端:编制 3 组程序,第一组存放实现寻找质数的函数,对应文件为 server301.c、server301.h；第二组存放实现平均值计算的函数，对应文件为 server302.c、server302.h；第三组存放实现服务器端通信管理的代码，对应文件为 server30.c、server30.h。

② 建立两个 TCP 服务器：第一个服务器上，编制文件 server31.mak 对 server301.c 和 server30.c 编译；第二个服务器上,编制文件 server32.mak 对 server302.c 和 server30.c 编译。

第一个服务器数据格式如下：

上行(客户机到服务器)：1(函数代码，整数)，nBegin(小自然数，整数)，nEnd(大自然数，整数)；

下行(服务器到客户机)：个数(随后要传输的数据个数，整数)，数据 1(整数)、数据 2(整数)、…(由"个数"确定的后续整数，整数)。

第二个服务器数据格式如下：

上行：2(函数代码，整数)，个数(随后要传输的数据个数，整数)，数据 1(整数)、数据

2(整数)、…(由"个数"确定的后续整数,整数);
下行:平均值(整数)。

③ 客户机:主程序尽量简单,只调用业务函数,而具体的业务实现(包括通信)放在函数里完成。这样,将来程序的升级比较容易,通过更换不同的函数适配不同的执行效率,而主程序不需要改动。当业务可以在本程序内完成时就在函数里直接计算,效率最高;当业务可以在本计算机上完成时就使用 ipc 通信,效率比较高;当业务只能在远方计算机完成时就使用套接字,效率低一些。通过更换函数库,可以实现程序版本的升级,而不需要改主程序。

(1) 客户机 client3.c 代码如下:

```c
#include <string.h>
#include <sys/socket.h>
#include <netinet/in.h>
#include <stdio.h>
#include <signal.h>
#define    SERVER_ADDR1 "127.0.0.1"
#define    SERVER_ADDR2 "127.0.0.1"
#define    SERVER_PORT1 8081
#define    SERVER_PORT2 8082
//发送:1, nBegin, nEnd;返回:个数,数据1、数据2、…
//获得 nBegin, nEnd 之间的所有质数,质数的个数作为返回值
//若函数出错,则返回负值
int get_the_Data(int nBegin, int nEnd, int* pnData)
{
    int i, sockfd;
    struct sockaddr_in servaddr;
    sockfd = socket(AF_INET, SOCK_STREAM, 0);
    if(sockfd<0)
        return -1;
    bzero(&servaddr, sizeof(servaddr));
    servaddr.sin_family = AF_INET;
    servaddr.sin_port = htons(SERVER_PORT1);         //字节顺序转换
    if(inet_aton(SERVER_ADDR1, &servaddr.sin_addr) == -1)
        return -1;
    if(connect(sockfd, (struct sockaddr*)&servaddr, sizeof(servaddr))<0)
    {
        close(sockfd);
        return -1;
    }
    int nBuf[3];                                     //字节顺序转换
```

```
nBuf[0] = htonl(1);                              //函数代码，服务器可扩展成为一组功能
nBuf[1] = htonl(nBegin);
nBuf[2] = htonl(nEnd);
int nbytes = write(sockfd, (char*)nBuf, 3*sizeof(int));
if(nbytes <= 0)
{
    fprintf(stderr, "Write error\n");
    close(sockfd);
    return -1;
}
int pnBuf[1024];
nbytes = read(sockfd, (char*)pnBuf, 1024*sizeof(int));
if(nbytes <= 0 || nbytes%sizeof(int) != 0)       //必须有数据，且符合整数的字长
{
    fprintf(stderr, "Read error\n");
    close(sockfd);
    return -1;
}
int nNum = nbytes/sizeof(int);
if(nNum<2)                                       //如果只返回了一个整数，表示没有目标数据或数据出错
{
    fprintf(stderr, "No such data or data error\n");
    close(sockfd);
    return -1;
}
int* pData = pnData;
for(i=0; i<nNum; i++)
{
    *pData = ntohl(pnBuf[i]);
    pData++;
}
nNum--;
pData = pnData;
int nNum1 = *pData;
if(nNum != nNum1)        //若返回的质数的个数与第一个数据成员质数的个数不同，则报错
{
    fprintf(stderr, "Data error\n");
    close(sockfd);
    return -1;
```

```c
    }
    close(sockfd);
    return nNum;
}
//发送：2，个数，数据1、数据2、…；接收：平均值
//平均值作为返回值
//若函数出错，则返回0或负值
int get_the_Avg(int nNum, int* pnData)
{
    int i, sockfd;
    struct sockaddr_in servaddr;
    sockfd = socket(AF_INET, SOCK_STREAM, 0);
    if(sockfd < 0)
        return 0;
    bzero(&servaddr, sizeof(servaddr));
    servaddr.sin_family = AF_INET;
    servaddr.sin_port = htons(SERVER_PORT2);
    if(inet_aton(SERVER_ADDR2, &servaddr.sin_addr) == -1)
        return 0;
    if(connect(sockfd, (struct sockaddr*)&servaddr, sizeof(servaddr)) < 0)
    {
        close(sockfd);
        return 0;
    }
    int nBuf[1024];                    //字节顺序转换
    nBuf[0]=htonl(2);                  //函数代码，服务器可扩展成为一组功能
    nBuf[1]=htonl(nNum);
    int* pnData1=pnData;
    for(i=0; i<nNum; i++)
    {
        nBuf[i+2]= htonl(*pnData1);    //最前面两个数是2、个数
        pnData1++;
    }
    pnData1=nBuf;
    int nbytes=write(sockfd, (char*)pnData1, (nNum+2)*sizeof(int));
    if(nbytes<=0)
    {
        close(sockfd);
        return 0;
```

```c
    }
    int nAvg;
    nbytes=read(sockfd, (char*)&nAvg, sizeof(int));
    if(nbytes!= sizeof(int))                    //必须是一个整数
    {
        close(sockfd);
        return 0;
    }
    nAvg=ntohl(nAvg);
    close(sockfd);
    return nAvg;
}
void main()     //主程序很简单，通过函数实现任务。任务是如何完成的，对主程序透明
{
    int i, nBegin, nEnd, nAvg;
    int buf[1024];
    printf("Please input 2 data:\n");
    scanf("%d\n", &nBegin);
    scanf("%d\n", &nEnd);
    printf("doing...\n");
    int nNum=get_the_Data(nBegin, nEnd, buf);   //获取质数。升级时，更换函数即可
    if(nNum == 0)
    {
        printf("There is no any data between %d and %d.\n", nBegin, nEnd);
        exit(1);
    }else if(nNum<0){
        printf("There is an error.\n");
        exit(1);
    }
    printf("There is %d prime number between %d and %d :\n\n", nNum, nBegin, nEnd);
    for(i=0; i<nNum; i++)                       //显示收到的结果
        printf("%d\t", buf[i+1]);
    printf("\n\n\n");
    printf("Getting the avarage.\n");
    nAvg=get_the_Avg(nNum, &buf[1]);            //获取平均值
    if(nAvg<0)
        printf("There is an error.\n");
    else if(nAvg == 0)
    {
```

```
            printf("The avarage cannot be gotten.");
            exit(1);
        }
        printf("The avg is %d.\n", nAvg);
    }
```

(2) 服务器 server30.c 代码如下：
```
#include "server301.h"        //注意：make –f server31.mak 时，使用这一行，并注释掉下一行
//#include "server302.h"      //注意：make –f server32.mak 时，释放这一行，并注释掉上一行
int main()                    //main 主程序只完成接受请求的过程，具体的数据处理交给函数
{
    int listenfd, connfd;
    struct sockaddr_in servaddr;
    listenfd=socket(AF_INET, SOCK_STREAM, 0);
    if(listenfd<0)
    {
        fprintf(stderr, "Socket error\n");
        exit(1);
    }
    bzero(&servaddr, sizeof(servaddr));                                   //填充地址
    servaddr.sin_family=AF_INET;
    servaddr.sin_addr.s_addr=htonl(INADDR_ANY);
    servaddr.sin_port=htons(SERVER_PORT);
    if(bind(listenfd, (struct sockaddr*)&servaddr, sizeof(servaddr))<0)   //绑定
    {
        fprintf(stderr, "Bind error\n");
        exit(1);
    }
    if(listen(listenfd, BACKLOG)<0)
    {
        fprintf(stderr, "Listen error\n");
        exit(1);
    }
    printf("Listenning....\n");
    for(; ; )
    {
        connfd=accept(listenfd, NULL, NULL);
        if(connfd<0)
        {
            fprintf(stderr, "Accept error\n");
```

```
            exit(1);
        }
        serv_response(connfd);          //处理业务请求
        printf("One service is finished.\n");
        close(connfd);
    }
    close(listenfd);
}
```

(3) server301.h 代码如下：
```
#ifndef _SERVER301_H_
#define _SERVER301_H_
#include <string.h>
#include <sys/socket.h>
#include <netinet/in.h>
#include <stdio.h>
#include <signal.h>
#define   SERVER_PORT 8081
#define   BACKLOG  5
void serv_response(int sockfd);
int get_the_Data(int nBegin, int nEnd, int* pnData);
#endif
```

(4) server301.c 代码如下：
```
#include "server301.h"
void serv_response(int sockfd)
{
    int i, nbytes;
    int buf_recv[1024];
    int buf_send[1024];
    nbytes=read(sockfd, (char*)buf_recv, 1024*sizeof(int));
    if(nbytes<=0 || nbytes%sizeof(int)!=0)
        return;
    int nNum= nbytes/sizeof(int);
    int* pn=buf_recv;
    for(i=0; i<nNum; i++)            //字节顺序转换
    {
        *pn=ntohl(*pn);
        pn++;
    }
    switch(buf_recv[0])
```

```c
    {
      case 1:          //函数代号，get_the_Data
        nNum=get_the_Data(buf_recv[1], buf_recv[2], &buf_send[1]);
        int nNum2;
        if(nNum<=0)
            nNum2=1;
        else
            nNum2=nNum+1;
        buf_send[0]=nNum;                        //按规定格式组包
        for(i=0; i<nNum2; i++)
            buf_send[i]=htonl(buf_send[i]);
        nbytes=write(sockfd, (char*)buf_send, nNum2*sizeof(int));
        if(nbytes<=0)
            fprintf(stderr, "Write error\n");
        break;
      default:                                   //函数代号，其他函数
        printf("No this function\n");
        break;
    }
}
int get_the_Data(int nBegin, int nEnd, int* pnData)
{
    int i, j, nNum;
    int b, bOnce;
    nNum=0;
    if(nBegin<=0 || nEnd<=0 || nEnd<nBegin)      //数据必须合理
        nNum=-1;
    else
    {
        nNum=0;
        for(i=nBegin; i<nEnd; i++){              //用取模的方法找质数
            b=1;
            for(j=2; j<i; j++){
                if(i%j == 0)
                {
                    b=0;
                    break;
                }
            }
```

```
            if(b)
            {
                *pnData=i;
                pnData++;
                nNum++;
            }
        }
    }
    return nNum;
}
```

(5) server302.h 代码如下：
```
#ifndef _SERVER302_H_
#define _SERVER302_H_
#include <string.h>
#include <sys/socket.h>
#include <netinet/in.h>
#include <stdio.h>
#include <signal.h>
#define  SERVER_PORT 8082
#define  BACKLOG 5
void serv_response(int sockfd);
int get_the_Avg(int nNum, int* pnData);
#endif
```

(6) server302.c 代码如下：
```
#include "server302.h"
void serv_response(int sockfd)
{
    int i, nbytes, buf_recv[1024], buf_send[1024];
    nbytes=read(sockfd, (char*)buf_recv, 1024*sizeof(int));
    if(nbytes<=0 || nbytes%sizeof(int)!=0)
        return;
    int nNum= nbytes/sizeof(int);
    int* pn=buf_recv;
    for(i=0; i<nNum; i++){
        *pn=ntohl(*pn);
        pn++;
    }
    switch(buf_recv[0])            //函数代号，get_the_Avg
    {
```

```c
        case 2:
            if(nNum<2 || nNum-2!=buf_recv[1]) {        //整数的个数不能少于 2
                printf("Data error\n");
                break;
            }
            nNum=get_the_Avg(nNum-2, &buf_recv[2]);
            buf_send[0]=nNum;
            buf_send[0]=htonl(buf_send[0]);
            nbytes=write(sockfd, (char*)buf_send, sizeof(int));
            if(nbytes<=0)
                fprintf(stderr, "Write error\n");
            break;
        default:                                        //函数代号，其他函数
            printf("No this function\n");
            break;
    }
}
int get_the_Avg(int nNum, int* pnData)
{
    int i, nAvg, nAvg1;
    int* pn;
    pn=pnData;
    nAvg=0;
    nAvg1=0;
    for(i=0; i<nNum; i++){
        nAvg1+=*pn;
        pn++;
    }
    if(nNum>0) {
        nAvg1=nAvg1*2/nNum;          //四舍五入
        nAvg=nAvg1/2;
        nAvg1=nAvg1%2;
        if(nAvg1>0)
            nAvg++;
    }
    return nAvg;
}
```

(7) server31.mak 代码如下：

#server31

```
server31: server30.o server301.o
    gcc -o server31 server30.o server301.o
server30.o: server30.c server301.h
    gcc -c server30.c
server301.o: server301.c server301.h
    gcc -c server301.c
```

(8) server32.mak 代码如下：

```
#server32
server32: server30.o server302.o
    gcc -o server32 server30.o server302.o
server30.o: server30.c server302.h
    gcc -c server30.c
server302.o: server302.c server302.h
    gcc -c server302.c
```

很多程序是被要求长期、连续运行的，但对于计算机程序来说，无论设计和实现得如何健壮，在运行过程中难免会受到各种干扰，从而造成崩溃。我们可以通过快速重启的方式来实现程序宏观上的继续运行。例如：使用 Watchdog，编一个简短的、不大可能被干扰到崩溃的程序作为看门狗，与主体程序周期性地握手，一旦主体程序不回复，则关闭并重新启动主体程序；也可以再附加硬件看门狗来监督软件看门狗，软件看门狗监督主体程序。

3.3 DHCP

在某个网络中的计算机可以通过 DHCP 被分配 IP 地址。DHCP(Dynamic Host Configuration Protocol，动态主机配置协议)主要用于 TCP/IP 网络中的自动地址分配和配置，包括 IP 地址、Gateway 地址、DNS 服务器地址等；它使用 UDP 协议，67 作为服务器端口，68 作为客户机器端口。

DHCP 采用出租的方式为主机分配 IP 地址，服务器(端口号 67)是地址的出租方，客户机(端口号 68)是地址的承租方，服务器根据客户机的请求，为客户机动态分配(出租)和管理 IP 地址；客户机向服务器提出 IP 地址租用请求，并在一段时间内拥有所租到的 IP 地址，IP 地址在该网段内具有唯一性。一个局域网内可以有多台 DHCP 服务器，DHCP 也允许固定 IP 地址存在。

DHCP 地址的分配方式有三种：自动分配(Automatic Allocation)，即服务器为主机指定一个固定 IP 地址，客户端第一次成功地从 DHCP 服务器端租用到该 IP 地址后，就可以固定使用该地址；动态分配(Dynamic Allocation)，即服务器给主机分配一个具有时间限制的 IP 地址，直至时间到期或主机表示放弃该地址；人工分配(Manual Allocation)，即客户端的 IP 地址由网络管理员指定。

1. 建立租约过程

最常用的地址分配方式是动态分配，其建立租约的过程如图 3.4 所示。

(1) C(客户机) to S(服务器)，Discover：租约请求。C 的源地址为 0.0.0.0。
(2) S to C，Offer：租约提供，内含一个可出租的 IP 地址，如 100.100.10.12。
(3) C to S，Request：租约确认，确认租用该 IP 地址。
(4) S to C，ACK：租约批准。

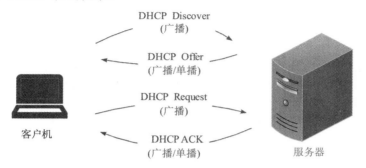

图 3.4 DHCP 建立租约过程

服务器回复数据时通常使用单播，前提是客户机在尚未拥有 IP 地址时就被设置为允许接收单播数据。虽然此时客户机尚未拥有 IP 地址，但由于 DHCP 数据格式中包含客户机的 MAC 地址、数据包的 id 等信息，使客户机能够识别出服务器发给自己的单播数据包。

2. 维护租约过程

对租约的维护过程如图 3.5 所示。

(1) 租期(Tenancy Period)的 1/2、7/8 情况下，C 请求续约，如果 S 允许，C 继续使用原 IP 地址从该时刻起的 1 个租期；如果 S 不允许，C 继续使用原 IP 地址，直到过期；
(2) 租约过期情况下，S 收回 IP 地址。但通常过期后 C 仍然可以继续使用原来的地址，S 会尽量保持该地址不被其他用户获得。
(3) C 关机后重启，C 放弃 IP 地址后重新申请。这些情况下，S 会根据历史记录，尽量给 C 分配它上一次的 IP 地址。

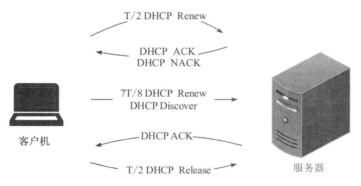

图 3.5 DHCP 维护租约过程

由于地址的重新分配，或者计算机节点切换到新的网络，因此计算机的 IP 地址可能发生变化。应用程序可以通过基本套接字函数来读取当前的 IP 地址，也可以通过调用 system()

来获取。

在 C/C++ 程序中调用 system()函数，可以执行 Shell 指令。例如，编写一个程序 sysDemo.c，其主程序为

```
int main(int argc, char **argv){
    system("ifconfig > netInfo.txt");
}
```

相当于在终端输入了指令 ifconfig > netInfo.txt。其中，符号 ">" 表示重定向，使原先输出到控制台去显示的文本信息，不在控制台显示，而是存入文件 netInfo.txt 中，如图 3.6 所示。

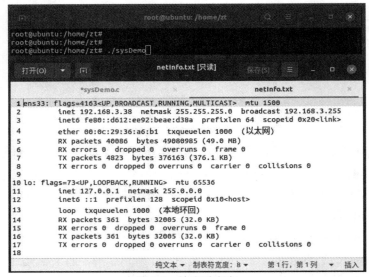

图 3.6 输出重定向

通过使用 system()函数和重定向，我们可以在程序中引用和处理各种各样的 Shell 指令，给编程和调试带来方便。

3.4 DNS 与域名访问

3.4.1 DNS 系统

DNS(Domain Name System，域名系统)实现域名和 IP 地址之间的转换任务，即把易于人类理解的域名解析为电脑可以识别的 IP 地址。DNS 基于层次结构工作，由根域、顶级域、二级域等组成了域名空间体系，在每个层次上都有相应的 DNS 服务器，在服务器上存放域名和 IP 地址的对应记录并提供域名查询等管理功能。通过这种分布式管理保证了 DNS 系统的稳定可靠。

IPv4 域名系统的每一级域名长度小于等于 63 字符，域名总长度小于等于 253 字符，目前共有 13 组 504 个根域名服务器。域名服务器包含主 DNS 服务器和辅 DNS 服务器，主、

辅服务器之间通过域传送(基于 TCP 协议)进行数据库备份，以确保各服务器上数据库内容一致性。

如图 3.7 所示，DNS 采用逐层查询的方式，如果在本层的服务器上查不到相应的 IP 地址，就会向上一层的服务器去查询。这种方式也可能会造成查询时间比较长且程序阻塞一段时间的现象。

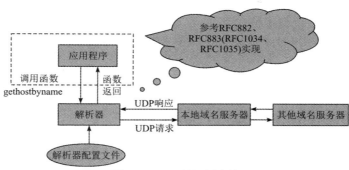

图 3.7　DNS 的逐层查询

3.4.2　域名访问函数

一个服务器常常具有多个名称和 IP 地址，Linux 用数据结构 hostent 来进行描述，代码如下：
```
struct hostent{
    char   h_name;           /*主机正式名称*/
    char **h_aliases;        /*别名列表，以 NULL 结束*/
    int    h_addrtype;       /*主机地址类型：AF_INET*/
    int    h_length;         /*主机地址长度：4 字节 32 位*/
    char **h_addr_list;      /*主机网络地址列表，以 NULL 结束*/
}
#define  h_addr   h_addr_list[0];  //主机的第一个网络地址
```
由域名查询 IP 地址的函数是：
```
struct hostent* gethostbyname(const char *name);
```
例如：
```
struct hostent *he=gethostbyname("www.sina.com.cn");
if(he!=NULL){
    printf("h_name:%s\n", he->h_name);
    printf("h_length:%d\n", he->h_length);
    printf("h_addrtype:%d", he->h_addrtype;
    for(i=0; he->h_aliases[i] !=NULL; i++)
        printf("h_aliases%d:%s\n", i+1, he->h_aliases[i]);
    //列出所有地址
    for(i=0; he->h_addr_list[i]!=NULL; i++){
        struct in_addr *addr;
        addr=(struct in_addr *)he->h_addr_list[i];
```

```
            printf("ip%d:%s\n", (i+1), inet_ntoa(*addr));
        }
    }
    else
        printf("gethostbyname error:%s\n", hstrerror(h_errno));
```

从 IP 地址查域名的函数是：

```
    struct hostent *gethostbyaddr(const char *addr, size_t len, int family);
```

例如：

```
    struct in_addr addr;
    inet_aton("202.117.112.10", &addr);
    struct hostent *he=gethostbyaddr((char *)addr, 4, AF_INET);
    if(he!=NULL){
        printf("h_name:%s\n", he->h_name);
    }
    else
        printf("gethostbyaddr error:%s\n", hstrerror(h_errno));
```

下面是一个同时兼容域名和 IP 地址的应用程序函数：

```
    int addr_conv(char *address, struct in_addr *inaddr){
        struct hostent *he;
        if( inet_aton(address, in_addr) !=0)
            return 1;
        he = gethostbyname(address);
        if(he!=NULL){
            *inaddr=*((struct in_addr *)he->h_addr_list[0]);
            return 1;
        }
        return -1;
    }
```

因为在同一个网段中允许存在多个 DNS 服务器，所以每次域名查询所访问的服务器可能不同，即使各服务器内容是相同的，条目的排列顺序也可能不同。因此，两次域名查询返回的内容是相同的，但是顺序可能不一样，如图 3.8 所示。

■ 查询 www.sina.com.cn 的结果

第一次查询	第二次查询
h_name:antares.sina.com.cn	h_name:antares.sina.com.cn
h_length:4	h_length:4
h_addrtype:2	h_addrtype:2
h_aliase1:www.sina.com.cn	h_aliase1:www.sina.com.cn
ip1:202.112.8.2	ip1:202.205.3.142
ip2:202.205.3.130	ip2:202.205.3.143
ip3:202.205.3.142	ip3:202.112.8.2
ip4:202.205.3.143	ip4:202.205.3.130

图 3.8　DNS 查询结果

第 4 章

UDP 套接字函数和高级套接字函数

4.1 UDP 套接字函数

4.1.1 套接字函数和 C/S 编程模型

UDP 套接字的基本函数包括 socket()、bind()、recvfrom()、sendto()、close()等，使用这些函数，可以实现 UDP 协议通用的 C/S 编程。默认 UDP 的 C/S 模型采用阻塞式运行方式。

1. 套接字函数

UDP 套接字的基本函数说明如下。

1) socket()

与 TCP 协议的 socket()函数用法相同，只是将 type 参数变为 SOCK_DGRAM。

2) bind()、close()

bind()、close()与 TCP 协议的对应函数用法相同。

3) recvfrom()

recvfrom()的格式如下：

    int recvfrom(int sockfd, void *buf, int len, unsigned char flags, struct socketaddr *from, socklen_t *addrlen);

功能：等待和接收其他端点发来的数据包。UDP 是非面向连接的协议，此函数可以接收任何目的地址和目的端口(等于接收方地址和端口的数据包)，与发送方的地址和端口无关。

参数：

sockfd：套接字描述符，表示 socket()调用成功时的返回值。

buf：接收缓存区首地址。

len：准备接收数据的字节数。

flags：默认为 0，表示无效。

from：指针，用来读取对方的地址和端口。不关心对方地址时，可取值为 NULL。

addrlen：*from 的长度，可取值为 NULL。不同类型地址结构的字长不同，用此参数告知编译器。

返回值大于等于 0 表示读出的字节数；返回值等于 –1 表示失败，错误类型由全局变量 errno 标识。

说明：

如图 4.1 所示，UDP 协议根据端口给每个 UDP 套接字设置一个接收缓冲区，recvfrom() 函数每次从接收缓冲区队列取回一个数据报，没有数据报时将阻塞。如果返回值为 0，表示收到长度为 0 的空数据报。当接收缓存区满，又有新的数据报到达时，套接字将不予理睬，因为 UDP 是不可靠的协议，该数据报被丢弃。

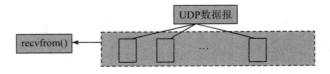

图 4.1　UDP 套接字的接收队列

4) sendto()

sendto() 的格式如下：

　　int sendto(int sockfd, const void *buf, int len, unsigned char flags, struct socketaddr *to, int　tolen);

功能： 发送 UDP 数据报。UDP 每次调用 sendto() 都必须指明接收方的 socket 地址。UDP 协议没有设置发送缓冲区，sendto() 将数据包拷贝到系统缓冲区后返回，不会阻塞。UDP 数据以整包为单位发送，不会发送半包数据。此函数成功返回，只代表数据已拷入系统缓存区，并不代表数据已从网卡发出。

参数：

sockfd：套接字描述符，表示 socket() 调用成功时的返回值。

buf：发送数组的首地址。

len：发送数据的字节数。

flags：默认为 0，表示无效。

to：指针，用来填写对方的地址和端口。

tolen：*to 的长度，不同类型地址结构的字长不同，用此参数告知编译器。

返回值大于等于 0 表示发出的字节数；返回值等于 –1 表示失败，错误类型由全局变量 errno 标识。

5) connect()

UDP 的连接是一种虚连接，仅仅是为了编程方便而引入的概念。建立连接的方法与 TCP 协议相同，但不会触发三次握手的过程，仅仅是记录了通信对方的 IP 地址和端口。然后，当前套接字就可以使用 send() 和 recv() 函数进行收发。send() 和 recv() 函数在使用时，不需要每次都填写对方地址，从而简化了编程（这两个函数将在 4.2.1 节中介绍）。

UDP 允许对一个 socket() 多次调用 connect() 函数，每次调用 connect() 函数将释放原来绑定的地址，而绑定到新地址上。断开虚连接的方法是再次调用 connect() 函数，绑定一个特殊协议 AF_UNSPEC：

　　struct sockaddr_in addr;

　　addr.sin_family=AF_UNSPEC;

connect(sockfd, (struct sockaddr *)&addr, sizeof(addr));

TCP 套接字与 UDP 套接字的对比：TCP 传输稳定可靠，但效率要低一些，并且不能广播。TCP 服务器容易因某一个客户机的故障而造成系统整体的阻塞。UDP 传输不可靠，但效率要高一些，能够广播。UDP 服务器通常不会因某一个客户机的故障而造成系统整体的阻塞。

TCP 的流量控制能够使数据尽可能快地传送，但对接收方的程序来说，常常需要把读出的数据片段拼接起来，编程复杂度比较高；而 UDP 协议，只要收到数据就是完整的数据包，不需要做拼接工作。

可以对 UDP 套接字的使用方法做一些改进，使程序既可以实现广播，又具有稳定可靠的特性：针对 UDP 协议不保证数据报可靠到达的问题，可以采用超时和重发机制处理丢失的数据报。针对 UDP 协议不保证数据报顺序到达的问题，可以给数据报增加序列号以区分数据报的顺序。针对 UDP 协议没有流量控制的问题，可以由程序维护一个发送缓冲区，将数据报保存在该缓冲区，直到收到确认才清除，当用户缓冲区满时不再发送数据报。但这样做的代价是程序的编程复杂度大大提高了。

2. C/S 编程模型

UDP 套接字的 C/S 编程模型如图 4.2 所示。工作流程如下：
(1) 启动服务器程序。
(2) 服务器运行 socket()，创建一个网络端点。
(3) 服务器运行 bind()，给网络端点关联 IP 地址和端口。这个 IP 地址和端口被公布后，客户机就可以访问该服务器。
(4) 服务器运行 recvfrom()，等待客户机发来数据。
(5) 启动客户机程序。
(6) 客户机运行 sendto()，把业务数据发给服务器，然后运行 recvfrom()等待读取服务器返回的处理结果。
(7) 客户机读出结果数据，然后运行 close()，一次 C/S 过程结束。
(8) 服务器运行 recvfrom()，等待客户机发来新的数据。

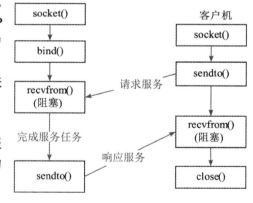

图 4.2　UDP 套接字的 C/S 编程模型

4.1.2　应用示例

客户机把自己的进程号和 hello 发送给服务器，共发 100 次，每次间隔 1 s；服务器把收到的进程号、对方 IP 地址显示出来，并把收到数据的时间返回给客户机。当多个客户机访问服务器时，可以看到服务在同时进行。客户机启动时，如果输入了参数"-c"，表示使用虚连接的方式运行，否则就采用无连接的方式运行。

(1) 客户机 udpclient2.cpp 代码如下：
```
#include <stdio.h>
```

```cpp
#include <stdlib.h>
#include <string.h>
#include <sys/socket.h>
#include <netinet/in.h>
#include <errno.h>
#include <arpa/inet.h>
#include <unistd.h>
#include <iostream>
using namespace std;
int main(int argc, char **argv)
{
    short port;
    sockaddr_in addr;
    if(argc == 3 ||argc==4)            //共有 3 个或 4 个命令行参数,第一个是程序名
    {
        port=atoi(argv[1]);
        inet_aton((char*)argv[2], &addr.sin_addr);
    }
    else if(argc == 2)
    {
        port=atoi(argv[1]);
        addr.sin_addr.s_addr=htonl(INADDR_ANY);
    }
    else
    {
        cout<<"argument invalid"<<endl;
        return 1;
    }

    int sockfd=socket(AF_INET, SOCK_DGRAM, 0);
    if(sockfd == -1)
    {
        cout<<"create socket error"<<endl;
        return 1;
    }
    struct timeval rto;
    rto.tv_sec=2;
    rto.tv_usec=0;
    if(setsockopt(sockfd, SOL_SOCKET, SO_RCVTIMEO, &rto, sizeof(rto)) == -1)//设定 2 s 超时
```

```cpp
        return 1;
    bzero(&addr, sizeof(addr));
    addr.sin_family=AF_INET;
    addr.sin_port=htons(port);
    if((strcmp(argv[2], "-c")==0) || (strcmp (argv[3], "-c")== 0))    //如果输入了-c,就按虚连接
                                                                      方式工作
        connect(sockfd, (struct sockaddr *)&addr, sizeof(addr));   //记录服务器地址
    for(int i=0; i<100; i++)
    {
        char buf[16];
        sprintf(buf, "%d hello", getpid());
        cout<<"send:"<<buf<<endl;
        int n;
        if((strcmp(argv[2], "-c")==0) || (strcmp (argv[3], "-c")== 0))
        {    //有虚连接,发送时不需要服务器地址
            n=sendto(sockfd, buf, strlen(buf), 0, NULL, 0);
        }
        else
        {    //无虚连接,发送时需要服务器地址
            n=sendto(sockfd, buf, strlen(buf), 0, (struct sockaddr *)&addr, sizeof(addr));
        }
        n=recvfrom(sockfd, buf, 16, 0, NULL, NULL);
        if(n>=0)
        {
            buf[n]=0;
            cout<<"recv:"<<buf<<endl;
        }
        sleep(1);
    }
    close(sockfd);
    return 0;
}
```

(2) 服务器 udpserver2.cpp 代码如下:

```cpp
#include <stdio.h>
#include <stdlib.h>
#include <string.h>
#include <sys/socket.h>
#include <netinet/in.h>
#include <errno.h>
```

```cpp
#include <arpa/inet.h>
#include <unistd.h>
#include <iostream>
#include <sys/time.h>
using namespace std;
int main(int argc, char **argv)
{
    char* pch;
    if(argc!=2){
        cout<<"argument invalid"<<endl;
        return 1;
    }
    short port=atoi(argv[1]);
    int sockfd=socket(AF_INET, SOCK_DGRAM, 0);
    if(sockfd == -1){
        cout<<"create socket error"<<endl;
        return 1;
    }
    sockaddr_in addr;
    bzero(&addr, sizeof(addr));
    addr.sin_family=AF_INET;
    addr.sin_port=htons(port);
    addr.sin_addr.s_addr=htonl(INADDR_ANY);
    if(bind(sockfd, (struct sockaddr *)&addr, sizeof(addr)) == -1)    //绑定服务器地址
    {
        cout<<"bind error"<<endl;
        return 1;
    }
    for(; ; ){
        char buf[32];
        sockaddr_in    client_addr;
        socklen_t    addr_len=sizeof(struct sockaddr);            //如果不加 sizeof，有些编译器
        //会把收到的地址置零
        //接收客户端的数据包
        int n=recvfrom(sockfd, buf, 16, 0, (struct sockaddr *)&client_addr, &addr_len);
        if(n>=0){
            buf[n]=0;
            pch=inet_ntoa(client_addr.sin_addr);
            cout<<"recv:"<<buf<<" from:"<<pch<<endl;
```

```
            struct timeval tv;
            gettimeofday(&tv, NULL);
            sprintf(buf, "%d %d", (int)tv.tv_sec, (int)tv.tv_usec);
            //利用 recvfrom 中得到的地址回送数据包
            sendto(sockfd, buf, strlen(buf), 0, (struct sockaddr *)&client_addr, sizeof (client_addr));
        }
    }
    close(sockfd);
    return 0;
}
```

运行结果如图 4.3 所示，左侧是三个客户机，进程号分别为 12064、12065、12066；右侧是服务器，显示收到的客户机的进程号。从图 4.3 中可以看到，3 个客户机同时运行，服务器端收到的进程号是交叉的。

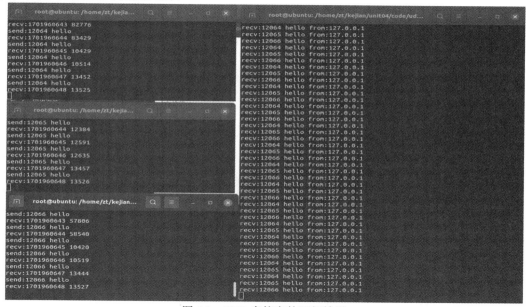

图 4.3　UDP 套接字的运行结果

4.2　高级套接字函数

基本套接字函数采用默认的选项和配置，能够完成常规的网络通信任务。高级套接字函数则允许我们修改这些选项和配置，以实现更加复杂的功能，以及更加精准地对网络协议进行控制。

1. recv()和 send()

recv()和 send()的格式如下：

```
ssize_t recv(int sockfd, void* buf, int len, int flags);
ssize_t send(int sockfd, void* buf, int len, int flags);
```

recv()和 send()函数相当于在 read()和 write()函数上增加了配置参数 flags。这个参数有以下主要选项：

(1) MSG_DONTROUTE(不路由)：主机在本地网，不需路由，数据不会发到外网。

(2) MSG_OOB(带外数据)：要收、发的是紧急数据，而不是常规数据。

(3) MSG_PEEK(不从缓存区移除数据)：可用于多进程，可共享数据，也可用来察看缓存区数据。

(4) MSG_WAITALL(等待所有数据)：等到要读的数据量达到要求时才结束；发现文件结束符(Ctrl + D)时，函数也结束。

例如，N 个进程共享一个套接字，除最后一个进程以外的所有进程采用 MSG_PEEK 的方式读数据，这时数据一直存于缓存区中能够被读出；最后一个进程采用无 MSG_PEEK 的方式读数据，读出数据后缓存区中的数据就被自动清除。代码如下：

```
if(np<N-1)
{
    recv(sockfd, buf, sizeof(buf), MSG_PEEK);
    np++;
}
else
    recv(sockfd, buf, sizeof(buf), 0);
```

有些 flags 选项适用于发送方，有些适用于接收方，如表 4.1 所示。

表 4.1 flags 的适用范围

标志	recv()	send()
MSG_DONTROUTE		√
MSG_OOB	√	√
MSG_PEEK	√	
MSG_WAITALL	√	

2. readv()和 writev()

readv()和 writev()的格式如下：

```
#include <sys/uio.h>
ssize_t readv(int fd, struct iovec* iov, int iovlen);    //分散读
ssize_t writev(int fd, struct iovec* iov, int iovlen);   //集中写(原子性操作)
```

向量读写也称分散读和集中写，可将多个变量的数据组合成一个大的数据包进行发送，或者把从一个数据包读到的数据切分给若干个变量。在表格数据通信时，我们可以把一张表格里的若干字段组合起来发送，如在学生名册里挑出姓名、电话号码；接收方则把数据包里的一段放到姓名格子里，另一段放到电话号码格子里。

readv()和 writev()中的参数有：

第4章 UDP套接字函数和高级套接字函数

iov：缓存区数组；

iovlen：缓存区数组大小。

代码如下：

```
struct iovec
{
    void *   iov_base;           //缓存区首地址
    size_t   iov_len;
}
```

例如，发送和接收一个人的姓名和职业数据。此人名字叫姬发，职业是周国总统。数据格式第一项是向量个数(整数)，第二项是姓名(char*)，第三项是职业(char*)。注意，不要忘了字节顺序转换。

发送代码如下：

```
char *name = "Jifa";
char *occupation = "President of Zhou";
int len[2];
struct iovec iov[3];
len[0] = strlen(name);
len[1] = strlen(occupation);

len[0] = htons(len[0]);
len[1] = htons(len[1]);

iov[0].iov_base = len;
iov[0].iov_len = 2*sizeof(int);
iov[1].iov_base = name;
iov[1].iov_len = len[0];

iov[2].iov_base = occupation;
iov[2].iov_len = len[1];

writev(sockfd, iov, 3);
```

接收代码如下：

```
char name[1024];
char occupation[1024];
int len[2];
struct iov[2];
int iovlen;
read(sockfd, len, 2*sizeof(int));

len[0] = ntohs(len[0]);
len[1] = ntohs(len[1]);
```

```
iov[0].iov_base = name;
iov[0].iov_len = len[0];
iov[1].iov_base = occupation;
iov[1].iov_len = len[1];
readv(sockfd, iov, 2);
```

3. recvmsg()和 sendmsg()

recvmsg()和 sendmsg()的格式如下：

```
ssize_t recvmsg(int sockfd, struct msghdr* msg, int flags);
ssize_t sendmsg(int sockfd, struct msghdr* msg, int flags);
```

结构定义如下：

```
struct msghdr
{   void *msg_name;
    int msg_namelen;
    struct iovec* msg_iov;
    int msg_iovlen;
    void* msg_control;
    int msg_controllen;
    int msg_flags;    //同 recv、send
}
```

recvmsg()和 sendmsg()是两个通用函数，改变参数可分别对应前述的多个读写函数。

4. shutdown()

shutdown()的格式如下：

```
int shutdown(int sockfd, int howto);
```

shutdown()用来在 TCP 协议上关闭连接，相比 close()函数，它增加了一个选项 howto。其含义是：

howto = 0：关闭读通道；

howto = 1：关闭写通道；

howto = 2：关闭读和写通道。

close()与 shutdown()的差别如下：

(1) 作用对象不同：close()对应套接字描述符，是引用计数，多个进程共用一个套接字时，只要还有一个进程在使用套接字，套接字就不会从内存中被清除；shutdown()对应套接字描述符下属的 TCP 连接，多个进程共用一个套接字时，只要有一个进程用此函数关闭了套接字，其他所有进程都不能再使有这个套接字。

(2) 作用范围不同：close()关闭套接字的全双工通道；shutdown()可只关闭全双工通道的一条。

5. fctnl()和 ioctl()

1) fctnl()

fctnl()函数的定义和功能如下：

第 4 章 UDP 套接字函数和高级套接字函数

```
#include <fcntl.h>
    int fcntl(int fd, int cmd, ...);
```

套接字属于一种与输入/输出相关的文件，它的很多特性可以通过 fcntl()和 ioctl()函数进行配置。fcntl()的参数有：

fd：文件描述符。套接字描述符是一种文件描述符。

cmd：操作类型，后面可以跟若干个参数。

操作类型、参数等情况如表 4.2 所示。

表 4.2　fcntl()函数说明

Cmd	参　　数	返回值	功　　能
F_GETFL	0	flag/-1，成功/失败	取得文件标志字
F_SETFL	O_NONBLOCK	0/-1，成功/失败	设置套接字为非阻塞式
F_GETOWN	int*，存放进程号	0/-1，成功/失败	取得套接字的所有者
F_SETOWN	int，填写进程号	0/-1，成功/失败	设置套接字的所有者

套接字的文件标志字是一个无符号整形数，它的每一位对应文件的一种属性。对套接字文件标志字的访问是位操作，在读出时需要通过掩膜取出特定的位置；在写入时需要先读出这个字，再对其中的一位进行操作，然后把整个字写回。

修改标志字的过程必须具备原子性，因为有可能多个进程同时访问一个文件，如果写操作的这几个步骤不具备原子性，就可能产生冲突。

默认的套接字模式是阻塞式，如果要将其改为非阻塞式，需要进行以下操作。操作系统保证了这几个操作步骤整体上具有原子性。

```
    int flags;
    if(flags=fcntl(fd, F_GETFL, 0){
        //error;
    }
    flags |= O_NONBLOCK;
    if(flage=fcntl(fd, F_SETFL, 0)
    {
        //error;
    }
```

上述代码也可简写为：

```
    fcntl(socket_fd, F_SETFL, fcntl(socket_fd, F_GETFL, 0)|O_NONBLOCK);
```

如果要将非阻塞式套接字改为阻塞式，操作如下(但在实际编程中很少需要这样做)：

```
    int flags;
    if(flags = fcntl(fd, F_GETFL, 0){
        //error;
    }
    flags & =  ^O_NONBLOCK;      //先取反，后与
    if(fcntl(fd, F_SETFL, flags)<0){
```

```
            //error;
        }
```
上述代码也可简写为：
```
        fcntl(socket_fd, F_SETFL, fcntl(socket_fd, F_GETFL, 0)&^O_NONBLOCK);
```
套接字的所有者具有与文件相关的一些特权，例如内核可以为套接字产生 SIGIO 和 SIGURG 信号，而这两个信号只被传递给套接字所有者所在的进程或进程组成员。设置套接字的所有者的操作如下：
```
        int n;
        n = getpid();
        if(fcntl(fd, F_SETOWN, n)<0)
        {    /*error*/;    }
```
其中，n > 0，n 代表相应的进程号；n < 0，n 的绝对值代表相应的进程组号，组内所有进程均可接收信号。取得套接字的所有者的操作如下：
```
        int n;
        if(fcntl(fd, F_GETOWN, &n)<0)
        {    /*error*/;    }
```
2) ioctl()

ioctl()函数对文件的输入/输出属性进行设置，其定义和功能如下：
```
        #include <uinstd.h>
        int ioctl(int fd, int req, ...);
```
ioctl()的参数有：

fd：文件描述符(包括套接字描述符)。

req：请求操作的类型，后面可以跟若干个参数，所有参数都采用指针型变量。操作类型、参数等情况如表 4.3 所示。

表 4.3 ioctl()函数说明

req	参　数	返回值	说　　明
SIOCATMARK	如果有，只是指针型	0/−1(成功/失败)	是否到达带外标记
FIOASYNC	如果有，只是指针型	0/−1(成功/失败)	异步 I/O 标志
FIONREAD	如果有，只是指针型	0/−1(成功/失败)	缓存区中有多少字节数据可读

当检查缓冲区里有多少个字节的数据时，可以采用如下操作：
```
        int nbytes;
        ioctl(fd, FIONREAD, &nbytes);
```
例如，当使用两个阻塞式 TCP 套接字工作时，其中一个套接字常常会阻挡另一个套接字的运行。我们可以将阻塞式套接字转换为非阻塞式套接字，使二者互不干扰。代码如下：
```
        #include <string.h>
        #include <sys/socket.h>
        #include <netinet/in.h>
        #include <stdio.h>
```

第4章　UDP套接字函数和高级套接字函数

```c
#include <signal.h>
#define  SERVER_PORT 8089
int main(int argc, char*argv[])
{
    int sockfd1, sockfd2, n;
    struct sockaddr_in servaddr1, servaddr2;
    sockfd1 = socket(AF_INET, SOCK_STREAM, 0);
    sockfd2 = socket(AF_INET, SOCK_STREAM, 0);
    if(sockfd1<0 || sockfd2<0){
        fprintf(stderr, "Socket error");
        exit(1);
    }
    bzero(&servaddr1, sizeof(servaddr1));
    servaddr1.sin_family = AF_INET;
    servaddr1.sin_port = htons(SERVER_PORT);
    bzero(&servaddr2, sizeof(servaddr2));
    servaddr2.sin_family = AF_INET;
    servaddr2.sin_port = htons(SERVER_PORT);
    if( (inet_aton(argv[1], &servaddr1.sin_addr) == 0) || (inet_aton(argv[2], &servaddr2.sin_addr) == 0) )
    {
        fprintf(stderr, "Inet_aton error");
        exit(1);
    }
    if( connect(sockfd1, (struct sockaddr*)&servaddr1, sizeof(servaddr1))<0 ||
        connect(sockfd2, (struct sockaddr*)&servaddr2, sizeof(servaddr2))<0 )
    {
        fprintf(stderr, "Connect error");
        exit(1);
    }
    int sockfd_1, sockfd_2, flag;    //前两个变量用来标记套接字相关的工作是否已完成，若完成
    char buf1[1024], buf2[1024];     //就不再从这个套接字读取数据
    flag = fcntl(sockfd1, F_GETFL, 0);
    fcntl( sockfd1, F_SETFL, flag | O_NONBLOCK );
    flag = fcntl(sockfd2, F_GETFL, 0);
    fcntl( sockfd2, F_SETFL, flag | O_NONBLOCK );
    sockfd_1 = sockfd_2 = 1;             //两项任务需要处理
    while (sockfd_1||sockfd_2){
        if(n<0 && errno == EINTR)
            continue;
        if(sockfd_1 == 1 )               //第一项任务尚未处理
```

```
                {
                    n = read(sockfd1, buf1, sizeof(buf1));
                    if(n == 0)
                        sockfd_1=0;
                    else if(n<0    && errno != EINTR && errno != EWOULDBLOCK)
                    {
                        perror("An Error.");
                        sockfd_1 = 0;
                    }
                    else if(n>0)
                    {write(1, buf 1, n); sockfd_1=0;}
                }
                if(sockfd_2 == 1) {           //第二项任务尚未处理
                    n = read(sockfd2, buf2, sizeof(buf2));
                    if(n == 0)
                        sockfd_2 = 0;
                    else if(n<0    && errno != EINTR && errno != EWOULDBLOCK)
                    {
                        perror("An Error.");
                         sockfd_2 = 0;
                    }
                    else if(n>0)
                        {write(1, buf2, n); sockfd_2=0;}
                }
            }
        close(sockfd1);
        close(sockfd2);
    }
```

6. getsockopt()和 setsockopt()

getsockopt()和 setsockopt()的定义与功能如下：

```
#include <sys/types.h>
#include <sys/socket.h>
int getsockopt(int fd, int level, int optname, char *optval, int *optlen);
int setsockopt(int fd, int level, int optname, char *optval, int *optlen);
```

参数：

fd：套接字描述符。

level：选项级别。其取值如下：

- SOL_SOCKET：通用 Socket 选项；
- IPPROTO_IP：针对 IP 协议；
- IPPROTO_TCP：针对 TCP 协议。

optname：选项名称。

optval：选项值。

optlen：存放选项值长度的指针。

返回值等于 0 表示成功，返回值等于 –1 表示失败。

(1) getsockopt()和 setsockopt()这两个套接字选项的设置和获取函数，在 SOL_SOCKET 层次主要选择有：

① SO_KEEPALIVE：设置该选项后，2 小时内没有数据交换时，TCP 协议将自动发送探测数据包，检查网络连接。

② SO_RCVBUF 和 SO_SNDBUF：设置接收和发送数据缓冲区的大小，需要在连接建立以前完成设置。

③ SO_RCVTIMEO 和 SO_SNDTIMEO：设置接收和发送超时，当指定时间内数据没有成功接收或发送，接收和发送函数将返回。

④ SO_REUSEADDR：地址可重用，用于快速重启服务器程序，或启动服务器程序的多个实例(绑定本地 IP 地址的多个别名)。设置代码如下：

```
int listenfd;
int on = 1;
listenfd = socket(AF_INET, TCP_STREAM, 0);
setsockopt(listenfd, SOL_SOCKET, SO_REUSEADDR, &on, sizeof(int));
```

(2) getsockopt()和 setsockopt()这两个套接字选项的设置和获取函数，在 SOL_IP 层次主要选择有：

IP_HDRINCL：是否需要自己建立 IP 数据包首部，适用于原始套接字。对于原始套接字，没设置该选项时，程序仅可以对 IP 包的数据区进行修改；设置了该选项后，程序就可以对 IP 包的首部进行修改。

(3) getsockopt()和 setsockopt()这两个套接字选项的设置和获取函数，在 SOL_TCP 层次主要选择有：

① TCP_MAXSEG：设置 TCP 协议最大数据段长度。

② TCP_NODELAY：小数据包不延迟发送，即关闭 Nagle 算法。Nagle 算法是由 John Nagle 在 1984 年最早提出的，主要用于防止小分组的产生。小分组指 TCP 数据包的数据很少，相对而言头部数据比例就比较大，整体来说有效数据比例小，浪费了带宽和网络元件的运算能力，并有可能导致网络拥塞。Nagle 算法会收集这些小分组，然后对小分组进行合并发送。但 Nagle 算法会对 TCP 通信的实时性造成不利影响，我们可以关闭这个算法。

4.3 多路复用

多路复用指用一个函数来监督多个套接字的工作。虽然 select()函数的性能并不好，但它是实现这种工作方式的最简单的方法。select()函数既可以被当作一个高级套接字函数，也可以被当作一种服务模式，还可以被当作一种输入/输出模型。

select()的定义和功能如下：

```
#include <sys/time.h>
#include <uinstd.h>
int select(int maxfd,   struct fd_set* rdset,   struct fd_set* wrset,
              struct fd_set* exset,   struct timeval* timeout);
```

参数：

maxfd：被监测的最大套接字描述符 +1。例如，监测 3 个套接字，其描述符分别是 10、12、19，则 maxfd 取值为 20。

rdset：被监测的可读的描述符集合，监测集合内是否有成员就绪，包括有数据到达接收缓存区、处于 listen 状态的 Socket 接收到连接请求。

wrset：被监测的可写的描述符集合，监测集合内是否有成员就绪，包括有写函数操作成功、调用 connect 成功等。

exset：被监测的发生异常的描述符集合，监测集合内是否有成员就绪，包括接收带外数据的 socket 有带外数据到达等。

timeout：超时时间。定义为：

```
struct timeval{
    long tv_sec;        //秒
    long tv_usec;       //名称是微秒，但在很多系统中实际是毫秒
}
```

返回值：若有描述符就绪，则返回就绪的描述符个数；若超时时间内没有描述符就绪，则返回 0；若执行函数失败，则返回 −1。如果被监测的文件都是阻塞式文件，同时没有任何一个文件就绪，那么函数就处于阻塞状态。

select()函数监测 3 个文件描述符集合，如果我们对某个集合没有兴趣，可以把它设为 NULL。关于集合操作的函数有以下几个：

```
void FD_SET(int fd, fd_set *fdset)      //将 fd 加入 fdset 中
void FD_CLR(int fd, fd_set *fdset)      //将 fd 从 fdset 中清除
void FD_ZERO(fd_set *fdset)             //从 fdset 中清除所有的文件描述符
int FD_ISSET(int fd, fd_set *fdset)     //判断 fd 是否在 fdset 集合中
```

使用 select()函数过程是：

(1) 使用 FD_ZERO 清空每个集合；

(2) 使用 FD_SET 把待监测的文件描述符逐一添加到集合中；

(3) 运行 select()函数；

(4) 如果返回值大于 0，就使用 FD_ISSET 在所有集合里逐一找出就绪的描述符；

(5) 已就绪过的描述符，如果不打算继续使用，就用 FD_CLR 从集合中剔除。

例如：以下程序中包含两个客户机，且程序可以采用两种方式运行，命令行不加参数时，客户机 1、2 顺序执行，如果在客户机 1 处阻塞，则客户机 2 也不能读取数据；命令行加参数时，以多路复用方式运行，客户机 1、2 互不影响。

```
#include <stdio.h>
```

```c
#include <stdlib.h>
#include <string.h>
#include <sys/socket.h>
#include <netinet/in.h>
#include <errno.h>
#include <arpa/inet.h>
#include <unistd.h>
#include <sys/time.h>
#include <sys/select.h>
#define MAXDATASIZE 128
#define max(a, b) ((a)>(b)?(a):(b))
int main(int argc, char **argv)
{
    int sockfd1, sockfd2, nbytes;
    char buf[MAXDATASIZE];
    struct sockaddr_in srvaddr1, srvaddr2;
    int port1, port2;
    int multi = 0;
    if(argc<3){
        printf("usage:./client port1 port2\n");
        exit(0);
    }
    port1 = atoi(argv[1]);
    port2 = atoi(argv[2]);
    if(argc == 4)
        multi = 1;
    sockfd1 = socket(AF_INET, SOCK_STREAM, 0);
    sockfd2 = socket(AF_INET, SOCK_STREAM, 0);
    if(sockfd1 == -1||sockfd2 == -1){
        printf("create socket error\n");
        exit(1);
    }
    bzero(&srvaddr1, sizeof(srvaddr1)); //指定服务器地址(本地 Socket 地址采用默认值)
    srvaddr1.sin_family = AF_INET;
    srvaddr1.sin_port = htons(port1);
    if(inet_aton("127.0.0.1", &srvaddr1.sin_addr) == -1){
        printf("addr convert error\n");
        exit(1);
    }
```

```c
        memcpy(&srvaddr2, &srvaddr1, sizeof(srvaddr1));
        srvaddr2.sin_port = htons(port2);
        //连接服务器
        if(connect(sockfd1, (struct sockaddr *)&srvaddr1, sizeof(struct sockaddr)) == -1 ||
                connect(sockfd2, (struct sockaddr *)&srvaddr2, sizeof(struct sockaddr)) == -1){
            printf("connect error\n");
            exit(1);
        }
        struct timeval starttime, endtime;
        gettimeofday(&starttime, NULL);
        printf("start time:%ld\n", starttime.tv_sec);
        if(!multi){    //顺序接收
            if((nbytes=read(sockfd1, buf, MAXDATASIZE)) == -1){
                printf("read error\n");
                exit(1);
            }
            buf[nbytes] = '\0';
            gettimeofday(&endtime, NULL);
            printf("(%ld) server1 respons:%s\n", endtime.tv_sec, buf);
            if((nbytes = read(sockfd2, buf, MAXDATASIZE)) == -1){
                printf("read error\n");
                exit(1);
            }
            buf[nbytes] = '\0';
            gettimeofday(&endtime, NULL);
            printf("(%ld) server2 respons:%s\n", endtime.tv_sec, buf);
        }
        else{//多路复用
            int fd1_finished = 0;
            int fd2_finished = 0;
            while(!fd1_finished||!fd2_finished){
                fd_set rdset;
                FD_ZERO(&rdset);
                if(!fd1_finished)
                    FD_SET(sockfd1, &rdset);
                if(!fd2_finished)
                    FD_SET(sockfd2, &rdset);
                struct timeval tv;
                tv.tv_sec = 0;
```

```c
            tv.tv_usec = 100;
            int n = select(max(sockfd1, sockfd2)+1, &rdset, NULL, NULL, &tv);
            if(n<=0)
                continue;
            else{
                if(!fd1_finished && FD_ISSET(sockfd1, &rdset)){
                    if((nbytes = read(sockfd1, buf, MAXDATASIZE)) == -1){
                        printf("read error\n");
                        exit(1);
                    }
                    buf[nbytes] = '\0';
                    gettimeofday(&endtime, NULL);
                    printf("(%ld) server1 respons:%s\n", endtime.tv_sec, buf);
                    fd1_finished = 1;
                }
                if(!fd2_finished && FD_ISSET(sockfd2, &rdset)){
                    if((nbytes = read(sockfd2, buf, MAXDATASIZE)) == -1){
                        printf("read error\n");
                        exit(1);
                    }
                    buf[nbytes] = '\0';
                    gettimeofday(&endtime, NULL);
                    printf("(%ld) server2 respons:%s\n", endtime.tv_sec, buf);
                    fd2_finished = 1;
                }
            }
        }
    }
    //关闭 Socket
    close(sockfd1);
    close(sockfd2);
    return 0;
}
```

第 5 章

原始套接字及带外数据和 IPv6 编程

5.1 原始套接字

5.1.1 建立和选项

原始套接字直接对 IP 数据包进行操作，可以允许用户访问 ICMP 和 IGMP 等多种协议的数据包，允许用户访问 IP 数据包的数据区，允许用户读写包括首部在内的 IP 数据包，允许用户基于 IP 层开发新的高层通信协议。

原始套接字的使用分为三个步骤：创建原始套接字、设置原始套接字属性以及发送和接收数据。

(1) 创建原始套接字，代码如下：

```
int sockfd
sockfd = socket(AF_INET, SOCK_RAW, protocol);
```

protocol 常用取值：IPPROTO_ICMP、IPPROTO_IGMP 和 IPPROTO_IP。

(2) 设置原始套接字属性，代码如下：

```
int optval = 1;    //1 为设置，0 为取消，默认 0
if(setsockopt(sockfd, IPPROTO_IP, IP_HDRINCL, &optval, sizeof(optval))<0)
exit(1);
```

无论是否设置了 IP_HDRINCL 属性，原始套接字接收到的都是整个 IP 数据包，即接收缓存区中的数据包含 IP 数据包的头部。

(3) 发送和接收数据。在原始套接字中不存在端口，端口是 TCP、UDP 等传输层协议中的概念。原始套接字只通过 IP 地址来识别主机。原始套接字用数据结构 iphdr 来映射 IP 数据包头部，代码如下：

```
struct iphdr {
#if defined(__LITTLE_ENDIAN_BITFIELD)
    __u8    ihl:4,      //头部长度，以 4 字节为单位进行计量
```

```
                    version:4;          //版本
#elif defined (__BIG_ENDIAN_BITFIELD)
        __u8      version:4,
                  ihl:4;
#else
#error "Please fix <asm/byteorder.h>"
#endif
    __u8      tos;              //服务类型
    __u16     tot_len;          //总长度
    __u16     id;               //标识
    __u16     frag_off;         //标识位和碎片偏移
    __u8      ttl;              //生存时间
    __u8      protocol;         //协议：TCP、UDP、ICMP 等
    __u16     check;            //头部校验和
    __u32     saddr;            //源 IP 地址
    __u32     daddr;            //目的 IP 地址
};
```

当没有设置 IP_HDRINCL 时，可以对 IP 数据包的数据区进行修改，收发 ICMP、IP 等数据包。

ICMP 数据格式如图 5.1 所示，对应的数据结构如下：

```
struct icmphdr {
    __u8      type;
    __u8      code;
    __u16     checksum;
    union {
        struct {
            __u16   id;
            __u16   sequence;
        } echo;
        __u32   gateway;
        struct {
            __u16   __unused;
            __u16   mtu;
        } frag;
    } un;
};
```

ICMP 常用数据类型如表 5.1 所示。常见的网络调试指令 ping 就是一个 ICMP 呼叫应答过程，发出回显请求 8，接收回显请求 0。ICMP 的校验和 16 位，计算方法是首先将校验和设置为 0，然后将 ICMP 所有数据按照 16 位的字长进行累加，得到一个 32 位数；把这个 32 位

数的高 16 位与低 16 位相加,又得到一个 32 位数;把这个新的 32 位数的高、低 16 位相加,保留低 16 位,然后对保留的 16 位数取反得到校验和。

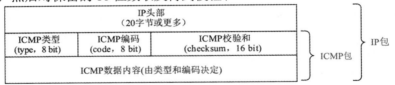

图 5.1 ICMP 数据格式

表 5.1 ICMP 常用数据类型

类型	代码	说明
0	0	Echo Reply,回显应答
3	0	Network Unreachable,网络不可达
3	1	Host Unreachable,主机不可达
3	2	Protocol Unreachable,协议不可达
3	3	Port Unreachable,端口不可达
3	4	Fragmentation needed but no frag. bit set,需要进行分片但设置不分片比特
3	5	Source routing failed,源站选路失败
3	6	Destination network unknown,目的网络未知
3	7	Destination host unknown,目的主机未知
3	9	Destination network administratively prohibited,目的网络被强制禁止
3	10	Destination host administratively prohibited,目的主机被强制禁止
3	11	Network unreachable for TOS,由于服务类型(TOS),网络不可达
3	12	Host unreachable for TOS,由于服务类型(TOS),主机不可达
3	13	Communication administratively prohibited by filtering,由于过滤,通信被强制禁止
3	14	Host precedence violation,主机越权
3	15	Precedence cutoff in effect,优先中止生效
4	0	Source quench,源端被关闭(基本流控制)
5	0	Redirect for network,对网络重定向
5	1	Redirect for host,对主机重定向
5	2	Redirect for TOS and network,对服务类型和网络重定向
5	3	Redirect for TOS and host,对服务类型和主机重定向
8	0	Echo request,回显请求
9	0	Router advertisement,路由器通告
10	0	Route solicitation,路由器请求
11	0	TTL equals 0 during transit,传输期间生存时间为 0
11	1	TTL equals 0 during reassembly,在数据报组装期间生存时间为 0
12	0	IP header bad (catch all error),坏的 IP 头部(包括各种差错)
12	1	Required options missing,缺少必需的选项
17	0	Address mask request,地址掩码请求
18	0	Address mask reply,地址掩码应答

5.1.2 ping 程序编写

发出请求回显的 ICMP 数据包，接收返回的响应回显 ICMP 包。把收到的包按照 4 字节 1 行十六进制的方式显示，以便与 IPv4 数据包格式对照。如图 5.2 所示，使用我们编制的 ping 程序呼叫百度，得到响应。从回复的数据中可以看到，第 1 行第一个字节 0x45 表示 IP 包版本是 4，头部长度 5 行；第 1 行最后一个字节 0x2c 表示 IP 包总长 44 字节；第 4 行 0x6e 0xf2 0x44 0x42 表示是来自百度的地址 110.242.68.66 的数据；第 5 行 0xc0 0xa8 0x03 0x26 表示本地地址 192.168.3.38；第 6 行第一个字节 0x00 表示是一个 ICMP 回显响应数据包。

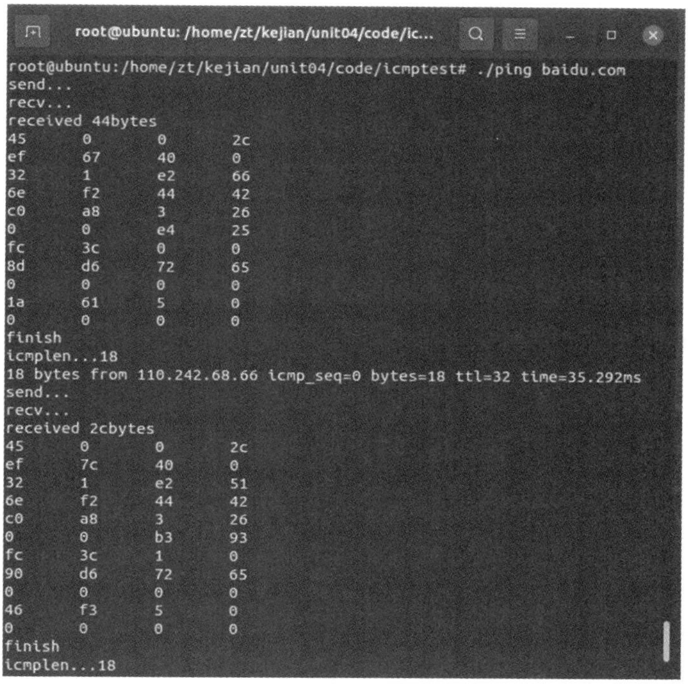

图 5.2 ping 的运行结果

(1) 文件 comm_func.h 定义了几个通用函数，代码如下：

```
#include <string.h>
#include <signal.h>
#include <arpa/inet.h>
#include <stdio.h>
#include <stdlib.h>
#include <sys/types.h>
#include <sys/socket.h>
#include <netinet/in.h>
#include <errno.h>
#include <netdb.h>
#include <unistd.h>
int   addr_conv(char *address, struct in_addr *inaddr);
```

```
    int    read_line(int fd, char *buf, int maxlen);
    int    read_all(int fd, void *buf, int n);
    int    write_all(int fd, void *buf, int n);
```
(2) 文件 comm_func.cpp 的代码如下：
```
#include "comm_func.h"
int addr_conv(char *address, struct in_addr *inaddr) //数字点地址与 32 位数地址的转换
{
    struct hostent *he;
    if(inet_aton(address, inaddr) == 1)
        return (1);
    he=gethostbyname(address);
    if(he!=NULL)
    {
        *inaddr=*((struct in_addr *)he->h_addr_list[0]);
        return (1);
    }
    return 0;
}
int read_line(int fd, char *buf, int maxlen) //把收到的字符串读出 1 行
{
    int i, n;
    char ch;
    for(i=0; i<maxlen; )
    {
        n=read(fd, &ch, 1);
        if(n == 1)
        {
            buf[i++]=ch;
            if(ch == '\n')
                break;
        }
        else if(n<0)
            return (-1);
        else
            break;
    }
    buf[i]='\0';
    return (i);
}
```

```c
int read_all(int fd, void *buf, int n)        //考虑了多种返回值情况的读函数
{
    int nleft=n, nbytes;
    char *ptr=(char*)buf;
    for(; nleft>0; )
    {
        nbytes=read(fd, ptr, nleft);
        if(nbytes<0)
        {
            if(errno == EINTR)
                nbytes=0;
            else
                return (-1);
        }
        else if(nbytes == 0)
            break;
        nleft-=nbytes;
        ptr+=nbytes;
    }
    return (n-nleft);
}
int  write_all(int fd, void *buf, int n) //考虑了多种返回值情况的写函数
{
    int nleft=n, nbytes;
    char *ptr=(char*)buf;
    for(; nleft>0; )
    {
        nbytes=write(fd, ptr, nleft);
        if(nbytes<=0)
        {
            if(errno == EINTR)
                nbytes=0;
            else
                return(-1);
        }
        nleft-=nbytes;
        ptr+=nbytes;
    }
    return (n);
```

```
}
int string_split(char *str, int *n, int nlen) //按空格或换行符分离字符串
{
    char *ptr=str;
    while(*str&&nlen)
    {
        if(*str == ' '||*str == '\n')
        {
            *str++=0;
            *n++=atoi(ptr);
            nlen--;
            ptr=str;
        }
        else
            str++;
    }
    return nlen;
}
```

(3) 文件 ping.cpp 的代码如下：

```cpp
#include <string.h>
#include <sys/socket.h>
#include <netinet/in.h>
#include <stdio.h>
#include <signal.h>
#include <arpa/inet.h>
#include <iostream>
#include <sys/time.h>
#include <netinet/ip.h>
#include <netinet/ip_icmp.h>
#include <iomanip>
#include "comm_func.h"
using namespace std;
void send_icmp(int sockfd, sockaddr_in send_addr);
void recv_icmp(int sockfd, sockaddr_in send_addr);
int main(int argc, char **argv)
{
    int sockfd;
    sockfd=socket(AF_INET, SOCK_RAW, IPPROTO_ICMP);    //创建原始套接字
    if(sockfd<0)
```

```cpp
    {
        cout<<"creat socket error"<<endl;
        cout<<strerror(errno)<<endl;
        return 1;
    }
    sockaddr_in send_addr;
    bzero(&send_addr, sizeof(send_addr));
    send_addr.sin_family=AF_INET;
    addr_conv(argv[1], &send_addr.sin_addr);
    for(int i=0; i<3; i++)        //执行 3 组呼叫应答
    {
        send_icmp(sockfd, send_addr);
        recv_icmp(sockfd, send_addr);
        sleep(3);            //延迟 3s
    }
    return 0;
}
unsigned short checksum(unsigned short *addr, int len) //计算 ICMP 校验和
{
    int nleft=len;
    int sum=0;
    unsigned short *w=addr;
    unsigned short answer=0;
    while(nleft>1)
    {
        sum+=*w++;
        nleft-=2;
    }
    if(nleft == 1)   //ICMP 数据包总长可能是奇数的字节数,需要加一个字节补成 16 位数
    {
        *(unsigned char *)(&answer)=*(unsigned char *)w;
        sum+=answer;
    }
    sum=(sum>>16)+(sum&0xffff);
    sum+=(sum>>16);
    answer=(unsigned short)sum&0xffff;
    return ~answer;
}
void send_icmp(int sockfd, sockaddr_in send_addr)
```

```cpp
{
    static short int seq=0;
    char    buf[8+32];    //此处缓存区大于实际需要的空间
    struct icmphdr *icmp=(struct icmphdr *)buf; //填充 ICMP 头部
    icmp->type=ICMP_ECHO;
    icmp->code=0;
    icmp->checksum=0;
    icmp->un.echo.id=getpid();
    icmp->un.echo.sequence=seq++;
    struct timeval tv; //填充 ICMP 数据(时间)
    gettimeofday(&tv, NULL);
    memcpy(buf+8, &tv, sizeof(tv));
    int buflen=sizeof(struct icmphdr)+sizeof(struct timeval);
    icmp->checksum=checksum((unsigned short *)buf, buflen); //计算校验和
        cout<<"send..."<<endl; //发送 ICMP 数据包
    int len=sendto(sockfd, buf, buflen, 0, (struct sockaddr *)&send_addr, sizeof(send_addr));
    if(len<0)
        cout<<"send icmp error"<<endl;
}
void recv_icmp(int sockfd, sockaddr_in send_addr)
{
    char buf[256];
    struct icmphdr *icmp;
    struct ip *ip;
    int ipheadlen;
    int icmplen;
    for(; ; )
    {
        cout<<"recv..."<<endl; //接收 ICMP 响应
        int n=recvfrom(sockfd, buf, sizeof(buf), 0, NULL, NULL);
        if(n<0)
        {
            cout<<"recv error"<<endl;
            continue;
        }
        cout<<"received "<<n<<"bytes"<<endl; //显示 IP 数据包
        int i=0, j=0;
        int m=n/4;
        int k=n%4;
```

```cpp
            for(int h=0; h<m; h++)      //控制显示格式
            {
                for(j=0; j<4; j++)
                {
                    cout<<std::hex<<((short)buf[i] & 0xff)<<"\t";
                    i++;
                }
                cout<<""<<endl;
            }
            for(j=0; j<k; j++)
            {
                cout<<std::hex<<((short)buf[i] & 0xff)<<"\t";
                i++;
            }
            cout<<"finish"<<endl;
            ip=(struct ip *)buf;
            ipheadlen=ip->ip_hl<<2;
            icmplen=n-ipheadlen;
            cout<<"icmplen..."<<icmplen<<endl;
            if(icmplen<16)
                continue;
            icmp=(struct icmphdr *)(buf+ipheadlen);
            if(icmp->type == ICMP_ECHOREPLY && icmp->un.echo.id == getpid())
                break;
        }
        struct timeval recv_tv; //计算时间差
        gettimeofday(&recv_tv, NULL);
        struct timeval send_tv;
        memcpy(&send_tv, icmp+1, sizeof(send_tv));
        recv_tv.tv_sec-=send_tv.tv_sec;
        recv_tv.tv_usec+=recv_tv.tv_sec*1000000L;
        long interval=recv_tv.tv_usec-send_tv.tv_usec;
        cout<<icmplen<< " bytes from "<<inet_ntoa(send_addr.sin_addr); //输出收到的信息
        cout<<" icmp_seq="<<icmp->un.echo.sequence<<" bytes="<<icmplen<<" ttl="<<(int)ip->ip_ttl;
        cout<<" time="<<(float)interval/1000.0<<"ms"<<endl;
    }
```

(4) 文件 ping.mak 的代码如下：

```
#ping.mak
ping:ping.o comm_func.o
```

```
        g++ -o ping ping.o comm_func.o
    ping.o:ping.cpp comm_func.h
        g++ -c ping.cpp
    comm_func.o: comm_func.cpp comm_func.h
        g++ -c comm_func.cpp
```

一般来说，我们不会去修改 IP 的头部信息，除非在进行网络调试或者是出于恶意的目的。下面这段代码，我们从恶意的目的来解释说明。

```
    int send_syn(char *buf, int nSize, unsigned short port, struct sockaddr addr)
    {
        iphdr *pIph;
        tcphdr *pTcph;
        bzero(buf, nSize);
        pIph=(iphdr*)buf;
        pTcph=(tcphdr*)(buf+sizeof(iphdr));
        int r, rdm;
        rdm= time(NULL);              //为随机数的生成提供种子
        srand(rdm);
        r =(usigned int)rand()%30000+32768;
        pTcph->source=htons(r);       //填写 TCP 数据源端口
        pTcph->dest=port;
        rdm= time(NULL);              //为随机数的生成提供种子
        srand(rdm);
        r =(usigned int)rand();
        pTcph->seq=r;
        pTcph->doff=5;
        pTcph->syn=1;
        pIph->version=4;              //填写 IP 数据头部
        pIph->ihl=sizeof(iphdr)>>2;
        pIph->tot_len=sizeof(iphdr)+sizeof(tcphdr);
        pIph->ttl=128;
        pIph->protocol=IPPROTO_TCP;
        rdm= time(NULL);              //为随机数的生成提供种子
        srand(rdm);
        pIph->saddr=rand();
        pIph->daddr=addr->sin_addr;
        pIph->check=ChkSum(buf);      //计算整个数据包的校验和
        return *(pIph->tot_len);      //返回需要发送的数据总长
    }
```

TCP 协议生来有一个缺陷，它的三次握手过程没有经过安全认证，恶意攻击者可以采用饱和攻击的方法使服务器瘫痪。攻击者不断地发出连接请求，引发三次握手，但攻击者把自己的源地址改为不可达地址，造成三次握手时间被延长，服务器的接收队列被占满，使得服务器无法为其他用户提供服务。为了防止服务器识别出攻击者，攻击者也可以采用随机源地址的方法迷惑服务器，使服务区误以为确实有大量的用户在访问。

上面代码中，客户机把自己的序列号、源自由端口、源地址都改为随机数，TTL 取比较大的值，使数据包更久地生存于网上，从而浪费带宽。客户机大量发送这种连接请求，达到阻塞或使服务器疲劳的效果。

5.2 TCP 带外数据

5.2.1 带外数据概念

带外数据(Out Of Band，OOB)也叫作紧急数据，是一种特殊的数据传输方式，用来快速发送一些重要数据。TCP 只支持一个字节的带外数据，由数据包"码位"中的 URG 和紧急指针共同标识。用 URG = 1 表示有带外数据，紧急指针指向实际带外数据加 1 的位置。TCP 不提供独立的带外数据通道，紧急数据是插入正常数据流中进行传送的，一旦用户写入带外数据，协议将立即发送一个带有 URG 标记的数据包。如果紧急指针大于数据长度，则协议将继续发送带有 URG 标记的数据包，直到带外数据被送出。

这里举两个例子来说明带外数据的应用场景。其一，服务器一直在处理一些复杂的运算，对于接收数据它暂时没有处理，于是接收区不断地接收到新的数据，使得接收窗口越来越小，直到接收窗口变为 0。这时，客户机又有紧急的事情要通知服务器，于是它就发出一个带外数据；这个带外数据将在服务器端产生一个信号，以中断的形式告知服务器有紧急事件发生，于是服务器暂停复杂运算，处理紧急事务。其二，发送方连续地向接收方发送图像，同时又控制图像在接收方的屏幕进行上下左右移动，这时就可以用普通数据流传输图像，用带外数据控制图像移动方向。

发送紧急数据的方法是添加 MSG_OOB 标志：

    int send(sockfd, char* data, 1, MSG_OOB);

如下情况，则只将"c"当作紧急数据发送，即最后一个字符是带外数据，之前的都是正常数据。

    int send(sockfd, "abc", 3, MSG_OOB);

TCP 协议没有额外的信道来发送带外数据，带外数据只能放在正常数据流里，按顺序发出。程序发送带外数据时，TCP 数据包的码位 URG 被设置为 1，紧急指针指向带外数据加 1 的位置，如图 5.3 所示。紧急指针的值为 N，带外数据位于 N + 1 的位置。由于 TCP 协议具有流控能力，因此它的数据包大小是变化的。如果带外数据能够放在当前数据包里，就会被发出；如果紧急指针超出了数据包大小(如图 5.4 所示)，当前数据包(URG = 1)仍将被发出；下一个数据包的 URG 仍为 1，紧急指针被修正，如此重复直到带外数据被发送。极端情况下，接收方窗口为 0，这时发送方仍将发空的带外数据包，直到接收方窗口有了空间，把带外数据收走。带外数据发送完毕后，URG 和紧急指针都将被清除。

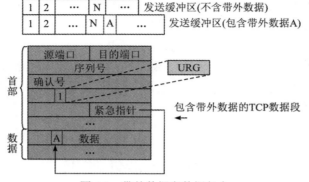

图 5.3　带外数据在数据包中

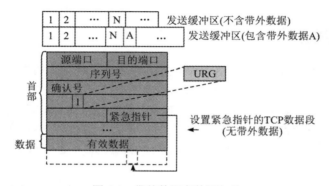

图 5.4　带外数据在数据包外

对于接收方，TCP 协议收到新的紧急指针时(无论带外数据是否真正到达)，都可通过两种方法通知应用程序。

(1) 如果设置了 Socket 所有者(fcntl)，则给该所有者发送信号 SIGURG。

(2) 如果进程调用了 select，则会产生描述符异常，select()函数返回，程序找到对应的套接字进行处理。

接收紧急数据的方法有两种：

(1) 没有在套接字选项里设置 SO_OOBINLINE(这是默认情况)，则调用下面函数读出带外数据。

    int recv(sockfd, char* data, 1, MSG_OOB);

函数返回值情况如下：

① 返回值等于 0，表示收到带外数据；

② 返回值等于 -1，errno = EINVAL，表示对方没有发带外数据或多次读同一个带外数据；

③ 返回值等于 -1，errno = EWOULDBLOCK，表示对方发了带外数据，但不在当前数据包中。

对于阻塞式套接字，带外数据会导致 read()退出阻塞，因此接收方读数据分为三步：read()读出带外数据之前的正常数据，recv()读出带外数据，read()再读出带外数据之后的正常数据。

(2) 在套接字选项里设置了 SO_OOBINLINE，则在正常数据流里读出带外数据，需要判断一下当前字节是不是带外数据。判别方法是检测带外数据标记，然后调用 read()函数按照正常数据读出带外数据。

```
int sock_at_mark(int fd){
    int flag;
    if( ioctl(fd, SIOCATMARK, &flag) < 0)
        return -1;
    return flag!=0?1:0;        //返回值为1，表示当前字节是带外数据
}
int sockfd;
char oobdata;
if(sock_at_mark(fd))
    read(sockfd, &oobdata, 1);
```

注意：

(1) 新的带外数据会触发 SIGURG 信号的产生，随后逐渐修正紧急指针的那些数据包不会触发此信号。

(2) 如果带外数据尚未发出，又有新的带外数据被发送，则新的带外数据覆盖旧的带外数据，旧的带外数据变为普通数据(极容易造成数据错误)，同时可触发 SIGURG 信号。

(3) 当有带外数据并使用 select()函数，却未设置 SO_OOBINLINE 选项时，如果进程没有读取带外数据，则这个异常就绪条件总是满足；当设置了 SO_OOBINLINE 选项时，如果进程还没有读到带外数据字节，则这个异常就绪条件总是满足。

5.2.2 带外数据编程

客户机连接服务器后，服务器发出带外数据，客户机接收带外数据。

(1) 服务器中文件 observer.cpp 的代码如下：

```
#include <stdio.h>
#include <stdlib.h>
#include <sys/types.h>
#include <sys/socket.h>
#include <arpa/inet.h>
#include <netinet/in.h>
#include <errno.h>
#include <netdb.h>
#include <unistd.h>
#include <sys/time.h>
#include <iostream>
#include <string.h>
#define    MAX_RECV_SIZE 4096
#define    MAX_SEND_SIZE 1024
```

```cpp
using namespace std;
int main(int argc, char **argv)
{
    int sockfd, new_fd;
    struct sockaddr_in srvaddr;
    struct sockaddr_in cliaddr;
    char recv_buf[MAX_RECV_SIZE];
    char send_buf[MAX_SEND_SIZE];
    short port=3000;
    if(argc == 2)
        port=atoi(argv[1]);
    if((sockfd=socket(AF_INET, SOCK_STREAM, 0)) == -1)
    {
        cout<<"socket error"<<endl;
        exit(1);
    }
    int on=1;
    setsockopt(sockfd, SOL_SOCKET, SO_REUSEADDR, &on, sizeof(int));
    bzero(&srvaddr, sizeof(srvaddr));
    srvaddr.sin_family=AF_INET;
    srvaddr.sin_port=htons(port);
    srvaddr.sin_addr.s_addr=htonl(INADDR_ANY);
    if(bind(sockfd, (struct sockaddr *)&srvaddr, sizeof(struct sockaddr)) == -1)
    {
        cout<<"bind error"<<endl;
        exit(1);
    }
    if(listen(sockfd, 5) == -1)
    {
        cout<<"listen error"<<endl;
        exit(1);
    }
    int n=0;
    for(; ; )
    {
        socklen_t sin_size;
        long       nbytes;
        struct timeval to;
        char       buf[32];
```

```cpp
            int new_fd=accept(sockfd, NULL, NULL);
            if(new_fd == -1)
            {
                cout<<"accept error"<<endl;
                continue;
            }
            sleep(1); //走到这里，表示有连接请求
            cout<<"server:got conncet #"<<n++<<endl;
            nbytes=send(new_fd, "012345", 6, MSG_OOB);
            cout<<"send "<<nbytes<<" bytes"<<endl;
            nbytes=send(new_fd, "6789", 4, 0);
            cout<<"send "<<nbytes<<" bytes"<<endl;
            cout<<"send data finished"<<endl;
            close(new_fd);
        }
        close(sockfd);
        return 0;
    }
```

(2) 文件 sigurg.cpp 以信号触发形式接收带外数据，代码如下：

```cpp
    #include <stdio.h>
    #include <stdlib.h>
    #include <string.h>
    #include <sys/ioctl.h>
    #include <sys/types.h>
    #include <sys/socket.h>
    #include <arpa/inet.h>
    #include <netinet/in.h>
    #include <errno.h>
    #include <netdb.h>
    #include <unistd.h>
    #include <fcntl.h>
    #include <iostream>
    #include <signal.h>
    #define   MAX_RECV_SIZE 4096
    using namespace std;
    void sigurg_handler(int signo);
    int    sockfd;
    int    oobflag=0;
    int main(int argc, char **argv)
```

```cpp
{
    char    recv_buf[MAX_RECV_SIZE];
    struct  sockaddr_in srvaddr;
    short   port;
    int i;
    if(argc<2)
    {
        cout<<"usage:./client port"<<endl;
        exit(1);
    }
    port=atoi(argv[1]);
    bzero(&srvaddr, sizeof(srvaddr));
    srvaddr.sin_family=AF_INET;
    srvaddr.sin_port=htons(port);
    inet_aton("127.0.0.1", &srvaddr.sin_addr);
    if((sockfd=socket(AF_INET, SOCK_STREAM, 0)) == -1)
    {
        printf("socket error\n");
        exit(1);
    }
    if(connect(sockfd, (struct sockaddr *)&srvaddr, sizeof(srvaddr)) == -1)
    {
        cout<<"connect error:"<<strerror(errno)<<endl;
        exit(1);
    }
    char buf[20];
    int n;
    struct sigaction act, old_act;
    act.sa_handler=sigurg_handler;
    sigemptyset(&act.sa_mask);
    act.sa_flags=0;
    sigaction(SIGURG, &act, &old_act);
    fcntl(sockfd, F_SETOWN, getpid());
    do{
        n=read(sockfd, buf, 10);
        if(n>0){
            buf[n]=0;
            cout<<"read("<<n<<" bytes):"<<buf<<endl;
        }
```

```cpp
            if(n<0&&errno == EINTR)
                cout<<"read interrupt by SIGURG"<<endl;
        }while(n!=0);
        for(i=0; i<10; i++)
            if(!oobflag)
                sleep(1);
        close(sockfd);
        sigaction(SIGURG, &old_act, NULL);
        return 0;
    }


    void sigurg_handler(int signo)
    {
        char oob_byte;
        cout<<"recv sigurg signal "<< signo << endl;
        if(recv(sockfd, &oob_byte, 1, MSG_OOB)<0)
            cout<<"recv error:"<<strerror(errno)<<endl;
        else
        {
            cout<<"oob byte:"<<oob_byte<<endl;
            oobflag=1;
        }
    }
```

(3) 文件 oobclient.cpp 在数据流中接收带外数据，可设置 SO_OOBINLINE，代码如下：

```cpp
#include <stdio.h>
#include <stdlib.h>
#include <string.h>
#include <sys/ioctl.h>
#include <sys/types.h>
#include <sys/socket.h>
#include <arpa/inet.h>
#include <netinet/in.h>
#include <errno.h>
#include <netdb.h>
#include <unistd.h>
#include <fcntl.h>
#include <iostream>
#define MAX_RECV_SIZE 4096
using namespace std;
```

```c
int sock_at_mark(int fd);
int main(int argc, char **argv)
{
    int     sockfd, nbytes;
    char    recv_buf[MAX_RECV_SIZE];
    struct  sockaddr_in srvaddr;
    short   port;
    int   oob_inline=0;
    if(argc<2)
    {
        cout<<"usage:client port"<<endl;
        exit(1);
    }
    port=atoi(argv[1]);
    if(argc == 3&&strcmp(argv[2], "-i") == 0)
        oob_inline=1;
    bzero(&srvaddr, sizeof(srvaddr));
    srvaddr.sin_family=AF_INET;
    srvaddr.sin_port=htons(port);
    inet_aton("127.0.0.1", &srvaddr.sin_addr);
    if((sockfd=socket(AF_INET, SOCK_STREAM, 0)) == -1)
    {
        printf("socket error\n");
        exit(1);
    }
    if(oob_inline)
        setsockopt(sockfd, SOL_SOCKET, SO_OOBINLINE, &oob_inline, sizeof(oob_inline));
    if(connect(sockfd, (struct sockaddr *)&srvaddr, sizeof(srvaddr)) == -1)
    {
        printf("connect error\n");
        exit(1);
    }
    cout<<"press any key to continue:";
    getchar();
    int n;
    char buf[20];
    char oob_byte;
    do{
        int oob_flag=sock_at_mark(sockfd);
```

```cpp
        if(oob_flag == 1){
            if(oob_inline){
                cout<<"read ";
                read(sockfd, &oob_byte, 1);
            }
            else
            {
                cout<<"recv ";
                recv(sockfd, &oob_byte, 1, MSG_OOB);
            }
            cout<<"oob_byte:"<<oob_byte<<endl;
        }
        n=read(sockfd, buf, 10);
        if(n>0){
            buf[n]=0;
            cout<<"read("<<n<<" bytes):"<<buf<<endl;
        }
    }while(n>0);
    close(sockfd);
    return 0;
}


int sock_at_mark(int fd)
{
    int flag;
    if(ioctl(fd, SIOCATMARK, &flag)<0)
        return -1;
    return flag!=0?1:0;
}
```

5.3 IPv6 编程

5.3.1 IPv6 协议

　　IPv6 协议是为了应对 IPv4 地址耗竭问题而提出的新一代互联网协议，其地址长度为 128 位，相比 IPv4 的 32 位地址，它提供了极其庞大的地址空间。IPv4 格式与 IPv6 格式的对比如图 5.5 所示。

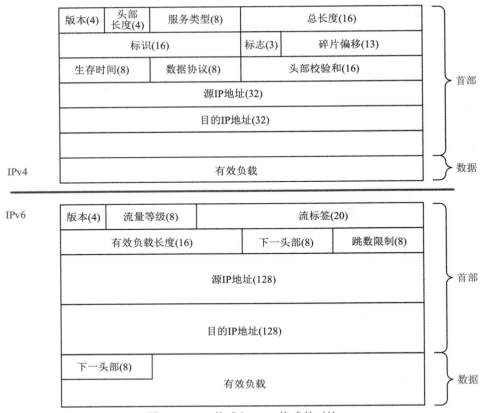

图 5.5 IPv4 格式与 IPv6 格式的对比

IPv6 格式中，各元素解释如下：

(1) 版本：4 位 IP 协议版本号，取值 6。

(2) 流量等级：8 位流量等级，中间节点会更改。

(3) 流标签：20 位流标签，中间环节不会更改。

(4) 有效负载长度：16 位无符号整数。标识除了 IPv6 头部以外的有效负载的长度，以 8 位位组为单位，但是包含了所有扩展报头在内。

(5) 下一头部：一个 8 位选择器，用于区分紧接在 IPv6 头部后面的不同类型的头部，可以有很多级下一头部，除第一个以外也可以没有下一头部。

(6) 跳数限制：8 位无符号整数，随着报文的逐跳转发而递减，当这个值减到 0 时，报文将被丢弃。

(7) 源地址：产生报文的地址，128 位。

(8) 目的地址：报文的接收地址，128 位。

IPv6 地址用十六进制表示，将 128bit 分为 8 组，每组用 4 个十六进制数表示(大小写不敏感)，各组之间用 ":" 隔开；每组中最前面的 0 可以省略，但每组必须有一个数。例如：

FABE:1078:4E3A:10:1234:0:FF23:BC10

在 IPv6 地址段中有时会出现连续的几组 0，这些 0 可以用 "::" 代替，但一个地址中只能出现一次 "::"。例如：

AA01:0:0:0:0:0:0:2201=AA01::2201

0:0:0:0:0:0:0:1=::1

当 IPv4 地址包含在 IPv6 地址中时,最后两组用 IPv4 的十进制表示,前六组表示方法同上。例如:

0:0:0:0:0:0:202.107.159.201 或::202.107.159.201

IPv6 的套接字函数与 IPv4 的函数不同,但从应用程序设计角度来看,只是在很多函数和选项上加了"6"字。例如,Internet 地址结构是 struct sockaddr_in6,建立 TCP 套接字函数是 Socket(AF_INET6, SOCK_STREAM, 0)等。IPv6 的字串地址与 128 位地址转换时不能用 inet_aton 函数,而要用 inet_pton 函数。IPv6 的原始套接字没有提供访问头部信息的选项,因此不能使用套接字来修改 IPv6 数据包的头部。

5.3.2　IPv6 套接字编程

(1) 服务器中文件 server6.cpp 的代码如下:

```cpp
#include <stdio.h>
#include <stdlib.h>
#include <errno.h>
#include <string.h>
#include <sys/socket.h>
#include <netinet/in.h>
#include <arpa/inet.h>
#include <unistd.h>
#include <sys/types.h>
#include <sys/wait.h>
#include <signal.h>
#include <iostream>
#define MAXDATASIZE 128
#define PORT 3000
#define BACKLOG 5
using namespace std;
void process_client(int fd);
void sigchld_handler(int);
int main(int argc, char **argv){
    int sockfd, new_fd;
    struct sockaddr_in6 srvaddr, clientaddr;
    char buf[INET6_ADDRSTRLEN];
    socklen_t len;
    struct sigaction act;
    act.sa_handler=sigchld_handler;
    sigemptyset(&act.sa_mask);
```

```cpp
        act.sa_flags=0;        //SA_SIGINFO;
        if(sigaction(SIGCHLD, &act, NULL)<0){
            printf("sigaction error.");
            exit(1);
        }
        cout<<"start iPv6 server..."<<endl;
        sockfd=socket(AF_INET6, SOCK_STREAM, 0); // 1. 创建网络端点
        if(sockfd == -1){
            cout<<"cannot create iPv6 socket\n"<<endl;
            exit(1);
        }
        if(argc == 2){
            int on=1;
            setsockopt(sockfd, SOL_SOCKET, SO_REUSEADDR, &on, sizeof(on));
            cout<<"reuse addr\n"<<endl;
        }
        bzero(&srvaddr, sizeof(srvaddr));       //填充地址
        srvaddr.sin6_family=AF_INET6;
        srvaddr.sin6_port=htons(PORT);
        srvaddr.sin6_addr=in6addr_any;          //or: inet_pton(AF_INET6, argv[1], &srvaddr.sin6_addr);
        // 2. 绑定服务器地址和端口
        if(bind(sockfd, (struct sockaddr *)&srvaddr, sizeof(struct sockaddr_in6)) == -1){
            cout<<"bind error"<<endl;
            exit(1);
        }
        if(listen(sockfd, BACKLOG) == -1){ //3. 监听端口
            printf("listen error\n");
            exit(1);
        }
        for(; ; ){
            if((new_fd=accept(sockfd, (struct sockaddr *)&clientaddr, &len)) == -1){ //4.接受客户端连接
                cout<<"continue..."<<endl;
                continue;
            }
            cout<<"client  addr:"<<inet_ntop(AF_INET6, &clientaddr.sin6_addr, buf, sizeof(buf))<<"  port:" << ntohs(clientaddr.sin6_port)<<endl;
            if(fork() == 0){
                close(sockfd);
                process_client(new_fd);
```

```cpp
                exit(0);
            }
            close(new_fd); //关闭 Socket
        }
        close(sockfd);
        return 0;
    }
    void process_client(int fd){
        int nbytes;
        char buf[MAXDATASIZE];
        nbytes=read(fd, buf, MAXDATASIZE);
        buf[nbytes]='\0';
        printf("client:%s\n", buf);
        sprintf(buf, "child process %d", getpid()); //5. 回送响应
        write(fd, buf, strlen(buf));
        sleep(10);
        close(fd);
    }
    void sigchld_handler(int sig){
        pid_t pid;
        int stat;
        for(; (pid=waitpid(-1, &stat, WNOHANG))>0; ){
            printf("child %d died:%d\n", pid, WEXITSTATUS(stat));
        }
    }
```

(2) 客户机中文件 client6.cpp 的代码如下：

```cpp
#include <stdio.h>
#include <stdlib.h>
#include <errno.h>
#include <string.h>
#include <sys/socket.h>
#include <netinet/in.h>
#include <arpa/inet.h>
#include <unistd.h>
#include <sys/types.h>
#include <sys/wait.h>
#include <iostream>
#define MAXDATASIZE 128
#define PORT 3000
```

```cpp
using namespace std;
int main(int argc, char **argv){
    int sockfd, nbytes, count;
    char buf[MAXDATASIZE];
    struct sockaddr_in6 srvaddr;
    if(argc!=2){
        cout<<"usage:./client ip6"<<endl;
        exit(0);
    }
    for(count=0; count<20; count++){
        sockfd=socket(AF_INET6, SOCK_STREAM, 0);   //1. 创建网络端点
        if(sockfd ==== -1){
            cout<<"can;t create ipv6 socket"<<endl;
            exit(1);
        }
        bzero(&srvaddr, sizeof(srvaddr));                //指定服务器地址
        srvaddr.sin6_family=AF_INET6;
        srvaddr.sin6_port=htons(PORT);
        if(inet_pton(AF_INET6, argv[1], &srvaddr.sin6_addr)<=0){
            cout<<"addr convert error"<<endl;
            exit(1);
        }
        //2. 连接服务器
        if(connect(sockfd, (struct sockaddr *)&srvaddr, sizeof(struct sockaddr_in6))!=0){
            printf("connect error\n");
            exit(1);
        }
        sprintf(buf, "%d", getpid());     //3. 发送请求
        write(sockfd, buf, strlen(buf));
        if((nbytes=read(sockfd, buf, MAXDATASIZE)) == -1){ //4. 接收响应
            cout<<"read error"<<endl;
            exit(1);
        }
        buf[nbytes]='\0';
        cout<<"srv respons:"<<buf<<endl;
        sleep(1);
        close(sockfd);           //关闭 Socket
    }
    return 0;
}
```

第 6 章 套接字编程

6.1 Qt 编程

6.1.1 Qt 的发展历程

Qt 是一个跨平台的软件开发框架,最初由挪威的 Haavard Nord 和 Eirik Chambe-Eng 在 1991 年开发。他们两人在挪威科技大学(Norges Teknisk-Naturvitenskapelige Universitet,NTNU)相识,并都获得了这个学校的计算机科学硕士学位。

1990 年夏天,Haavard 和 Eirik 因为一个超声波图像方面的 C++ 应用程序而合作,这个项目需要一个在 Unix、Macintosh 和 Windows 上都能够运行的 GUI(图形用户界面)。当两人坐在公园的一条长椅上沐浴阳光时,Haavard 说:"我们需要一个面向对象的显示系统。"由此开始了 Qt 的开发。Qt 致力于构建能够在多个平台上运行的单一框架,实现一次编程处处可用的目标。Qt 名称中的 Q 是因为 Haarard 手写的这个字母看起来非常漂亮,字母 t 则代表"toolkit"。Qt 的正确读音是"Q 特"。

1994 年,Haavard 和 Eirik 创立了最初名为 Quasar Thechnologies 后改为 TrollTech 的公司。Qt 因其能够在不同平台上创建出与原生应用程序外观一致(native-looking)的应用程序而广受欢迎,但最初 Qt 采用专有许可证模式,引起了开源社区的担忧。为了解除社区的担忧并促进广泛应用,TrollTech 于 1998 年发布了 GPL 版权的 Qt,促进了 Qt 与各种开源项目的整合,使得 Qt 逐渐发展壮大。

诺基亚公司于 2008 年收购了 TrollTech,在 2012 年转卖给 Digia。Digia 于 2014 年将 Qt 业务转移到一家名为 Qt 公司的新公司,由该公司继续开发和支持 Qt。当前,Qt 因其多功能性和易用性,已得到广泛的应用,在嵌入式系统、物联网、汽车、医疗保健特别是工业控制领域占有重要地位。

6.1.2 Qt 的主要特点

Qt 的主要特点有:

(1) 跨平台开发：开发人员编写一次代码，就可以在多个平台上部署，基本无须改动。它支持的操作系统包括 Windows、macOS、Linux、Android、iOS、VxWorks 等至少十几种，在大屏幕、小屏幕甚至无屏幕的设备上都可应用。

(2) GUI 开发：Qt 提供了一套全面的工具，用于开发具有拖放设计、样式和主题等功能的 GUI。

(3) 面向对象框架：为构建可扩展和可维护的应用程序提供了一个健壮的框架。

(4) 信号和槽机制：Qt 使用其特有的信号-槽(Signal-Slot)机制进行对象间通信，允许对象以灵活和无耦合的方式相互连通。信号-槽的缺点是运行效率较低。

(5) 微件(Widget)和布局：提供了大量的微件和易用的布局工具，简化了人机界面的开发。

(6) 数据库集成：提供对数据库连接的支持，允许开发人员与数据库无缝交互。

(7) OpenGL 集成：支持集成 OpenGL 进行三维图形渲染，适用于具有高级图形需求的应用程序。

(8) 国际化和本地化：Qt 支持国际化和本地化功能，允许开发人员创建可以轻松适应不同语言和地区的应用程序。

(9) 社区和商业许可证：开发人员可以在开源和商业许可之间进行选择，以适应不同性质的需求。

在 Ubuntu 上安装 Qt 可以使用图形界面的"软件中心"，但要注意 Qt 与 Qt Creator 不同，Qt 是一套开发框架，Qt Creator 是供 Qt 使用的 IDE 环境。如果只安装了 Qt Creator，是不能编译、调试和发行程序的。注意，很多 Ubuntu 版本的"软件中心"只提供了 Qt Creator 的安装。

我们可以在 http://www.qt.io/或镜像网站下载 Qt 安装包或源文件进行安装，也可以使用 apt 在线安装。以安装 Qt5 为例，使用 apt 安装的步骤如下：

```
apt update
apt upgrade
apt install gcc        #可先用 gcc -v 查看是否已安装，若未安装才执行这一句
apt install g++        #可先用 g++ -v 查看是否已安装，若未安装才执行这一句
apt install make       #可先用 make -v 查看是否已安装，若未安装才执行这一句
apt install cmake      #可先用 cmake -version 查看是否已安装，若未安装才执行这一句
apt install build-essential libgl1-mesa-dev
apt install qt5*       #或 apt install qt5-default
```

在 Windows 安装 Qt 有可能需要先在系统中安装 MinGW(Minimalist GNU on Windows)，它是一个 Windows 平台上的开源软件开发工具集。MinGW 的主要特点是将经典的开源 C 语言编译器 GCC 移植到 Windows 平台下，同时包含 Win32API，并允许将源代码编译为可在 Windows 环境中运行的可执行程序。MinGW 还提供了一套简单方便的基于 GCC 的程序开发环境，集成了一系列免费供 Windows 程序使用的组件。从 http://www.qt.io/或镜像网站下载 Qt 安装包，如 qt-opensource-windows-x86-5.12.9，运行并安装。

6.1.3 Qt 的基本类

Qt 的基本类主要有：

(1) QObject：所有对象的基类，可处理事件、Signal 和 Slot 等。

(2) QApplication：管理 GUI 应用程序控制流的主要类，其直接父类是 QObject。

(3) QWidget：译作微件，是所有用户界面对象的基类。QWidget *parents=0，表示顶级窗口组件，如 QMainWindow、QDialog。直接父类是 QObject、QPaintDevice。大多数微件只能作为子件使用，常用的 Widget 包括 Time、QTimer、QButton、QPushButton、QImage 等。

(4) QMessageBox：提供简要消息显示，直接父类是 QDialog。

(5) QString：提供 Unicode 文本和标准 C 字串，直接父类是 QconstString。QString 与 char*的转换分两种情况：char* a 转 QString s，直接采用 QString s(a)就可以完成转换；QString 转 char*则需要两个步骤，中间要借助 std::string 才能实现。

    QString s;
    std::string str=s.toStdString();
    char* cc= str.c_str();

(6) QFile：实现文件操作的 I/O 类，直接父类是 QIODevice。

(7) 布局类：包括 QHBox、QVBox、QGrid 等。

信号-槽(Signal-Slot)机制是 Qt 的核心特色，Signal 和 Slot 可带有任意数量、类型的参数，可以一对多连接，Slot 也可以给自身发 Signal；所有 Slot 执行后 Signal 才返回，即只要有 Slot 存在，Signal 就一定等到被响应以后才继续往下执行，保证了调用的稳定性；对象自身状态改变时，就可发出特定的 Signal，而不需考虑是否有 Slot 接收；Slot 负责接收特定 Signal，而不需考虑是否有这个 Signal 存在。建立 Signal 和 Slot 之间关联的方法如下：

    connect(ss, SIGNAL(ssFunc()), dd, SLOT(on_ddDeal()));

其中，ss 是发送方对象，dd 是接收方对象。ss 通过语句 emit ssFunc()发出信号，dd 就执行 on_ddDeal()。在声明函数时，信号和槽的类型分别是：

    signals:
      void ssFunc(void);
    private slots:
      void on_ddDeal(void);

6.1.4 Qt 编程示例

我们以一个基于 TCP 协议的聊天程序为例来介绍 Qt 编程：

(1) 建立一个工程 TcpChat。如图 6.1 所示，点击菜单项"文件"→"新建文件或项目"，选择"Application(Qt)"→"Qt Widgets Application"→"所有模板"。Widgets 是指小组件，如按钮、编辑框等。点击"Choose…"按钮，输入工程名称和路径，然后选定编译器，输入类名，生成工程。

图 6.1 选择工程类型

打开工程描述文件 TcpChat.pro，其代码如下(删掉了原程序中的一些注释)：

QT　　　+= core gui network　　　#引用的模块，默认只有前两个。我们要编网络程序，所
　　　　　　　　　　　　　　　　　#以添加了 network

greaterThan(QT_MAJOR_VERSION, 4): QT += widgets　　#Qt4 及以上版本

CONFIG += c++11　　#支持 c++11

DEFINES += QT_DEPRECATED_WARNINGS

SOURCES += \　　　#工程包含的源文件
　　main.cpp \
　　tcpchat.cpp

HEADERS += \　　　#工程包含的头文件
　　tcpchat.h

FORMS += \　　　#工程包含的 ui 文件
　　tcpchat.ui

Default rules for deployment.
qnx: target.path = /tmp/$${TARGET}/bin
else: unix:!android: target.path = /opt/$${TARGET}/bin
!isEmpty(target.path): INSTALLS += target

生成的工程文件目录如图 6.2 所示。

图 6.2　工程文件目录

(2) 界面设计。双击 tcpchat.ui 文件，设计图形化人机界面，如图 6.3 所示。

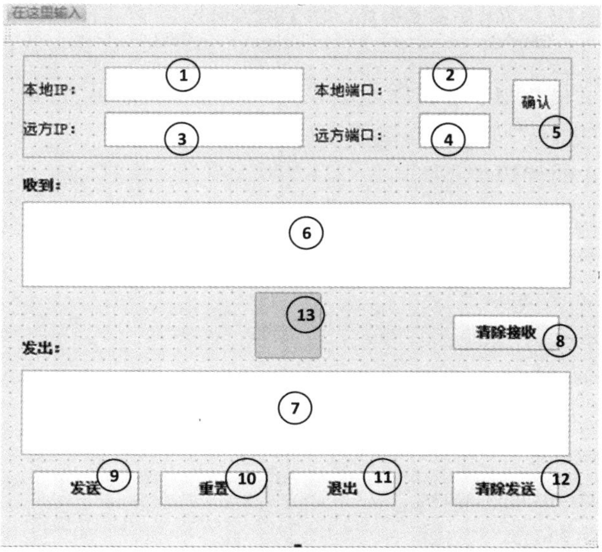

图 6.3　界面设计

各元素类型和作用：① QListWidget(列表框)，本机上所有 IP 地址由程序检出后自动列于此处，包括 IPv6 地址；② QLineEdit，在这里输入本方的 TCP 服务器端口；③ QLineEdit，在这里输入对方的 IP 地址； ④ QLineEdit，在这里输入对方的 TCP 服务器端口；⑤ QPushButton，点击后本方服务器完成地址和端口绑定；⑥ QTextEdit，显示收到的数据；⑦ QTextEdit，发送的数据放在此处；⑧ QPushButton，点击后清除已接收到的数据；⑨ QPushButton，点击后发送数据； ⑩ QPushButton，点击后本方服务器重新绑定 IP 地址和端口；⑪ QPushButton，点击后关闭程序；⑫ QPushButton，点击后清除发送数据；⑬ QToolButton，点击后给对方发送一串特殊数据，对方收到后会左右抖动窗口几秒。

在这些 Widget 上点击鼠标右键，选择"转到槽"后，再选择具体的槽函数，就可进入文件的文本来编辑函数内容。

(3) 程序工作流程。使用 Qt 提供的通信组件，服务器选用 QTcpServer，客户机选用 QTcpSocket。程序启动后，自动查找本机所有 IP 地址，填入列表；手工填入本方服务器端口，然后绑定。如果有数据发给对方，就用客户机连接对方服务器发出数据，然后断开连接。接收方服务器接收数据，如果收到字串"bell"就抖动窗口(即周期性地把窗口横坐标加值/减值一段时间)，收到其他字串就在接收区域显示出来。

① 文件 main.cpp 为主入口文件，代码如下：

```
#include "tcpchat.h"
#include <QApplication>
int main(int argc, char *argv[])
{
    QApplication a(argc, argv);    //主入口，相当于命令行的 main 函数
    TcpChat w;                     //我们编写的程序都在这个类里，可以在此建立多个类
                                   //如果是多进程程序，可以在这里加入 ipc 组件
```

```
        w.show();          //把界面显示出来
        return a.exec();   //开始消息循环，Qt 监测并分发信号
    }
```

② 文件 tcpchat.ui 用 XML 格式描述图 6.3 所示的人机界面，它是一个自动生成的文件。当图形界面被编辑改变时，该程序自动更新(具体代码略)。

③ 文件 tcpchat.h 的代码如下：

```
#ifndef TCPCHAT_H
#define TCPCHAT_H
#include <QMainWindow>
#include <QTimer>
#include <QTcpSocket>
#include <QTcpServer>
#include <QHostInfo>
#include <QNetworkInterface>
#include <QListWidget>
#include <QMessageBox>
#include <QImage>
namespace Ui {
    class TcpChat;
}
class TcpChat : public QMainWindow
{
    Q_OBJECT
public:
    explicit TcpChat(QWidget *parent = 0);
    ~TcpChat();
    QTimer* timer1;           //一个定时器
    int m_time;               //记录窗口抖动次数
    int m_X, m_Y;             //用来存储窗口的坐标
    QTcpSocket* c_sock;       //普通套接字，用作客户机
    QTcpServer* s_sock;       //听套接字，用作服务器
    bool m_bBell;             //标识窗口抖动方向
signals:
    void Bell(void);   //信号函数，触发窗口抖动。使用 emit Bell()发出
private slots:              //一组槽函数
    void on_pushButton1_clicked();    //点击"发送"触发此槽函数
    void on_pushButton2_clicked();    //点击"重置"触发此槽函数
    void on_pButton_OK_clicked();     //点击"确认"触发此槽函数
    void on_Bell();     // Bell()触发的槽函数，实现窗口抖动
```

```cpp
        void on_timer1_timeout();           //定时器超时触发此函数
        void on_toolButton_clicked();       //点击中部的方按钮触发此槽函数,将通知对方抖屏
        void on_c_connected();              //客户机完成连接时触发此槽函数
        void on_s_connected();              //服务器接受连接成功时触发此槽函数
        void on_pushButton3_clicked();      //点击"退出"触发此槽函数
        void on_pushButton4_clicked();      //点击"清除接收"触发此槽函数
        void on_pushButton5_clicked();      //点击"清除发送"触发此槽函数
    private:
        Ui::TcpChat *ui;    //ui 指针,指向图形界面
};
#endif // TCPCHAT_H
```

④ 文件 tcpchat.cpp 的代码如下:

```cpp
#include "tcpchat.h"
#include "ui_tcpchat.h"
TcpChat::TcpChat(QWidget *parent) :
    QMainWindow(parent),
    ui(new Ui::TcpChat)
{
    ui->setupUi(this);          //装载图形界面
    m_time=0;
    timer1= new QTimer(this);
    connect(timer1, SIGNAL(timeout()), this, SLOT(on_timer1_timeout()));   //关联信号-槽
    timer1->start(50);          //启动定时器 1,每 50 ms 超时一次,触发本对象 this 的 slot 函数
    m_X=0; m_Y=0;
    m_bBell=false;
    s_sock=new QTcpServer(this);
    QString str;
    int i, j;
    j=QNetworkInterface::allAddresses().count();    //获取本机所有 IP 地址,加入列表
    for(i=0; i<j; i++)
    {
        str=QNetworkInterface::allAddresses().at(i).toString();
        ui->listWidget->addItem(str);
    }
    //关联:服务器一旦接受连接,就发出新连接信号,交给 on_s_connected()函数处理
    connect(s_sock, SIGNAL(newConnection()), this, SLOT(on_s_connected()));
    //关联:程序一旦发出 Bell(),就交给 on_Bell()函数处理
    connect(this, SIGNAL(Bell()), this, SLOT(on_Bell()));
}
```

```cpp
TcpChat::~TcpChat()
{
    s_sock->close();
    delete ui;
}
//发出数据，关联建立连接成功与处理函数，断开连接(包括连接失败、出错)时稍延迟再自动删
//除套接字
void TcpChat::on_pushButton1_clicked()
{
    c_sock=new QTcpSocket(this);        //建立一个客户机
    c_sock->connectToHost(ui->lineEdit_2->text(), ui->lineEdit_4->text().toInt(0, 10),
                    QIODevice::ReadWrite);
    connect(c_sock, SIGNAL(connected()), this, SLOT(on_c_connected()));
    connect(c_sock, SIGNAL(disconnected()), c_sock, SLOT(deleteLater()));
}


void TcpChat::on_pushButton2_clicked()
{
    ui->pButton_OK->setEnabled(true); //"重置"按钮设为可用
}


void TcpChat::on_pButton_OK_clicked() //绑定，先关闭原先的连接(可以不存在)
{
    ui->pButton_OK->setEnabled(false);
    s_sock->close();
    s_sock->listen(QHostAddress::Any, ui->lineEdit_3->text().toInt(0, 10));
}


void TcpChat::on_Bell()                 //抖屏
{
    m_time=26;
    m_X=this->geometry().x()+7;
    m_Y=this->geometry().y()-23;        //实测每次抖屏会向下移动一段距离，需要进行补偿
}


void TcpChat::on_timer1_timeout()       //50ms 的定时，完成抖屏
{
    static bool b;
    static bool bOnce=false;
```

```cpp
    if(!bOnce)
        bOnce=true;
    if(m_time>0)                        //剩余移动次数
    {
        b=!b;                           //移动方向
        if(b)
            this->move(m_X+10, m_Y);
        else
            this->move(m_X-10, m_Y);
        m_time--;
    }else{
        b=false;
        m_time=0;
    }
}


void TcpChat::on_toolButton_clicked()    //发起抖屏
{
    m_bBell=true;
    this->on_pushButton1_clicked();
}


void TcpChat::on_c_connected()          //客户机已连上服务器，应该发送数据了
{
    QString str;
    quint64 len, len1;
    if(m_bBell)                         //字串 bell 对应要求对方抖屏
        str="bell";
    else
        str=str+ui->textEdit_2->toPlainText();
    m_bBell=false;
    std::string str1=str.toStdString();
    len=c_sock->write(str1.c_str(), str1.length()+1);
    bool b=c_sock->waitForBytesWritten(200);
}


void TcpChat::on_s_connected()          //服务器接受连接并处理
{
    qint64 len, len1;
```

```cpp
        char ch[1024];
        bool b;
        QString str;
        QTcpSocket* connSocket;
        connSocket=s_sock->nextPendingConnection();        //连接套接字
        connect(connSocket, SIGNAL(disconnected()), connSocket, SLOT(deleteLater()));
        b=connSocket->waitForReadyRead(1000);
        if(b)
        {
            len1=connSocket->read(ch, 1024);
            str=QString(ch);
            if(str == "bell")      //若收到的是字串 bell,则抖动本方屏幕;其他情况,则显示字串
                emit Bell();
            else
            {
                ui->textEdit->clear();
                ui->textEdit->setText(str);
            }
        }
        connSocket->disconnectFromHost();
        connSocket->close();
    }


    void TcpChat::on_pushButton3_clicked()     //退出程序
    {
        this->close();
    }


    void TcpChat::on_pushButton4_clicked() //清除接收显示区
    {
        ui->textEdit->clear();
    }
    void TcpChat::on_pushButton5_clicked()     //清除发送显示区
    {
        ui->textEdit_2->clear();
    }
```

运行情况如图 6.4 所示,可以看出,宿主机 IP 地址为 192.168.3.41,使用 5000 作为服务端口;虚拟机 IP 地址为 192.168.3.38,使用 3000 作为服务端口。两者可以互相收发数据,实现聊天,也可以发出指令让对方窗口抖动。需要注意的是,用户需要对防火墙进行配置,

开放需要使用的端口或者关掉防火墙,才能实现二者的通信。

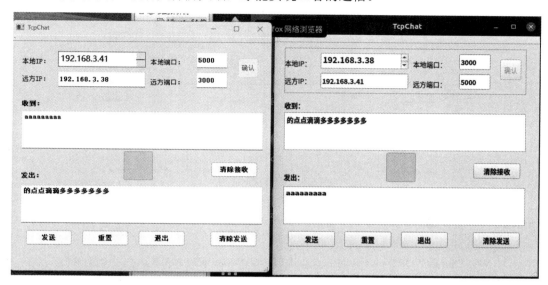

图 6.4 Qt TCP 聊天

如果一方发出数据而另一方没有收到,用户可以使用 Wireshark 抓包,以确认究竟是以下情况中的哪一种:某个环节没有数据、发送方没有发出数据、数据被发送主机的防火墙拦截、数据被接收方主机的防火墙拦截、接收方收到了数据但没有正确处理。

6.2 Windows 环境下的套接字函数编程

Windows 系统也提供了套接字软件,被称作 WinSock(Windows Socket)。Windows 系统的推出比 Unix 要晚很多年,最开始的 Windows 系统是没有 Socket 的,当微软公司看到网络的重要性后,就借鉴 Unix 的方式开发了自己的套接字组件,这与 Linux 套接字的出现和发展类似。WinSock 的发展历程大致如此:1993 年出品 WinSock1.1,是 16 位的网络编程接口,仅适用于 TCP/IP 协议;1994 年出品 WinSock2.0,是 32 位的网络编程接口,添加了对 ATM、IPX/SPX、DECnet 等的支持,向前兼容 WinSock1.1;1997 年出品了 WinSock2.2.1,规范了网络编程接口,支持了更多的协议。

WinSock 的架构如图 6.5 所示,其主要技术特点有:
(1) 使用 BSD Socket 规范;
(2) 多协议支持;
(3) 提供数据传输(Data Transport)和命名空间(Address Family)服务;
(4) 基于 WOSA 模型;
(5) API 和 SPI 独立;
(6) 在 API 和协议栈之间定义了标准服务提供者接口(SPI);
(7) 使用动态库加载。

网络编程原理与实践

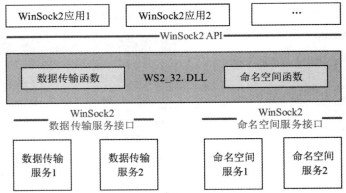

图 6.5 WinSock 架构

从应用程序设计角度来看，WinSock 的函数与 Linux 的几乎一模一样，只是在使用 WinSock 前需要加载动态链接库，使用后卸载动态库。

(1) WSAStartup()函数启动命令如下：

  WSAStartup(WORD wVersionRequested, LPWSADATA lpWSAData);

功能：根据指定版本加载 WinSock 动态链接库。

参数：

wVersionRequested：请求用这个版本，低字节为主版本号，高字节为次版本号；

lpWSAData：读回实际使用的版本信息。

返回值等于 0 表示成功，非 0 表示失败。

(2) 终止：WSACleanup()函数终止使用 WS2_32.dll。

下面给出一个 WinSock 版的 C/S 例程。

① 服务器中，文件 wsserver.cpp 的代码如下：

```
#include "stdafx.h"
#include <WinSock2.h>
#include <iostream>
using namespace std;
BOOL InitWinSock();        //加载动态库
#define BUF_LEN 1024
int _tmain(int argc, _TCHAR* argv[])
{
    if(argc<2)
    {
        cout << "need port to run program." << endl;
        return 1;
    }
    if(InitWinSock())   //start WinSock2
        cout << "WinSock2 start success" << endl;
    else
```

```cpp
    {
        cout << "WinSock2 start fail" << endl;
        return 1;
    }
    try //涉及双方通信的代码段，最好使用 try，即使本方程序很健壮，对方程序也有可能出错
    {
        SOCKET s=socket(AF_INET, SOCK_STREAM, 0); //创建套接字
        sockaddr_in addr; //填充地址
        memset(&addr, 0, sizeof(addr));
        addr.sin_port=htons(atoi(argv[1]));
        addr.sin_family=AF_INET;
        addr.sin_addr.S_un.S_addr=htonl(INADDR_ANY);
        if(bind(s, (sockaddr *)&addr, sizeof(addr)) == SOCKET_ERROR) //绑定
            throw "bind error";
        if(listen(s, 5) == SOCKET_ERROR) //转为听套接字
            throw "listen error";
        cout << "start listen success."<<endl;
        for(; ; ){
            sockaddr_in clientaddr; //等待客户机的连接请求
            int addrlen=sizeof(clientaddr);
            SOCKET cs=accept(s, (sockaddr *)&clientaddr, &addrlen);
            if(cs == SOCKET_ERROR)
                throw "accept error";
            cout << "accept connect from " << inet_ntoa(clientaddr.sin_addr) <<endl;
            char sendbuf[BUF_LEN]; //发送数据
            memset(sendbuf, 0, BUF_LEN);
            sprintf(sendbuf, "hello, %s", inet_ntoa(clientaddr.sin_addr));
            if(send(cs, sendbuf, strlen(sendbuf), 0) == SOCKET_ERROR)
                throw "send error";
            closesocket(cs); //C/S 结束，关闭连接套接字
        }
        closesocket(s);
    }
    catch(char * str)
    {
        cout << "Exception raised: " << str << '\n';
    }
    WSACleanup();   //卸载动态库
    return 0;
```

}

```cpp
BOOL InitWinSock()
{
    WORD wVersionRequested;
    WSADATA wsaData;
    int err;
    wVersionRequested = MAKEWORD( 2, 2 ); //把两个字节合成为一个word(16位)
    err = WSAStartup( wVersionRequested, &wsaData );
    if ( err != 0 )
        return FALSE;
    // 我们请求使用2.2版本，检查返回的是不是2.2。如果使用的版本低于2.2，我们要修改
    // 一些代码才能使用；如果使用的版本高于2.2，返回值仍然是2.2。
    if ( LOBYTE( wsaData.wVersion ) != 2 ||
                HIBYTE( wsaData.wVersion ) != 2 ) {
        WSACleanup();
        return FALSE;
    }
    return TRUE;
}
```

② 客户机中，文件 wssender.cpp 的代码如下：

```cpp
#include "stdafx.h"
#include <WinSock2.h>
#include <iostream>
using namespace std;
BOOL InitWinSock();
#define BUF_LEN 1024
int _tmain(int argc, _TCHAR* argv[])
{
    if(argc<3)
    {
        cout << "need ip and port to run program." << endl;
        return 1;
    }
    if(InitWinSock())  //加载动态库
        cout << "WinSock2 start success" << endl;
    else
    {
        cout << "WinSock2 start fail" << endl;
```

```
        return 1;
    }
    try
    {
        SOCKET s=socket(AF_INET, SOCK_STREAM, 0); //创建套接字
        sockaddr_in addr; //填充地址和端口
        memset(&addr, 0, sizeof(addr));
        addr.sin_port=htons(atoi(argv[2]));
        addr.sin_family=AF_INET;
        addr.sin_addr.S_un.S_addr=inet_addr(argv[1]);
        if(connect(s, (sockaddr *)&addr, sizeof(addr)) == SOCKET_ERROR) //请求建立连接
            throw "connect error";
        char recvbuf[BUF_LEN];
        memset(recvbuf, 0, BUF_LEN); //接收数据
        if(recv(s, recvbuf, BUF_LEN, 0) == SOCKET_ERROR)
            throw "recv error";
        cout<<"server:"<<recvbuf<<endl;
        closesocket(s); //关闭套接字
    }
    catch(char * str)
    {
        cout << "Exception raised: " << str << '\n';
    }
    WSACleanup();      //卸载动态库
    return 0;
}
BOOL InitWinSock()
{ 与服务器的函数相同 }
```

6.3 C# 编程

Windows 平台的 C 语言程序开发常常使用 C#(C-Sharp)语言、Visual Studio 集成环境，并运行于 .Net 平台。

C# 是微软公司开发的一种面向对象的编程语言，其名字的含义是将 C++++ 的四个加号合成为 #，可以认为是对 C++ 的一种改进语言，其编程难度小于 C++。C#支持类、继承、多态性和封装等概念，非常适合构建模块化和可维护的软件。C# 不直接支持指针(可以通过 ref 的方式实现类似指针的功能)，并使用垃圾收集器自动管理内存，从而降低内存泄漏

的风险，简化开发人员的内存管理。

Visual Studio 是由微软公司开发的集成开发环境(IDE)，用于构建各种类型的软件应用程序。它为软件开发提供了一套全面的工具和服务，包括代码编辑、调试、性能评测和协作等功能，并提供了 .Net 平台上贯穿各层次的编程环境。

.Net 是一个由微软开发的免费、开源、跨平台的框架，支持构建现代、可扩展和高性能的应用程序。如图 6.6 所示，.Net 的核心特点是公共语言运行时(CLR)，其作用类似于 Java 体系中的 Java 虚拟机。CLR 支持托管代码(即中间语言 IL+元数据)的运行，能够加载 IL 和验证 IL 的正确性，进行即时编译，并持续提供内存、安全、线程等管理和服务。

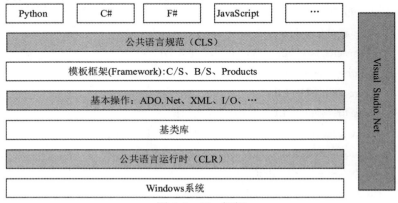

图 6.6 .Net 框架

C#、Visual Studio 和 .Net 三者的关系简单表述为：我们使用 C# 在 Visual Studio 中编程，程序托管运行于 .Net 平台上。

图 6.7 展示了一个 C# 语言聊天程序界面，可以看出左边宿主机上 C# 编程的窗口与右边虚拟机上 Qt 编程的窗口的交互情况。C# 编程的窗口里，在"IP 地址和端口"栏的中间最下方位置增加了两个编辑框，用作指示灯，左边是红灯，当有数据发送时，其背景色变为红色，持续 0.5 s 后变为深灰色；右边是绿灯，当收到数据时，其背景色变为绿色，持续 0.5s 后变为深灰色。

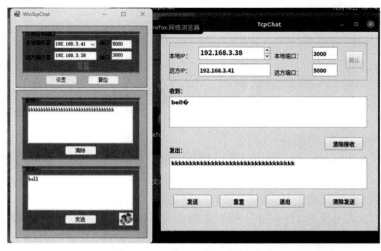

图 6.7 C# 与 Qt 窗口之间聊天

文件 Form1.cs 主要用到的通信相关类有：

(1) TcpListener，TcpClient，服务器、客户机使用的套接字。

(2) NetworkStream、StreamReader、StreamWriter 等流相关类。发送数据时，要将数组先转换为 StreamWriter，再转为 NetworkStream；接收数据时，要先按 NetworkStream 接收，然后转换为 StreamReader，才能读出和处理。

文件代码如下：

```csharp
using System;
using System.Collections.Generic;
using System.ComponentModel;
using System.Data;
using System.Drawing;
using System.Linq;
using System.Text;
using System.Windows.Forms;
using System.Net.Sockets;         //提供 WinSock 来实现
using System.IO;                  //文件、数据流等 I/O 相关操作
using System.Net;
namespace WinTcpChat1
{
    public partial class Form1 : Form
    {
        TcpListener tcpListener;
        uint m_bell = 0;
        bool m_bBell = false;
        uint m_ledsend = 0;
        uint m_ledrecv = 0;
        public Form1()
        {
            InitializeComponent();
        }
        private void button1_Click(object sender, EventArgs e)
        {//用全 0 地址绑定服务器
            tcpListener = new TcpListener(IPAddress.Any,  int.Parse(LocalServerPORTtBox.Text));
            tcpListener.Start();       //启动服务器
            SetParamBtn.Enabled = false;
            ResetParamBtn.Enabled = true;
            timer1.Enabled = true;
        }
        private void Form1_Load(object sender, EventArgs e)//构造函数之后，首先运行的函数
```

```csharp
{
    string _ComputName = System.Net.Dns.GetHostName();
    //获取本机 IP 地址，保存到列表
    System.Net.IPAddress[] _IPList = System.Net.Dns.GetHostAddresses(_ComputName);
    for (int i=0; i!=_IPList.Length; i++)
    {
        if(_IPList[i].AddressFamily == System.Net.Sockets.AddressFamily.InterNetwork)
        {
            this.LocalServerIPcBox.Items.Add(_IPList[i].ToString());
        }
    }
}
private void ResetParamBtn_Click(object sender, EventArgs e)
{
    this.tcpListener.Stop();
    timer1.Enabled = false;
    SetParamBtn.Enabled = true;
    ResetParamBtn.Enabled = false;
}
private void timer1_Tick(object sender, EventArgs e)    //定时器
{   //周期性检查是否有客户连接
    int len;
    try{
        if(tcpListener.Pending())
        { //从连接套接字获得网络流，网络流转为读者流，再从读者流读出数据
            Socket connSocket = this.tcpListener.AcceptSocket();
            NetworkStream networkStream = new NetworkStream(connSocket);
            StreamReader streamReader = new StreamReader(networkStream);
            if(connSocket.Connected)
            {
                networkStream.ReadTimeout = 2000;
                char[] bytes = new char[1024];
                len = streamReader.Read(bytes, 0, 1000);
                String str = new String(bytes);
                RecvrTBox.Text = str;
                str = RecvrTBox.Text;
                if (str == "bell")        //如果字串是 bell，则抖屏
                    m_bell = 60;
                    m_ledrecv = 20;
```

```csharp
            }
            streamReader.Close();
            networkStream.Close();
            connSocket.Close();
        }
    }
    catch (Exception ae)
    {
        //MessageBox.Show(ae.ToString());
    }
    if (m_ledsend > 0)
    { //红灯闪烁
        this.SendLedtBox.BackColor = Color.Red;
        m_ledsend--;
    }
    else
        this.SendLedtBox.BackColor = Color.Gray;    //灭灯
    if (m_ledrecv > 0)
    { //绿灯闪烁
        this.RecvLedtBox.BackColor = Color.Green;
        m_ledrecv--;
    }
    else
        this.RecvLedtBox.BackColor = Color.Gray;    //灭灯
    if(m_bell>0) //窗口抖动
    {
        if (m_bBell)
            this.Left+=10;
        else
            this.Left-=10;
        m_bBell = !m_bBell;
        m_bell--;
    }
}
private void BellpBox_Click(object sender, EventArgs e)
{
    SendrTBox.Clear();
    SendrTBox.Text="bell";
    this.SendBtn_Click(this, e);
```

```
}
private void ClrBtn_Click(object sender, EventArgs e)
{
    RecvrTBox.Clear();
}
private void SendBtn_Click(object sender, EventArgs e)
{
    m_ledsend = 20;
    try
    {   //发送数据
        TcpClient tcpClient = new TcpClient(RemoteServerIPtBox.Text,
                        int.Parse (RemoteServerPORTtBox.Text));
        NetworkStream clientNetworkClientStream = tcpClient.GetStream();
        StreamWriter clientStreamWriter = new StreamWriter(clientNetwork ClientStream);
        if (tcpClient.Connected){
            clientStreamWriter.Write(SendrTBox.Text);
            clientStreamWriter.Flush();
        }
        clientStreamWriter.Close();
        clientNetworkClientStream.Close();
        tcpClient.Close();
    }catch (Exception ae){
    //MessageBox.Show(ae.ToString());
    }
}
}
}
```

第 7 章 信号和进程

7.1 信号

7.1.1 信号机制

Linux 系统为进程正常执行过程中可能发生的各种软、硬件状态定义了一组信号,并将其异步传送给进程。其主要目的是实现对共享资源的使用和保护。每个信号对应一组操作,操作类型如下:

(1) 终止进程:进程退出。
(2) 停止进程:进程不退出,只是暂停。程序处于调试状态时,经常需要停止。
(3) 继续运行进程:如果进程当前处于停止状态,则继续运行。
(4) 忽略信号:并不是完全不处理,操作系统可能会做一些清理工作。
(5) 用户捕获信号:执行用户自定义的函数。

其中,前 4 种属于默认类型,最后一种是非默认类型。

信号是在软件层次上对中断机制进行模拟,进程收到信号等同于 CPU 收到中断请求。信号是异步的,信号何时到达是未知的,通常会很快,但没有规定精确的时间。硬件信号来源主要包括键盘或硬件错误,软件信号来源是操作系统内核或进程(其他进程或自身进程)。

每个信号都是一个大于 0 的整数,我们可以在终端上用 kill -l 来查看当前操作系统提供了哪些信号,如图 7.1 所示。其中,")"左边的数字是信号值,右边是信号名称。例如,SIGINT 的信号值是 2,我们在键盘上输入 CTRL+C 来终止程序,实际上就是发了一个 SIGINT 信号给进程,进程收到值等于 2 的信号,然后执行默认的终止进程操作。

Linux 继承自 Unix,而信号是 Unix 系统最古老的机制之一,早期的信号值小于 32,在实时性、安全性等方面都存在不足,后来信号值增加到大于 32,以 32 为界,信号值大于等于 32 是可靠信号和实时信号,小于 32 是非可靠信号和非实时信号。可以使用 Shell 指令 man 7 signal 查看关于信号的说明文档。

常用信号及其默认操作有:
(1) SIGALARM:计时器到时。

(2) SIGCHLD：子进程停止或退出时通知父进程。

(3) SIGKILL：终止进程。这个信号不能被忽略，也不能被捕获。

(4) SIGSTOP：停止进程。这个信号不能被忽略，也不能被捕获(仅 SIGKILL 和 SIGSTOP 两个信号如此)。

(5) SIGINT：中断字符，CTRL＋C 来表示。

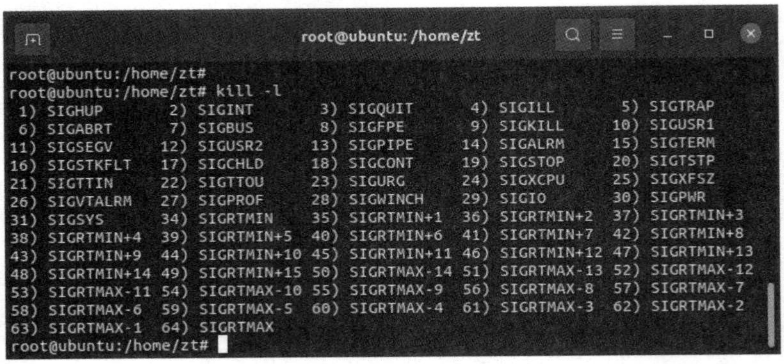

图 7.1 所有信号

7.1.2 信号发送

发出信号的函数主要有 kill()、raise()、alarm()、abort()、sigqueue()。

(1) int kill(pid_t pid, int sig)。

参数：

pid：接收信号的进程或进程集合。pid 取值和作用范围如表 7.1 所示。

sig：要发送的信号。

返回值等于 0 表示成功；返回值等于 −1 表示失败，错误代码在全局变量 errno 中查询。

表 7.1 pid 取值与作用范围

参数 pid 的值	接收信号的进程
pid>0	进程 id 为 pid 的进程
pid=0	同一个进程组的进程
pid<0 && pid != -1	进程组 id 为 -pid 的所有进程
pid=-1	除发送进程自身外，所有进程 id 大于 1 的进程

(2) int raise(int sig)。

向进程自身发送信号，sig 是要发送的信号。返回值等于 0 表示成功，返回值为非 0 表示失败。

(3) unsigned int alarm(unsigned int seconds)。

在指定的时间(seconds 秒)后，将向进程自身发送 SIGALRM 信号。返回值为剩余秒数。

(4) void abort()。

向进程自身发送 SIGABRT 信号，默认情况下进程会异常退出，但可捕获和执行自定义函数。

(5) int sigqueue(pid_t pid, int sig, const union sigval val)。

```
typedef union sigval {
    int sival_int;
    void *sival_ptr;
}sigval_t;
```

能传递更多的附加信息，但只能向单个进程(不能向进程组)发送信号。

返回值等于 0 表示成功；返回值等于 –1 表示失败，错误代码在全局变量 errno 中查询。

我们也可以在终端上使用 Shell 指令 kill 发出信号，这个指令实际只是调用 kill()函数发出一个信号，并非是杀掉进程(虽然大多数情况下确实终止了进程)。

kill 用法：

    kill [options] <pid> [...]

默认发出 SIGTERM 给进程。例如，我们使用 firefox 浏览器上网，使用 ps -A 指令发现 firefox 的进程号是 15973，输入 kill -SIGINT 15973，浏览器被关闭。

文件 sigsend.cpp 的代码如下：

```
#include "signal.h"
#include "unistd.h"
#include <iostream>
#include <stdio.h>
#include <stdlib.h>
#include <errno.h>
int main(int argc, char**argv)
{
    pid_t pid;
    int signum;
    union sigval mysigval;
    signum=atoi(argv[1]);
    pid=(pid_t)atoi(argv[2]);
    mysigval.sival_int=8;           //不代表具体含义，只用于说明问题
    if(sigqueue(pid, signum, mysigval) == -1)
        printf("send error\n");
    sleep(2);
}
```

7.1.3 信号接收和处理

当进程从核心态返回用户态，进入或离开睡眠状态时，检查内核是否收到信号，并对信号执行响应。对信号的处理分为默认处理和自定义处理，建立信号与信号处理方式、信号处理函数相关联的过程称为信号注册，主要通过两个函数 sigaction()和 signal()来实现。

1. sigaction()

sigaction()的定义和功能如下：

```
int sigaction(int signum,
    const struct sigaction *act,
    struct sigaction *oldact);
```

参数：

signum：指定需要捕获的信号，但 SIGKILL 和 SIGSTOP 不能指定。

act：指定处理捕获信号的新动作。

oldact：存储旧的动作。对有些信号，首次需要特殊处理，随后则是默认处理。所以，可以把默认处理作为旧动作存储起来，并设置 SA_ONESHOT 选项。

结构定义如下：

```
struct sigaction {
    void (*sa_handler)(int);                              //函数指针
    void (*sa_sigaction)(int, siginfo_t *, void *);       //函数指针
    sigset_t sa_mask;                                     //屏蔽的信号集
    int sa_flags;                                         //标志，可设置 SA_SIGINFO
    void (*sa_restorer)(void);                            //已废弃
}
```

结构成员包括：

① sa_handler/sa_sigaction：信号处理函数。使用默认动作时设置为 SIG_DFL，忽略信号时设置为 SIG_IGN，使用用户指定的处理函数时设置为相应处理函数。

② sa_flags=SA_SIGINFO 时 sa_sigaction 有效：表示需要用更详细的信息处理信号。

③ sa_mask：指定处理函数中被屏蔽的信号集，通常是屏蔽被处理的信号本身。

④ sa_flags：影响信号处理函数行为的标志选项。

SA_ONESHOT 或 SA_RESETHAND：信号处理函数调用后，将信号的动作改回默认动作。

SA_RESTART：使某些系统调用在被信号中断后能自动重新执行。

SA_NOCLDSTOP：当 signum=SIGCHLD 时，子进程停止不通知父进程。

SA_NOMASK 或 SA_NODEFER：在某个信号的处理过程中，这个信号不被屏蔽。

sa_sigaction 涉及的嵌套结构定义如下：

```
struct siginfo_t {
    int si_signo;              //信号编号
    int si_errno;              //如果为非零值，则错误代码与之关联
    int si_code;               //说明进程如何接收信号，以及从何处收到
    pid_t si_pid;              //用于 SIGCHLD，表示被终止进程的 pid
    pid_t si_uid;              //用于 SIGCHLD，表示被终止进程所拥有进程的 uid
    int si_status;             //用于 SIGCHLD，表示被终止进程的状态
    clock_t si_utime;          //用于 SIGCHLD，表示被终止进程消耗的用户时间
    clock_t si_stime;          //用于 SIGCHLD，表示被终止进程消耗系统的时间
    sigval_t si_value;         //定义见 sigqueue()函数
    int si_int;
```

```
        void * si_ptr;
        void* si_addr;
        int si_band;
        int si_fd;
    }
```

其中，clock_t 是长整形数，定义可在 time.h 中查找。

2. signal()

signal()的定义如下：

```
sighandler_t signal(int signum, sighandler_t handler);
```

参数：

signum：指定需要捕获的信号，SIGKILL 和 SIGSTOP 不能指定。

handler：指定信号处理函数。

返回值：成功则返回先前的信号处理函数；失败则返回 SIG_ERR，错误代码在全局变量 errno 中，通常是 EINVAL。如果对一个信号值多次使用 signal()，则新的函数覆盖旧的函数，由此有了先前的信号处理函数的概念。

说明：① 信号被处理后自动将信号动作设置为默认值。

② signal()函数底层调用了 sigaction。

以下举例说明 sigaction 函数的使用方法。

文件 sigrecv.cpp 的代码如下：

```cpp
#include "signal.h"
#include "unistd.h"
#include <iostream>
#include <stdio.h>
#include <stdlib.h>  ./sigrecv
#include <errno.h>
void new_op(int); //被注册的信号处理函数
int main(int argc, char**argv)
{
    struct sigaction act;
    int sig;
    sig=atoi(argv[1]);  //命令行输入的数字型信号值
    sigemptyset(&act.sa_mask);
    act.sa_flags=SA_SIGINFO;
    act.sa_handler=new_op;
    if(sigaction(sig, &act, NULL) < 0)
        printf("install signal error\n");
    printf("The pid is %d\n", getpid());  //显示当前进程号
    while(1)
```

```
        {
            printf("wait for the signal\n");
            sleep(10);
        }
    }
    void new_op(int signum)
    {
        printf("receive signal %d", signum);
        sleep(5);
    }
```

在终端输入"./ sigrecv 2",监测 SIGINT 信号;在终端输入"CTRL+C",可以看到程序没有退出,而是显示收到信号 2。另外打开一个终端,使用 kill -SIGINT pid 的方式,同样不会杀掉这个进程。

7.1.4 信号集合

Linux 提供信号集合功能,对信号集合进行管理的函数有:
- int sigemptyset(sigset_t *set):清空信号集 set;
- int sigfillset(sigset_t *set):填满信号集 set;
- int sigaddset(sigset_t *set, int signum):在信号集 set 中添加一个信号 signum;
- sigdelset(sigset_t *set, int signum):从信号集 set 中删除一个信号 signum;
- int sigismember(const sigset_t *set, int signum):测试信号 signum 是否属于信号集 set。

信号发出后有可能被马上处理,也可能处于阻塞或未决这两种状态。
- 信号阻塞:进程可以选择阻塞(屏蔽)某个信号,即拒绝接收该信号。被阻塞的信号将保持在未决状态,直到进程解除对此信号的阻塞为止。sigaction()函数中的 mask 参数就是用来屏蔽信号的。注意,SIGKILL 和 SIGSTOP 这两个信号不能被阻塞。
- 信号未决:实际执行信号的处理动作称为信号递达(Delivery)。从信号的产生到递达之间的状态,被称为信号未决(Pending)。在此期间,内核会等待进程对信号作出响应。例如,如果一个进程正在睡眠,并且在此期间收到一个信号,那么这个信号就会处于未决状态,直到进程被唤醒并有机会处理这个信号。

下面使用的函数针对信号集合,进行屏蔽操作和状态检查。

(1) int sigprocmask(int how, sigset_t *set, sigset_t *oldset)。

功能:改变当前屏蔽的信号集。

参数:

how:决定如何改变当前被屏蔽的信号集。
SIG_BLOCK:取当前屏蔽信号集和参数 set 的并集;
SIG_UNBLOCK:取当前屏蔽信号集和参数 set 的差集;
SIG_SETMASK:用参数 set 替换当前屏蔽信号集。
set:指定的信号集。

第 7 章 信号和进程

oldset：存储旧的信号集。
(2) int sigpending(sigset_t *set)。
功能：检查当前已经产生但被屏蔽(阻塞)的所有信号。
参数：set 表示存储挂起的信号集。
(3) sigsuspend(const sigset_t *mask)。

用于在接收到某个信号之前，临时用 mask 替换进程的信号掩码，并暂停进程执行，直到收到信号为止。sigsuspend 返回后将恢复调用之前的信号掩码。信号处理函数完成后，进程将继续执行。sigsuspend()可用于进程同步。

以下举例说明信号集合的使用方法。

文件 sigset.cpp：程序运行 1 s 时，发出信号但被屏蔽；10 s 时，检查看到信号被挂起；然后解除屏蔽，信号马上被处理。代码如下：

```cpp
#include "signal.h"
#include "unistd.h"
#include <iostream>
#include <stdio.h>
#include <stdlib.h>
#include <errno.h>
using namespace std;
static void my_op(int);
int main()
{
    sigset_t new_mask, old_mask, pending_mask;
    struct sigaction act;
    sigemptyset(&act.sa_mask);
    act.sa_flags=SA_SIGINFO;              //设此标志后，参数才可以传递给信号处理函数
    act.sa_handler=my_op;
    if(sigaction(SIGALRM, &act, NULL))    //SIGRTMIN+10
        printf("install signal SIGALRM error\n");
    //cout<<"The pid is "<<getpid()<<endl;
    alarm(1);     //1s 后发出信号
    //sleep(10);
    sigemptyset(&new_mask);
    sigaddset(&new_mask, SIGALRM);                    //加入屏蔽集合
    if(sigprocmask(SIG_BLOCK, &new_mask, &old_mask))  //旧 mask 是不屏蔽的
        printf("block signal SIGALRM error\n");
    cout<<"SIGALRM is set blocked"<<endl;
    cout<<"Sleep 10s"<<endl;
    sleep(10);
    printf("now begin to get pending mask and unblock SIGALRM\n");
```

```
    if(sigpending(&pending_mask)<0)
        printf("get pending mask error\n");
    if(sigismember(&pending_mask, SIGALRM))
        printf("signal SIGALRM is pending\n");
    if(sigprocmask(SIG_SETMASK, &old_mask, NULL)<0)
        printf("unblock signal error\n");
    printf("signal unblocked\n");
    cout<<"Sleep 10s"<<endl;
    //alarm(1);
    sleep(10);
}
static void my_op(int signum)
{
    printf("receive signal %d \n", signum); //输出信号值，而不执行原先的默认操作
}
```

7.2 进 程

7.2.1 Linux 进程管理

进程是一个具有独立功能的程序关于某个数据集合的一次可以并发执行的运行活动，是处于活动状态的计算机程序。进程作为构成系统的基本细胞，不仅是系统内部独立运行的实体，而且是独立竞争资源的基本实体。

程序是一个包含可执行代码的静态文件；而进程是一个开始执行但还没有结束的程序的实例，是可执行文件的具体实现。一个程序可以设计成多进程的形式，其中每一个进程又可以有许多子进程，子进程又可以有许多孙进程。

1. 按包含关系划分

Linux 的进程按包含关系划分为会话组、进程组和进程三个层次。

(1) 会话组：一个或多个进程组的集合，这些进程组共享同一个控制终端。其中一个进程组的组长就是会话组的唯一组长，该组长具有去关联终端的权限，其他进程都没有。

(2) 进程组：一个或多个进程的集合，其中一个进程是进程组的唯一组长，通常是进程组所有成员的祖先进程。

(3) 进程：每个进程都有自己的进程 id(pid)，用于唯一标识该进程。进程之间通过 IPC(Inter-Process Communication)机制进行通信，也可以使用套接字通信。

Linux 的进程按照继承关系形成树形结构，如图 7.2 所示。使用 pstree 指令查看，所有用户进程都继承自 systemd，其他进程都是其子孙。各 Linux 版本给这个根进程的命名不同。

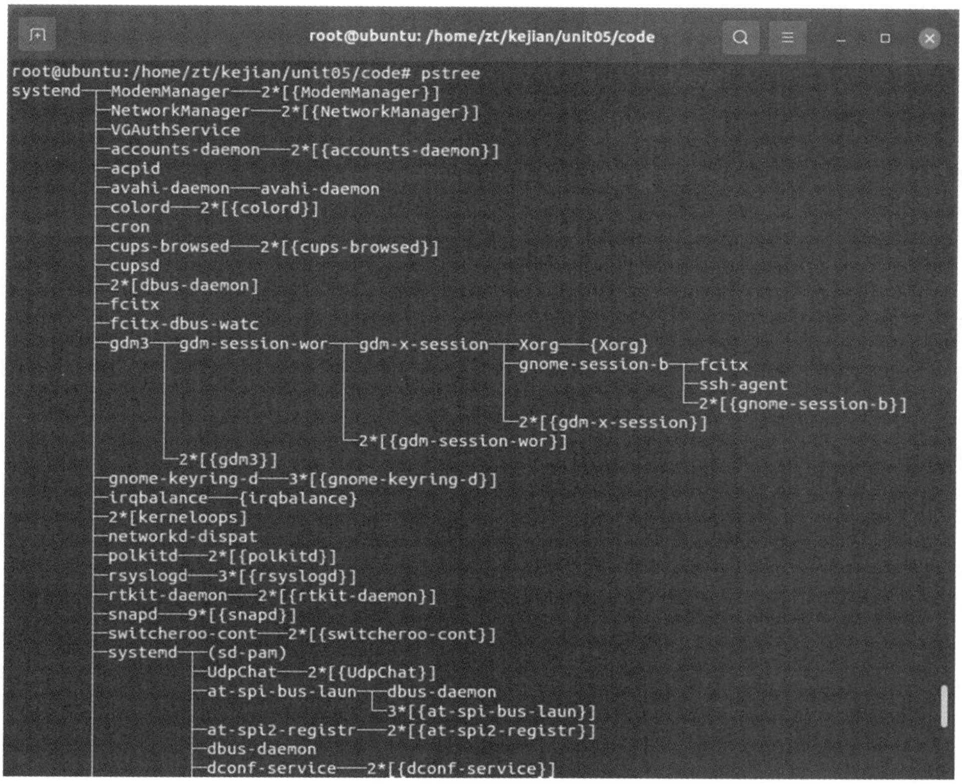

图 7.2 pstree 展示的进程树

2. 按运行方式划分

Linux 的进程按运行方式划分为：
(1) 核心进程：只在核心态运行，在整个系统活动期间生存，不会被终止。
(2) 守护进程：后台运行的进程(打印机管理进程，电子邮件服务和 HTTP 服务等)。
(3) 用户进程：用户创建的进程，可以被终止。

3. 按继承关系划分

Linux 的进程按继承关系划分为：
(1) 父(parent)、子(child)、孙(仍然是 child)进程。
(2) 兄弟(sibling)进程。
(3) 孤儿进程(orphan)，其父进程是 systemd，有些操作系统版本这个根进程是 init。当一个父进程终止时，它如果还有子进程，这些子进程就成为孤儿进程。原先父进程对子进程的交互管理工作被转交给 systemd。

7.2.2 进程的生命过程

从孕育到死亡，进程经历如下状态：
① 新建：从孕育到出生的阶段，进程正在被创建，操作系统在为进程申请和建立进程空间、复制代码等。

② 运行：进程正在运行。
③ 阻塞：进程正在等待某一个事件发生。
④ 就绪：表示进程可以运行，但 CPU 暂时未分配给它时间片，正在等待 CPU。
⑤ 完成：表示进程已经终止了，操作系统正在回收进程的资源。
⑥ 僵尸：表示进程已经终止，资源回收完成，但记载了一些它生平信息的进程号及其关联结构尚未销毁。这些信息对于分析和改进程序具有意义，等到进程号销毁后，进程就彻底终止了。

Linux 系统中，进程的唯一出生方式是 fork()函数。有些函数也能产生进程，是因为隐式调用了 fork()。

fork()函数原型如下：

　　pid_t fork(void);

功能：创建新的进程，调用者成为父进程，产生的新进程成为子进程。

返回值大于 0 表示子进程的进程号(id)，只在父进程中返回；返回值等于 -1 表示调用失败；返回值等于 0 表示子进程的进程号，只在子进程中返回。

头文件代码如下：

　　#include <sys/types.h>

　　#include <unistd.h>

使用 fork()函数的基本过程如下：

```
pid_t pid;
if((pid=fork()) == 0)
{
    //子进程代码
    exit(0);
}
else if(pid>0)
{
    //父进程代码
    exit(0);
}
else{
    printf("Error");
    exit(1);
}
//如果父、子进程中某一方没有调用 exit，那么它就可以执行 if-else 之后的公共代码。调用了
//exit 就不会执行到这里。通常程序设计不会让程序走到这里。
do_something();
```

fork()调用一次函数，能够返回两个值。一般函数的调用过程是：主程序把参数压入堆栈，把程序指针指向函数，然后参数从堆栈中弹出，函数开始执行；函数执行完毕，把返回值压入堆栈，程序指针指向主程序，返回值弹出给主程序，主程序执行下一句。这个过

程只能有一个返回值，但 fork()函数不同。

从逻辑上看，fork()是一个复制过程，即把原来的进程代码完全复制了一份，两个进程的主程序都在相同的代码位置等待 fork()函数的返回值，这时操作系统内核给两个堆栈放入了不同的返回值，一个是 0 值返给子进程，另一个值等于子进程的进程号返给父进程。两个进程根据 if-else 的规则，分别执行所在分支的下一句，运行不同的代码。父、子进程从此开始不会再有公共代码，在程序功能完成时各自调用 exit()退出。

在 Linux 系统中，系统调用 fork 后，创建进程的过程如图 7.3 所示。

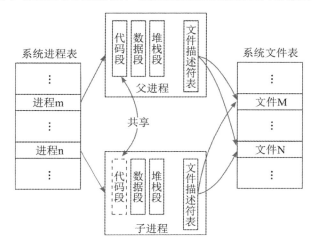

图 7.3　进程的创建

内核为完成任务要进行以下操作：

(1) 在进程表中给新进程分配一个表项。系统对普通用户可以同时运行的进程数是有限制的，对超级用户无此限制，但不能超过进程表的最大表项的数目。

(2) 给子进程分配一个唯一的进程号(pid)，并放入进程表。pid 数值采用整数累加的方式，不会重复。

(3) 复制一个父进程的进程表项的副本给子进程，子进程拥有与父进程一样的 uid、当前目录、当前根、用户文件描述符表等。

(4) 把与父进程相连的文件、索引等的引用数加 1，这些文件会自动与该子进程相连。

(5) 内核为子进程创建用户级上下文。内核为子进程分配内存，从逻辑上来讲(实际不是这样，有优化操作)，将父进程的代码段、数据段、堆栈段全面复制到子进程。

(6) 对父进程返回子进程的 pid，对子进程返回 0。因为现在有了两个堆栈，操作系统就修改堆栈中的值，给父进程弹出 pid，给子进程弹出 0，使父、子进程在同样代码的不同分支上运行。

实际创建过程中，如果直接将父进程的所有内容进行复制，这将是一个巨大的任务。一个进程可能占据几个 G 的空间，在并发服务中可能瞬间就需要创建出成千个子进程，这样的复制量是难以承受的。

一个进程具有代码段、数据段、堆栈段，其中代码段存放静态代码，数据段存放常数和公共变量，堆栈段存放私有数据。所以，fork()采用如下方法优化：

① 代码段不复制，只需要父、子进程的程序指针指向不同位置即可。

② 数据段和堆栈段采用写时复制(copy-on-write)的方式，刚开始时不复制，当父、子进程的一方修改数据时，才进行复制；复制时仅仅复制被修改数据所在的页，而不是整个段。

注意，父、子进程的执行顺序是随机的。下面以创建 n 个子进程为例，每个子进程运行 10 s 退出。

文件 fork2.cpp 的代码如下：

```cpp
#include <unistd.h>
#include <sys/types.h>
#include <sys/stat.h>
#include <iostream>
#include <errno.h>
#include <stdio.h>
#include <stdlib.h>
#include <fcntl.h>
#include <sys/wait.h>
#include <sys/time.h>
#include <signal.h>
#include <string.h>
using namespace std;
int main(int argc, char **argv)
{
    pid_t pid;
    int n=atoi(argv[1]);
    for(int i=0; i<n; i++) {
        pid=fork();
        if(pid == 0) {          //子进程程序
            cout<<"child process:ppid="<<getppid()<<", pid="<<getpid()<<endl;
            for(int j=0; j<10; j++){
                sleep(1);
                cout<<"I am child "<<getpid()<<endl;
                cout<<"    I have "<<9-j<<"second left"<<endl;
            }
            exit(0);
        }
        else if(pid>0) {        //父进程程序
            cout<<"parent process:ppid="<<getppid()<<", pid="<<getpid()<<endl;
            sleep(1);
        }
        else                    //调用失败
            cout<<"create child process fail"<<endl;
```

```
        }
        sleep(60);
        cout<<"parent process exit"<<endl;
        return 0;
    }
```

7.2.3 调用 exec()

下面是一组函数，用来执行另外一个程序，如调用硬盘上的一个文件。

```
#include <unistd.h>
int execve(const char* path, char* const* argv, char* const* envp);
int execl(const char* path, char* arg, ...);
int execp(const char* file, char* arg, ...);
int execle(const char* path, const char* argv, ..., char* const* envp);
int execv(const char* path, char* const* arg);
int execvp(const char* file, char* const* arg);
```

其中，只有 execve() 是真正意义上的系统调用，其他都是在此基础上变形的函数。execve() 与 main() 函数进行对比：

```
int main(int argc, char *argv[], char *envp[])
int execve(const char *path, char *const argv[], char *const envp[])
```

execve()函数中，第 1 个参数 path 是被执行应用程序的完整路径，第 2 个参数 argv 就是传给被执行应用程序的命令行参数，第 3 个参数 envp 是传给被执行应用程序的环境变量。这两个函数里的参数完全是一一对应的关系，execve() 就是 main() 的另一种表达。

fork() 是创建进程的唯一方法，exec() 函数在内部调用了 fork()。这里出现了一个问题：exec() 中的 fork() 经过一系列的设置、复制才创建出子进程，马上就被全新的内容所替换，先前的工作成为无用功。所以，fork() 为此又进行了优化。对于 exec() 函数，fork() 不做这些复制工作。

使用文件 exec.cpp 的代码，执行./exec filename，将运行程序 filename。

```
    #include <unistd.h>
    #include <sys/types.h>
    #include <errno.h>
    #include <sys/wait.h>
    #include <iostream>
    #include<stdio.h>
    #include<stdlib.h>
    using namespace std;
    int main(int argc, char **argv){
        if(fork() == 0){
            execlp(argv[1], NULL);
```

```cpp
        perror(argv[1]); //返回表示执行错误,函数不存在或不能执行。打印错误信息
        exit( errno );
    }
    else{
        wait(NULL);
    }
    return 0;
}
```

7.2.4 进程的同步

进程同步主要涉及三个方面的问题:启动时的执行顺序,由于父、子进程的执行顺序是随机的,而在有些情况下必须确定哪个进程先执行,哪个后执行,这时可以让某一方等待,直到确认另一方已经执行;运行过程中的交互,可以通过 IPC、Socket 等通信解决;共享资源的协调,一个进程修改了共享文件,对所有进程来说文件就都被修改了。

共享文件 sharefile.cpp 的代码如下(操作文件时,用户必须具有权限):

```cpp
#include <sys/types.h>
#include <sys/wait.h>
#include <unistd.h>
#include <fcntl.h>
#include <iostream>
#include<stdio.h>
#include<stdlib.h>
#include<errno.h>
using namespace std;
int    var=0;
int main(int argc, char **argv){
    int    fd;
    pid_t   pid;
    char   pbuf[2];
    fd=open("/root/test.txt", O_RDONLY);
    read(fd, pbuf, 1);
    cout<<"before fork pbuf[0]="<<(short)pbuf[0]<<", var="<<var<<endl;
    cout<<"parents fd="<<fd<<endl;
    pid=fork();
    if(pid == 0){
        //子进程程序
        char cbuf[2];
        lseek(fd, 15, SEEK_CUR);        //读取当前文件指针位置
```

```cpp
            read(fd, cbuf, 1);
            var=10;
            cout<<"cbuf[0]="<<(short)cbuf[0]<<", var="<<var<<endl;
            cout<<"child fd="<<fd<<endl;
            exit(0);
        }
        else if(pid>0){
            //父进程程序
            wait(NULL);   //等待子进程结束
            read(fd, pbuf, 1);
            cout<<"after fork pbuf[0]="<<(short)pbuf[0]<<", var="<<var<<endl;
            cout<<"parents fd="<<fd<<endl;
        }
        else{
            //调用失败
            cout<<"create child process fail"<<endl;
        }
        close(fd);
        return 0;
    }
```

7.2.5 进程的终止

正常情况下，系统调用 exit(int status)终止进程，此时内核会进行以下操作：
① 如果进程是进程组组长，则向这个进程组的所有进程发送信号 SIGHUP。
② 关闭进程打开的所有文件描述符。
③ 如果进程有子进程，则将这些子进程的父进程设置为 systemd。
④ 向父进程发送信号 SIGCHLD。

子进程终止时，如果父进程存在且未处理 SIGCHLD 信号，则子进程变为僵尸进程(zombie)。僵尸进程已释放了内存中所有的资源，但仍占据系统进程表项，它的 pid 号依然存在。在表项里存放着诸如使用 CPU 时间、退出方式等信息，对于分析程序具有意义。由于 Linux 允许的用户进程数和系统总进程数有限，过多的僵尸进程会阻碍新进程的创建，需要采取措施消除僵尸进程。

清除僵尸进程的常用方法有 4 种：

(1) 忽略 SIGCHLD 信号(信号处理函数为 SIG_IGN)，系统将清除子进程的进程表项。这种方法依赖于 Linux 版本的实现，跨平台性不好。

文件 zombie1.c 的代码如下：

```c
#include <signal.h>
#include <sys/types.h>
```

```
#include <unistd.h>
#include<stdio.h>
#include<stdlib.h>
#include<errno.h>
int main()
{
    struct sigaction act, oldact;
    int i;
    act.sa_handler=SIG_IGN;
    sigemptyset(&act.sa_mask);
    act.sa_flags=0;
    if(sigaction(SIGCHLD, &act, &oldact)<0){
        printf("sigaction error.");
        exit(1);
    }
    for(i=0; i<5; i++)
        if(fork() == 0)
            exit(0);
    for(; ; ){}
}
```

(2) 调用函数 wait()或 waitpid()等待子进程，代码如下：
    pid_t wait(int *status);　　//status 存放的数值等于 exit()函数的参数值

wait()函数等待任意子进程终止，没有子进程终止时阻塞；如果没有子进程，则返回 −1。

    pid_t waitpid(pid_t pid, int *status, int option);

① pid：进程 id。

pid>0，表示只等待进程 id 等于 pid 的子进程退出；

pid=-1，表示等待任何一个子进程退出，同 wait()。

② option：选项。

WNOHANG：无子进程时不阻塞，立即退出。

status：存储状态信息，就是 exit()函数的参数值。

③ 返回值：正常返回时，是退出的子进程 id；如果设置了 WNOHANG 选项，且无子进程退出时，则返回 0；出错时返回-1，errno 为错误代码。

文件 zombie2.c 的代码如下：

```
#include <signal.h>
#include <sys/wait.h>
#include <sys/types.h>
#include <unistd.h>
#include<stdio.h>
#include<stdlib.h>
```

```c
#include<errno.h>
int main()
{
    int i, stat;
    pid_t pid;
    for(i=0; i<5; i++){
        if(fork() == 0){
            printf("child %d\n", getpid());
            exit(0);
        }
    }
    for(; (pid=wait(&stat))>0; ){
        printf("child %d died:%d\n", pid, WEXITSTATUS(stat));
    }
    sleep(10);
}
```

(3) 捕获 SIGCHLD 信号，在信号处理函数里调用 waitpid()。如果多个 SIGCHLD 信号同时到达，进程将只收到一个，因此信号处理函数中必须循环调用 waitpid()处理多个子进程终止。不建议使用 wait()来循环处理多个终止的子进程，因为 wait()在没有子进程终止时会阻塞，waitpid()函数可设置选项 WNOHANG 防止阻塞。

文件 zombie3.c 的代码如下：

```c
#include <signal.h>
#include <sys/types.h>
#include <sys/wait.h>
#include <stdio.h>
#include<stdlib.h>
#include<errno.h>
void sigchld_handler(int);
int main()
{
    struct sigaction act;
    int i;
    act.sa_handler=sigchld_handler;
    sigemptyset(&act.sa_mask);
    if(sigaction(SIGCHLD, &act, NULL)<0){
        printf("sigaction error.");
        exit(1);
    }
    for(i=0; i<5; i++){
```

```c
            if(fork() == 0){
                printf("child %d\n", getpid());
                exit(0);
            }
        }
        for(; ; ){}
    }
    void sigchld_handler(int sig)
    {
        pid_t pid;
        int stat;
        for(; (pid=waitpid(-1, &stat, WNOHANG))>0; )
        {
            printf("child %d died:%d\n", pid, WEXITSTATUS(stat));
        }
    }
```

(4) 调用 fork()两次，使子进程成为孤儿进程，由 systemd 进程管理。这种方法第一次调用 fork()产生的子进程可能成为僵尸进程，而第二次调用 fork()产生的子进程将由 systemd 处理子进程的退出，不会成为僵尸进程。

文件 zombie4.c 的代码如下：

```c
#include <signal.h>
#include <sys/types.h>
#include <unistd.h>
#include<stdio.h>
#include<stdlib.h>
#include<errno.h>
int main()
{
    int i;
    pid_t pid;
    pid=fork();
    if(pid == 0){
        //子进程 1
        printf("first child proc:%d\n", getpid());
        for(i=0; i<5; i++) {
            if(fork() == 0){
                //子进程 2，3，4，5，6
                printf("child %d\n", getpid());
                sleep(1);
```

```
            exit(0);
        }
    }
    exit(0);
}
for(; ; ){}
}
```

在终端上静态查看 zombie 进程，可以使用 ps 指令，格式如下：
```
ps -A -ostat, ppid, pid, cmd | grep -e '^[Zz]'
```
动态查看 zombie 进程，可以使用 top 指令。

7.3 守护进程

7.3.1 守护进程编程

守护进程(Daemon)是一种后台进程，它独立于控制终端，并且在系统引导装入时启动，在系统关闭时终止。这种进程没有控制终端，因此不会在任何终端上显示其运行的信息，也不会被任何终端产生的终端信息所打断(如果知道了守护进程的进程号，通过 kill 指令是可以杀掉守护进程的)。Linux 的大多数服务器都是用守护进程实现的，如打印管理程序、HTTP 服务器等。在界面上看不到守护进程的存在，但只要有请求，它就会提供服务。

不同的类 Unix 环境下，守护进程的编程规则并不一致，但其编程原则都是一样的。守护进程的编程要点如下：

(1) 实现后台运行。后台运行就是失去终端，不能在终端显示和读入信息，并且需要让进程没有能力再获取终端。

进程属于一个进程组，进程组号(gid)就是进程组长的进程号(pid)。会话组可以包含多个进程组，这些进程组共享一个控制终端。这个控制终端通常是创建进程的登录终端，会话组对控制终端具有独占性，会话组组长可以申请终端。所以，需要创建一个进程，让这个进程失去且无能力获得终端，且这个进程与 systemd 以外的进程无亲缘关系，不会通过亲缘关系又获得终端。

因此，操作的第一步，在进程中调用 fork()后，使父进程终止，使其子进程成为孤儿进程。

```
if(pid=fork())
    exit(0);   //结束父进程，子进程继续
```

(2) 脱离控制终端，脱离原会话组。会话组和进程组是从父进程继承来的，需要摆脱这些亲缘关系。所以，我们用孤儿进程创建一个新的会话组，其中只有一个成员：

```
setsid();   //孤儿进程自动成为新的会话组组长。当前进程
            //本身就是会话组长时这个函数 setsid()调用失败。
```

成功后，进程成为新的会话组长和新的进程组长，并与原来的登录会话和进程组脱离，同时与原控制终端脱离。

(3) 忽略 SIGHUP，再次调用 fork()，然后父进程退出，第二次形成孤儿进程，目的是禁止进程重新打开控制终端。

```
if(pid=fork())
    exit(0);     //结束第一子进程，第二子进程继续(它不是会话组长)
```

(4) 关闭打开的文件描述符。进程从父进程那里继承了打开的文件描述符，如不关闭，将会浪费系统资源，造成父进程所打开的文件无法修改、卸载等。在执行此步骤之前，进程仍然可以向终端输出字符，在此之后才失去这个能力。

```
for(i=0; i<maxfd; i++)
    close(i);
```

(5) 更改当前工作目录。进程运行时，其工作目录所在的文件系统不能卸载，一般将工作目录改变到根目录。

(6) 清除文件掩模。父进程可能修改过文件掩模，所以将文件掩模进行清除。umask(0)使进程具有完全的读写执行权限。

(7) 处理 SIGCHLD 信号。处理 SIGCHLD 信号并不是必需的，但对于在服务中需要创建子进程的守护进程如并发服务器，可能会产生僵尸进程，从而占用系统资源。这种情况下要进行清除僵尸的操作。

```
signal(SIGCHLD, SIG_IGN); //这样就不会产生僵尸进程了
```

(8) 输入/输出重定向。由于所有打开的文件都已关闭，进程此时没有与外界进行输入/输出的能力。当进程与外界交互时，我们就需要再打开相关的文件。操作系统中最常用的输入/输出文件包括标准输入(文件描述符等于 0，通常指键盘)、标准输出(文件描述符等于 1，通常指屏幕)、标准错误(文件描述符等于 2，通常也是指屏幕)。守护进程不与终端关联，也就不与这几个文件关联，因此常采用重定向的方式来实现这三个标准功能，从而使进程能够接受外设信息，并记录运行日志。

```
fd_rd=open("/dev/null", O_RDONLY);
    fd_wr=open("/root/daemon.log", O_WRONLY);
    dup(fd_rd);
    dup(fd_wr);
dup(fd_wr);
```

以下代码展示了如何实现守护进程。

文件 comm_func.h 的代码如下：(篇幅所限，删除了头文件和非必要函数)

```
int    daemon_init();
```

文件 comm_func.cpp 的代码如下：(篇幅所限，删除了非必要函数)

```
#include "comm_func.h"
int daemon_init()
{
    struct sigaction act;
    int i, maxfd, fd_rd, fd_wr;
```

第 7 章　信号和进程

```cpp
// 1. 调用 fork(),然后父进程退出,子进程继续运行
if(fork()!=0)
    exit(0);
// 2. 调用 setsid()创建新的 session
if(setsid()<0)
    return -1;
// 3. 忽略信号 SIGHUP,再次调用 fork(),然后父进程(session 的头进程)退出
act.sa_handler=SIG_IGN;
sigemptyset(&act.sa_mask);
act.sa_flags=0;
if(sigaction(SIGHUP, &act, NULL)<0){
    printf("sigaction error.");
    exit(0);
}
if(fork()!=0)
    exit(0);
// 4. 调用函数 chdir("/"),使进程不使用任何目录
chdir("/");
// 5. 调用函数 unmask(0),使进程对任何写的内容有权限
umask(0);
// 6. 关闭所有打开的文件描述符
maxfd=sysconf(_SC_OPEN_MAX);    //返回系统最大的文件描述符
for(i=0; i<NOFILE; i++)
    close(i);
// 7. 为标准输入(文件描述符等于 0)、标准输出(文件描述符等于 1)、标准错误输出(文件描述符等于 2),打开新的文件描述符,实现重定向
fd_rd=open("/dev/null", O_RDONLY);
fd_wr=open("/root/daemon.log", O_WRONLY);
dup(fd_rd);
dup(fd_wr);
dup(fd_wr);
// 8. 处理信号 SIGCLD,避免守护进程的子进程成为僵尸进程
signal(SIGCHLD, SIG_IGN);
return 0;
}
```

文件 daemon_server.cpp 的代码如下:

```cpp
#include "comm_func.h"
#include <iostream>
#include <sys/types.h>
```

```cpp
#include <unistd.h>
#include<stdio.h>
#include<stdlib.h>
#include<errno.h>
using namespace std;
int prg_server(short port);
int main(int argc, char **argv)
{
    if(argc<2){
        cout<<"argument invalid"<<endl;
        return 1;
    }
    short port=atoi(argv[1]);
    if(argc == 3 && strcmp(argv[2], "-d") == 0) {
        if(daemon_init()<0) {
            cout<<"dameon_init error"<<endl;
            return 1;
        }
    }
    return prg_server(port);
}
int prg_server(short port)
{
    int sockfd=socket(AF_INET, SOCK_DGRAM, 0);
    if(sockfd == -1) {
        cout<<"create socket error"<<endl;
        return 1;
    }
    sockaddr_in addr;
    bzero(&addr, sizeof(addr));
    addr.sin_family=AF_INET;
    addr.sin_port=htons(port);
    addr.sin_addr.s_addr=htonl(INADDR_ANY);
    cout<<"ip "<<ntohl(INADDR_ANY)<<"    port"<<ntohs(addr.sin_port)<<endl;
    if(bind(sockfd, (struct sockaddr *)&addr, sizeof(addr)) == -1) {
        cout<<"bind error"<<endl;
        return 1;
    }
    for(; ; ){
```

```cpp
        char    buf[32];
        sockaddr_in    client_addr;
        socklen_t    addr_len=sizeof(sockaddr_in);
        int n=recvfrom(sockfd, buf, 32, 0, (struct sockaddr *)&client_addr, &addr_len);
        cout<<"recv "<<n<<" bytes"<<endl;
        if(n>=0) {
            if(pid_t pid=fork() == 0) {
                usleep(100);
                exit(0);
            }
            buf[n]=0;
            cout<<"recv:"<<buf<<endl;
            cout<<"client addr len:"<<(int)addr_len<<endl;
            cout<<"client addr.ip:"<<inet_ntoa(client_addr.sin_addr)<<endl;
            cout<<"client addr.port:"<<ntohs(client_addr.sin_port)<<endl;
            struct timeval tv;
            gettimeofday(&tv, NULL);
            sprintf(buf, "%d %d", htonl((int)tv.tv_sec), htonl((int)tv.tv_usec));
            cout<<"send:"<<buf<<endl;
            cout<<"send len:"<<strlen(buf)<<endl;
            if(sendto(sockfd, buf, strlen(buf), 0, (struct sockaddr *)&
                    client_addr, sizeof(client_addr)) == -1)
                cout<<"send error:"<<strerror(errno)<<endl;
        }
    }
    close(sockfd);
    return 0;
}
```

7.3.2 超级守护进程

　　一台计算机常常提供成百上千的服务，这些服务都以守护进程的形式来运行，但很多服务在很长的时间内都很少被使用，如打印服务，可能几个月才打印一两张纸的文件。如果全都让这些服务运行，会空占大量资源。

　　针对这种情况，可以采用超级服务器的方式。超级服务器是为服务器服务的程序。超级服务器需要一个配置文件，在文件上记录各个守护进程的端口号、文件路径、参数、通信协议等；大量的守护进程先不启动，而是静静地停留在磁盘上；超级服务器按照配置表上的信息，监听所有守护进程的端口，一旦对某个端口有请求，就调用相应的守护进程进行服务；当这项服务完成并预估短期内不会再用时，就关闭这个守护进程。

我们以 inetd 超级守护进程来说明配置表的情况，inetd(Internet Daemon)在 Linux 的很多的版本中已不使用，但其方法仍普遍适用；同时 inetd 比较简单，有利于了解超级服务器的概念。inetd 在系统启动时，从配置文件/etc/inetd.conf 中读取信息，该文件中给出了预备服务的列表。

表项字段定义为 service type protocol wait user server cmdline。其含义如下：

service：服务名，要在/etc/service 文件内查找这个服务名，并把它转为端口号。

type：套接字类型，stream(面向连接，TCP)或 dgram(数据报，UDP)。

protocol：协议名。

wait：只用于 dgram 套接字。wait 表示循环，nowait 表示并发。

user：用户身份，通常是 root。

server：准备执行的服务器的路径名。

cmdline：命令行参数。

图 7.4 所示是其中一段列表。第一个预备的服务，服务名为 ftp，采用流式套接字 TCP 协议，以并发的方式运行；有一项 time 服务，采用数据报套接字 UDP 协议，以并发的方式运行；internal 表示是系统内部服务。

```
#
# inetd services
ftp         stream tcp nowait root    /usr/sbin/ftpd      in.ftpd -1
telnet      stream tcp nowait root    /usr/sbin/telnetd   in.telnetd -b/etc/issue
#finger     stream tcp nowait bin     /usr/sbin/fingerd   in.fingerd
#tftp       dgram  udp wait   nobody  /usr/sbin/tftpd     in.tftpd
#tftp       dgram  udp wait   nobody  /usr/sbin/tftpd     in.tftpd /boot/diskless
login       stream tcp nowait root    /usr/sbin/rlogind   in.rlogind
shell       stream tcp nowait root    /usr/sbin/rshd      in.rshd
exec        stream tcp nowait root    /usr/sbin/rexecd    in.rexecd
#
#       inetd internal services
#
daytime     stream tcp nowait root internal
daytime     dgram  udp nowait root internal
time        stream tcp nowait root internal
time        dgram  udp nowait root internal
echo        stream tcp nowait root internal
echo        dgram  udp nowait root internal
discard     stream tcp nowait root internal
discard     dgram  udp nowait root internal
chargen     stream tcp nowait root internal
chargen     dgram  udp nowait root internal
```

图 7.4　超级守护进程的配置文件

第 8 章 进程间通信

8.1 概 述

Linux 内核主要由五个子系统组成：进程调度、内存管理、虚拟文件系统、网络接口、进程间通信(Inter Process Communication，IPC)。Linux 提供了多种进程间的通信机制，其中信号和管道是最基本的两种，其他包括消息队列、信号灯及共享内存等。套接字也可以用来实现 IPC。

(1) 信号(Signal)：用于通知接收进程有某种事件发生。

(2) 管道(Pipe)：分为无名管道(Pipe，简称管道)和有名管道(Named Pipe，也称命名管道或 FIFO)。前者用于具有亲缘关系的进程间通信；后者既可以实现无名管道的所有功能，也允许无亲缘关系进程间进行通信。

(3) 消息(Message)队列：消息队列是消息的链表，有写权限的进程可以向队列中添加消息，有读权限的进程可以从队列中读出消息。消息队列克服了信号承载信息量少，管道只能承载无格式字节流以及缓冲区大小受限等的缺点。

(4) 信号灯(Semaphore)：主要作为进程间以及同一进程不同线程之间的同步手段。

(5) 共享内存：使得多个进程可以访问同一块内存空间，是同一台计算机上运行速度最快的 IPC 机制，是针对其他通信机制运行效率较低而设计的。共享内存常常需要与其他通信机制如信号量(也称信号灯)结合使用，达到进程间的同步及互斥。

(6) 套接字(Socket)和 Unix 域套接字(Unix Domain Socket)：套接字可用于进程间通信，可跨越主机进行数据交互。而 Unix 域套接字将文件系统路径作为地址，不存在 IP 地址和端口号，因为它不需要经过网络栈的额外开销，所以在本地主机上的速度更快。Unix 域套接字不能在不同主机之间通信。

进程是 Linux 系统下功能实施的主要实体，网络程序通常涉及多个进程之间相互作用，而各进程在独立地址空间运行，无法通过全局变量和参数传递实现信息共享，所以 IPC 机制是网络程序设计的一项重要内容。

8.2 管道和命名管道

8.2.1 管道

管道是进程间通信最古老的方式,所有的类 Unix 系统都支持这种机制。管道分为无名管道和有名管道。在使用中,无名管道通常被简称为管道,它是一种特殊类型的内存文件,数据只能单向流动,适用于具有亲缘关系的进程间通信,如父、子进程间的通信或兄弟进程间的通信。如果要在进程间实现管道的双向数据传输,就必须创建两个流向相反的管道。命名管道则是一种存在于文件系统中的全双工通信机制,可用于无亲缘关系的进程间通信。无论是有名管道还是无名管道,都是先进先出(FIFO)队列,其数据被读出后就不再存于队列中。无名管道的创建方法如下:

    int pipe(int fd[2]);

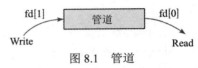

图 8.1 管道

其中,**fd** 是用于通信的一对文件描述符,fd[0]用于读,fd[1]用于写,如图 8.1 所示。fd 是数组型参数,相当于指针,创建出的两个文件描述符被存放在数组中。

返回值等于 0 表示成功,返回值等于 −1 表示失败。

一个进程向管道中写的内容被管道另一端的进程读出,写入的内容每次都添加在管道缓冲区的末尾,且每次都是从缓冲区的头部读出数据,是先入先出(先进先出)的数据流方式,不支持 lseek()等文件定位操作。向管道中写入数据时,Linux 不保证写入的原子性,管道缓冲区一旦有空闲区域,写进程就会试图向管道写入数据。管道满之后,如果读进程不读管道缓冲区中的数据,那么写操作将一直阻塞。管道的写端对读端具有依赖性,只有管道的读端存在时,向管道中写入数据才有意义;否则,向管道中写入数据的进程将收到内核传来的 SIGPIPE 信号,应用程序可以处理该信号,也可以忽略(默认动作是应用程序终止)。

一般来说,进程间需要双向通信,所以需要创建两个管道。其流程是:

(1) 用 pipe 函数创建两个管道:pipe1 和 pipe2。
(2) 调用 fork()创建子进程。
(3) 父进程用 pipe1 写数据(关闭 pipe1 的读端口),pipe2 读数据(关闭 pipe2 的写端口)。
(4) 子进程用 pipe1 读数据(关闭 pipe1 的写端口),pipe2 写数据(关闭 pipe2 的读端口)。
(5) 父子进程各自使用未关闭的端口进行通信。

下面是使用管道实现父子进程间双向通信的代码。

文件 pipe.cpp 的代码如下:

```
#include <unistd.h>
#include <iostream>
#include<stdio.h>
#include<stdlib.h>
```

```cpp
#include<errno.h>
using namespace std;
int main(int argc, char **argv)
{
    int pipe1[2], pipe2[2];
    char pstr[]="parent data";
    char cstr[]="child data";
    char buf[100];
    if(pipe(pipe1)<0||pipe(pipe2)<0)
        cout<<"pipe error"<<endl;
    pid_t pid=fork();
    if(pid>0)
    {
    sleep(1); //父进程用 pipe1 写数据, pipe2 读数据
        close(pipe1[0]);          //关闭 pipe1 的读端口
        close(pipe2[1]);          //关闭 pipe2 的写端口
        write(pipe1[1], pstr, sizeof(pstr));
        if(read(pipe2[0], buf, 100)>0)
            cout<<"parent received:"<<buf<<endl;
    }
    else if(pid == 0)
    {
        //子进程用 pipe1 读数据, pipe2 写数据
        close(pipe1[1]);          //关闭 pipe1 的写端口
        close(pipe2[0]);          //关闭 pipe2 的读端口
        if(read(pipe1[0], buf, 100)>0)
            cout<<"child received:"<<buf<<endl;
        write(pipe2[1], cstr, sizeof(cstr));
        exit(0);
    }
    else
        cout<<"fork error"<<endl;
    return 0;
}
```

管道通信的进程特点是：后代可以使用先辈创建的资源，而先辈不能使用后代创建的资源。管道是一种特殊文件，先辈进程使用 pipe()函数创建了文件，先辈进程本身和后代进程都是通过文件描述符来使用这个文件，并没有再次创建文件。如果两个进程具有亲缘关系，或者两个进程曾经具有亲缘关系，只要它们的管道是由同一个祖先创建的，这两个进程就可以使用管道进行通信，甚至这两个进程是孤儿进程都可以。在下面例子中，由同

一个父进程创建了两个孤儿进程,其中一个孤儿进程已经成为另一个会话组的成员了,这两个进程之间仍然可以使用管道通信。

文件 pipe_orphanSib.cpp 的代码如下:

```cpp
#include <unistd.h>
#include <sys/types.h>
#include <sys/stat.h>
#include <iostream>
#include<stdio.h>
#include<stdlib.h>
#include<string.h>
#include<errno.h>
using namespace std;
int main(int argc, char **argv)
{
    int pipe1[2], pipe2[2];
    char child1[]="hello";
    char child2[]="welcome";
    char recv1[16];
    char recv2[16];
    pid_t pid;
    if(pipe(pipe1)<0 || pipe(pipe2))
        cout<<"pipe error"<<endl;
    pid=fork();
    if(pid<0)
        exit(1);
    else if(pid == 0){   //child B
        setsid();
        if(fork() == 0)
        {
            sleep(1);
            cout<<"child B..."<<endl;
            close(pipe1[1]);        //关闭 pipe1 的写端口
            close(pipe2[0]);        //关闭 pipe2 的读端口
            if(read(pipe1[0], recv2, 16)>0)
                cout<<"child B received:"<<recv2<<endl;
            write(pipe2[1], child2, strlen(child2));
            exit(0);
        }
        else
```

```
            exit(0);
    }
    pid=fork();
    if(pid<0)
        exit(1);
    else if(pid == 0){                    // child A
        if(fork() == 0)
        {
            sleep(2);
            cout<<"child A..."<<endl;
            close(pipe1[0]);          //关闭 pipe1 的读端口
            close(pipe2[1]);          //关闭 pipe2 的写端口
            write(pipe1[1], child1, strlen(child1));
            if(read(pipe2[0], recv1, 16)>0)
                cout<<"child A received:"<<recv1<<endl;
            exit(0);
        }
        else
            exit(0);
    }
    cout<<"parent exit."<<endl;
}
```

管道可以实现 1 对多进程的通信,通常是 1 个父进程与多个子进程之间的通信。例如,某服务器包含 1 个父进程和 N 个子进程,父进程首先创建管道,然后才创建子进程。当父进程接收到客户机请求时,认为需要使用子进程完成服务,父进程就通过管道告知子进程来执行服务。由于管道中的数据读取后就被擦除,因此只会有某一个子进程收到数据,其工作方式类似于网络中的任播。

下面的代码中,父进程创建 pipe1 和 pipe2 两对管道,用 pipe1 写数据,用 pipe2 读数据;然后父进程创建 5 个子进程,每个子进程都从 pipe1 读数据,用 pipe2 写数据。父进程每 3 s 写入管道一组数据,数据会被某一个子进程读取,并给予答复。

文件 pipe_mChd.cpp 的代码如下:

```
#include <unistd.h>
#include <unistd.h>
#include <iostream>
#include<stdio.h>
#include<stdlib.h>
#include<string.h>
#include<errno.h>
using namespace std;
```

```cpp
int main(int argc, char **argv)
{
    int pipe1[2], pipe2[2];
    char pstr[]=" parent data";
    char cstr[]=" child data";
    char buf[100];
    if(pipe(pipe1)<0||pipe(pipe2)<0)
        cout<<"pipe error"<<endl;
    for(int i=0; i<5; i++)
    {
        pid_t pid=fork();
        if(pid == 0)
        {
            //子进程用 pipe1 读数据，pipe2 写数据
            close(pipe1[1]);        //关闭 pipe1 的写端口
            close(pipe2[0]);        //关闭 pipe2 的读端口
            while(1)
            {
                if(read(pipe1[0], buf, 100)>0)
                    cout<<"child "<<getpid()<<" received:"<<buf<<endl;
                bzero(buf, 100);
                strcat(buf, cstr);
                sprintf(buf+sizeof(cstr)-1, " pid=%d", getpid());
                write(pipe2[1], buf, sizeof(buf));
            }
            exit(0);
        }
        else if(pid<0)
        {
            cout<<"fork error"<<endl;
            exit(1);
        }
    }
    //父进程用 pipe1 写数据，pipe2 读数据
    close(pipe1[0]);        //关闭 pipe1 的读端口
    close(pipe2[1]);        //关闭 pipe2 的写端口
    sleep(2);
    while(1)
    {
```

```
            write(pipe1[1], pstr, sizeof(pstr));
            if(read(pipe2[0], buf, 100)>0)
                cout<<"parent received:"<<buf<<endl;
            sleep(3);
        }
        return 0;
    }
```

8.2.2 命名管道

有名管道与一个路径名关联,以 FIFO 类型文件的形式存在于文件系统中。这样,即使与 FIFO 的创建进程不存在亲缘关系的进程,只要可以访问该路径,就能够彼此通过 FIFO 相互通信。有名管道的创建方法如下:

        int mkfifo (char *pathname, mode_t mode);

其中,pathname 为有名管道名称,绝对路径名;mode 为打开文件的模式。

返回值等于 0 表示成功,返回值等于 -1 表示失败。

函数的第一个参数是一个普通的路径名,也就是创建后 FIFO 的名字。第二个参数与打开普通文件的 open()函数中 mode 参数相同,即可读、可写等。如果 mkfifo 的第一个参数的路径名不存在,就会被创建出来;如果是一个已经存在的路径名,就会返回 EEXIST 错误。所以,一般典型的调用代码首先会检查是否返回 EEXIST 错误,如果返回该错误,那么就无须再创建,而是直接调用打开 FIFO 的函数即可。生成了有名管道后,就可以使用一般的文件 I/O 函数如 open、close、read、write 等来对它进行操作。

删除 FIFO 使用函数:

        unlink(path);

下面是使用有名管道实现非亲进程间通信的代码。

文件 fifo_server.cpp 的代码如下:

```
        #include <unistd.h>
        #include <sys/types.h>
        #include <sys/stat.h>
        #include <iostream>
        #include <errno.h>
        #include<stdio.h>
        #include<stdlib.h>
        #include <fcntl.h>
        #include <sys/wait.h>
        #include <sys/time.h>
        #include <signal.h>
        #include <string.h>
        using namespace std;
```

```cpp
#define FIFO_NAME "/tmp/fifo_test"
int main(int argc, char **argv)
{
    char pstr[]="server data";
    if(mkfifo(FIFO_NAME, O_CREAT|O_EXCL)<0&&(errno!=EEXIST))
        cout<<"create fifo error"<<endl;
    int fd;
    if(argc == 2&&strcmp(argv[1], "-b") == 0)
        fd=open(FIFO_NAME, O_WRONLY, 0);
    else
        fd=open(FIFO_NAME, O_WRONLY|O_NONBLOCK, 0);
    if(fd!=-1)
        cout<<"open success"<<endl;
    else{
        perror("open fail");
        return 0;
    }
    int write_num=write(fd, pstr, sizeof(pstr));
    if(write_num == -1){
        if(errno=EAGAIN)
            cout<<"write fifo error, try later:"<<endl;
    }
    else
        cout<<"real write num is:"<<write_num<<endl;
    return 0;
}
```

文件 fifo_client.cpp 的代码如下:

```cpp
#include <unistd.h>
#include <sys/types.h>
#include <sys/stat.h>
#include <iostream>
#include <errno.h>
#include <stdio.h>
#include <stdlib.h>
#include <fcntl.h>
#include <sys/wait.h>
#include <sys/time.h>
#include <signal.h>
#include <string.h>
```

```cpp
using namespace std;
#define FIFO_NAME "/tmp/fifo_test"
int main(int argc, char **argv)
{
    char buf[1024];
    int fd;
    if(argc == 2&&strcmp(argv[1], "-b") == 0)
        fd=open(FIFO_NAME, O_RDONLY, 0);
    else
        fd=open(FIFO_NAME, O_RDONLY|O_NONBLOCK, 0);
    if(fd!=-1)
        cout<<"open success"<<endl;
    else{
        perror("open fail");
        return 0;
    }
    int read_num=20;
    memset(buf, 0, sizeof(buf));
    read_num=read(fd, buf, 1024);
    if(read_num == -1)
    {
        if(errno == EAGAIN)
            cout<<"no data, try later:"<<endl;
    }
    else
    {
        cout<<"real read bytes:"<<read_num<<endl;
        cout<<"read data:"<<buf<<endl;
    }
    //删除管道文件
    //unlink(FIFO_NAME); //如果要删除路径,就取消这句注释的双斜杠
    return 0;
}
```

其中,fifo_server 创建一个有名管道,并写入字符串;fifo_client 打开这个有名管道,将字符串读出。fifo_server 可以通过命令行参数设置为阻塞式或非阻塞式。在本书的例程中不要将读、写两个进程都设为非阻塞式,否则不易调试。

FIFO 关联的路径文件例如/tmp/fifo_test,看起来像普通文件,但并不能用文本编辑器打开它,也不能删除它。在调试时可以使用一个先前存在的文本文件作为路径,再使用 nautilus 工具(在 Shell 输入 nautilus 并回车)以完全权限打开文件管理器,然后用文本编辑器

打开路径文件进行观察但不能修改，也可以删除路径文件。

使用有名管道同样需要注意，数据一旦被读取就不复存在 FIFO 中，如果是 1 对多的进程间通信，其效果类似于任播。

8.3 Unix 域套接字

8.3.1 命名 Unix 域套接字

Unix 域协议不是真正的网络协议，它只提供同一台计算机上的进程间通信，是双向通道。Uinix 域套接字形式上与网络 Socket 极其相似，编程方法也类似。Unix 域套接字分为命名和非命名两种，功能分别与命名管道和非命名管道类似。

命名 Unix 域套接字的创建代码如下：

  int socket(AF_UNIX, SOCK_STREAM, 0)

  int socket(AF_UNIX, SOCK_DGRAM, 0)

地址结构如下：

```
struct sockaddr_un
{
    short int sun_family;
    char sun_path[104];
}
```

其中，sun_path 关联一个文件名，与有名管道的情况类似。Unix 域套接字使用这个地址结构执行 bind()、listen()、accept()、read()、write()等函数。在 C/S 模型中，这个文件由服务器创建，服务器自动拥有读写这个文件的权限；如果客户机想访问服务器，它就必须拥有打开此文件的权限。客户机调用 connect()时，若倾听套接字的队列已满，connect()函数不会等待，而是会立即返回 ECONNREFUSED。

(1) 文件 unixipc_server.cpp 的代码如下：

```cpp
#include <sys/socket.h>
#include <arpa/inet.h>
#include <netinet/in.h>
#include <sys/un.h>
#include <unistd.h>
#include <sys/types.h>
#include <sys/stat.h>
#include <iostream>
#include <errno.h>
#include <stdio.h>
#include <stdlib.h>
```

```cpp
#include <fcntl.h>
#include <sys/wait.h>
#include <sys/time.h>
#include <signal.h>
#include <string.h>
using namespace std;
#define UNIX_SOCKET "/tmp/unix_socket"
int main(int argc, char **argv)
{
    int sockfd=socket(AF_UNIX, SOCK_STREAM, 0);
    //服务器调用 bind，绑定 Unix 域 Socket 和指定的地址
    struct sockaddr_un addr;
    bzero(&addr, sizeof(addr));
    unlink(UNIX_SOCKET); //删除将要创建的文件，否则绑定失败
    addr.sun_family=AF_UNIX;
    sprintf(addr.sun_path, "%s", UNIX_SOCKET);
    bind(sockfd, (struct sockaddr *)&addr, sizeof(addr));
    //服务器调用 listen，转化为侦听 Socket
    listen(sockfd, 5);
    //服务器调用 accept，接收客户端连接
    while(1)
    {
        int new_fd=accept(sockfd, NULL, NULL);
        if(new_fd == -1)
        {
            cout<<"accept error"<<endl;
            continue;
        }
        int n;
        do
        {
            char buf[512];
            n=recv(new_fd, buf, 512, 0);
            if(n>0)
            {
                buf[n]=0;
                cout<<"recv:"<<buf<<endl;
                n=send(new_fd, buf, n, 0);
            }
```

```
            }while(n>0);
            close(new_fd);
        }
        close(sockfd);
        return 0;
    }
```
(2) 文件 unixipc_client.cpp 的代码如下:
```cpp
#include <sys/socket.h>
#include <arpa/inet.h>
#include <netinet/in.h>
#include <sys/un.h>
#include <unistd.h>
#include <sys/types.h>
#include <sys/stat.h>
#include <iostream>
#include <errno.h>
#include <stdio.h>
#include <stdlib.h>
#include <fcntl.h>
#include <sys/wait.h>
#include <sys/time.h>
#include <signal.h>
#include <string.h>
using namespace std;
#define UNIX_SOCKET "/tmp/unix_socket"
int main(int argc, char **argv)
{
    //客户端创建 Unix 域 Socket(同服务器)
    int sockfd=socket(AF_UNIX, SOCK_STREAM, 0);
    //客户端调用 connect 连接服务器
    struct sockaddr_un addr;
    char   path[104]=UNIX_SOCKET;
    int len;
    bzero(&addr, sizeof(addr));
    addr.sun_family=AF_UNIX;
    sprintf(addr.sun_path, "%s", UNIX_SOCKET);
    len=strlen(addr.sun_path)+sizeof(addr.sun_family);
    if(connect(sockfd, (struct sockaddr *)&addr, len) == -1)
    {
```

```
            cout<<"connect error"<<endl;
            return 1;
        }
        do{
            char buf[512];
            int n;
            cout<<">";
            fgets(buf, 512, stdin);
            if(send(sockfd, buf, strlen(buf), 0) == -1)
            {
                cout<<"send error"<<endl;
                break;
            }
            if((n=recv(sockfd, buf, 512, 0))<=0)
            {
                cout<<"recv error"<<endl;
                break;
            }
            else
            {
                buf[n]=0;
                cout<<"recv:"<<buf<<endl;
            }
        }while(1);
        close(sockfd);
        return 0;
    }
```

8.3.2 非命名 Unix 域套接字

非命名 Unix 域套接字又称 Unix 域套接字对，其创建函数是：

  int socketpair(int family, int type, int protocol, int fd[2]);

该函数生成两个 Unix 域 Socket，并连接在一起，全双工运行且通信前不需要连接，通常用于父子进程之间的通信。其中，family 必须是 AF_UNIX；type 指定类型为 SOCK_STREAM 或 SOCK_DGRAM；protocol 设置为 0；fd 存储已创建的 Socket。

返回值等于 0 表示成功，返回值等于 -1 表示失败。

使用时，父、子进程各自保留一个 fd，关掉另一个 fd，用自己保留下来的 fd 进行全双工通信，如图 8.2 所示。父进程保留 fd[0]，关掉 fd[1]；子进程保留 fd[1]，关掉 fd[0]；然后双方利用保留下来的文件描述符实现通信。

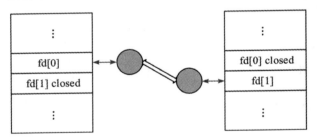

图 8.2 Unix 域套接字对工作方式

文件 socket_pair.cpp 的代码如下：

```cpp
#include <sys/socket.h>
#include <sys/un.h>
#include <unistd.h>
#include <sys/types.h>
#include <sys/stat.h>
#include <iostream>
#include <errno.h>
#include <stdio.h>
#include <stdlib.h>
#include <fcntl.h>
#include <sys/wait.h>
#include <sys/time.h>
#include <signal.h>
#include <string.h>
using namespace std;
int main(int argc, char **argv)
{
    int sockfd[2];
    char buf[32];
    if(socketpair(AF_UNIX, SOCK_STREAM, 0, sockfd)<0)
    {
        cout<<"socketpair error"<<endl;
        return 1;
    }
    pid_t pid=fork();
    if(pid>0)
    {
        close(sockfd[0]);
        send(sockfd[1], "a", 1, 0);
```

```
            recv(sockfd[1], buf, 1, 0);
            cout<<"a->"<<buf<<endl;
    }
    else if(pid == 0)
    {
            close(sockfd[1]);
            recv(sockfd[0], buf, 1, 0);
            buf[0]=toupper(buf[0]);
            send(sockfd[0], buf, 1, 0);
            exit(0);
    }
    else
            cout<<"fork error"<<endl;
    return 0;
}
```

8.4 信号灯和共享内存

8.4.1 信号灯

信号灯(Semaphore)也称信号量,它与共享内存都是继承自 System V 的,以文件形式实现的进程间交互机制。System V 的这些继承者在使用 IPC 文件时,首先都要将文件转换为键值,然后以键值为索引值进行操作。将文件转换为键值的函数如下:
    key_t ftok(const char *pathname, int id);
其中,pathname 指定文件名,文件必须存在和可访问;id 是一个 8 bit 子序号,取值范围是 0~255。

当函数执行成功时,则返回 key_t 类型键值(类似 pid_t 的整数);当函数执行失败时,则返回 -1。Unix 及类 Unix 系统中,通常是在文件的索引节点前面加上子序号,得到 key_t 的值。

ftok()函数根据操作系统中任意一个全路径文件都是唯一的,其索引值也是唯一的这个特性,增加进一步的识别信息(id)构成一个唯一身份码。但使用 ftok()函数需要谨慎,文件或目录可能被删除后又重新创建出来,文件系统会赋予这个同名文件新的索引值,如果 id 值又相同,那么同样的参数 ftok()会返回不同的主键值,多进程间通信时就会发生错误。所以,pathname 应选择比较接近根目录,应用中不会被删除的文件。

信号灯 semaphore 提供一种对进程间共享资源访问的控制机制,相当于内存中的标志。进程可以根据标志进行进程同步,也可以根据它判定是否可以访问某些共享资源;进程可以修改该标志来显示这些资源是否被占用，以及这些资源被多少进程占用。信号灯有以下两种类型：

(1) 二值信号灯：最简单的信号灯形式，信号灯的值只能取 0 或 1，类似于互斥锁。
(2) 计算信号灯：信号灯的值可以取(系统允许的范围内的)任意整数值。

多个协作进程以引用计数的方式对信号灯文件进行操作，典型的应用过程：首先将信号灯的初值置为1(也可以是其他整数)，表示共享文件允许访问；当一个进程想访问共享文件时，它执行"检测并设置"操作，检测出当前值大于 0 表明资源可用，就把信号灯值减 1，然后访问文件；这时如果另外一个进程也想访问该文件，它同样执行一个"检测并设置"操作，检测出当前值小于等于 0 表明资源不可用，进程进入阻塞状态，同时信号灯值又被减 1，表示有更多的进程正在等待占用此文件。使用完共享资源后，进程把信号灯值 + 1，就会唤醒一个等待中的进程。如此执行，可以实现多进程对共享资源的无冲突读写。

信号灯采用灯组式结构，如图 8.3 所示。针对一个键值创建一个信号灯组，可含有若干个灯，系统提供的操作可以只对其中一个灯施行，也可对整个数组施行。

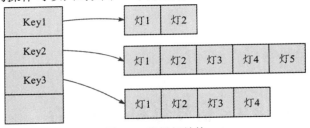

图 8.3 信号灯结构

对信号灯的操作有三种：打开或创建信号灯、获得或设置信号灯属性、信号灯值的操作。对应函数如下：

```
#include <sys/types.h>
#include <sys/ipc.h>
#include <sys/sem.h>
int semget(key_t key, int nsems, int semflg);
int semctl(int semid, int semnum, int cmd, union semun arg);
int semop(int semid, struct sembuf* sops, unsigned nsops);   //数组、个数
```

其中的结构如下：

```
struct sembuf
{
    unsigned short    sem_num;         //灯在灯组中的序号
    short             sem_op;          //操作、+1、-1 等
    short             sem_flg;         // IPC_NOWAIT、SEM_UNDO 等
};
```

其中，IPC_NOWAIT 表示非阻塞；SEM_UNDO 表示进程退出时取消原来对信号灯的操作。例如，原来进行过 -1 操作，当程序异常退出时，操作系统会自动进行 +1 操作。

其中的联合定义如下：

```
union semun{     //一些参数
```

```
        int val;
        struct semid_ds *buf;
        ushort *array;
    }
```
删除信号灯操作如下：
```
    union semun dummy;
    int semid;
    semctl(semid, 0, IPC_RMID, dummy);
```
或
```
    semctl(semid, 0, IPC_RMID, 0);   //第五个参数被忽略
```

下面例程演示了对信号灯操作的情况：运行第一个实例，输入参数 -c 创建一组包含 12 个灯的信号灯，信号灯初值设置为全 5；程序每秒检测一次信号灯值，如果有变化就刷新显示；运行第二个实例，输入参数 -1，对第二个信号灯进行减 1 操作，可以看到第一个实例显示的变化；运行更多的实例，可以看到多进程都可以访问信号灯。也可以把某个进程异常退出，观察 SEM_UNDO 的效果。

图 8.4 所示是程序运行的结果，上面的窗口是创建者进程，下面两个窗口是两个使用者进程，任意一个使用者都可以改变信号灯的值。

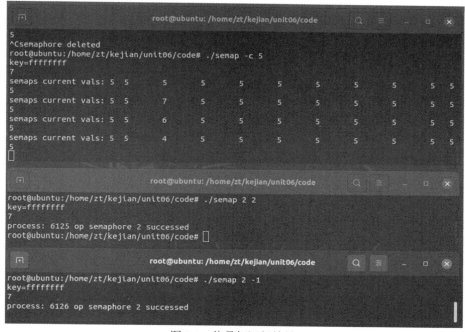

图 8.4　信号灯运行结果

文件 semap.cpp 的代码如下：
```
    #include <unistd.h>
    #include <sys/types.h>
    #include <sys/stat.h>
    #include <iostream>
```

```cpp
#include <errno.h>
#include <stdio.h>
#include <stdlib.h>
#include <fcntl.h>
#include <sys/wait.h>
#include <sys/time.h>
#include <signal.h>
#include <string.h>
using namespace std;
#include <sys/types.h>
#include <sys/ipc.h>
#include <sys/sem.h>
#include <stdio.h>
#include <signal.h>
#define    SEM_NAME "/tmp/sem_name.tmp"
#define    SEM_NUM 12
void sigint_handler(int);
int semid;
struct sembuf semf;
int main(int argc, char*argv[])
{
    int i, n, m, bOnce;
    key_t key;
    short initarray[SEM_NUM], outarray[SEM_NUM], old_outarray[SEM_NUM];
    for(i=0; i<SEM_NUM; i++)
    {
        initarray[i]=5;
        outarray[i]=0;
        old_outarray[i]=0; //存放上一次检测出的状态，与当前状态对比，若不同则刷新显示
    }
    key=ftok(SEM_NAME, 'a');
    cout<<"key="<<hex<<(unsigned int)key<<endl;
    if(argc!=3)
    {
        cout<<"usage:./semp -x y, :-c n--create n, -n +m--inc, -n -m--dec"<<endl;
        exit(1);
    }
    if(strcmp(argv[1], "-c") == 0) //该进程创建信号灯
    {
```

```cpp
        signal(SIGINT, sigint_handler);
        semid=semget(key, SEM_NUM, 0777 | IPC_CREAT);   //对文件的操作必须有权限
        semctl(semid, SEM_NUM, SETALL, initarray);      //写入数组的整体
        cout<<semid<<endl;
        for(; ; )
        {
            semctl(semid, SEM_NUM, GETALL, outarray);   //获取当前灯组值
            for(i=0; i<SEM_NUM; i++)
            {
                if(outarray[i]!=old_outarray[i])
                {
                    old_outarray[i]=outarray[i];
                    bOnce=1; //灯值有变化
                }
            }
            if(bOnce)
            {
                cout<<"semaps current vals: ";
                for(i=0; i<SEM_NUM; i++)
                    cout<<outarray[i]<<"\t";
                cout<<endl;
                bOnce=0;
            }
            sleep(1);
        }
    }else{  //该进程不创建，只使用信号灯
        n=atoi(argv[1]);
        if(n<1 || n>SEM_NUM)
        {
            cout<<"The number of semaphore should be between 1 and "<<SEM_NUM<<endl;
            exit(0);
        }
        m=atoi(argv[2]);
        semid=semget(key, SEM_NUM, 0777);
        semf.sem_num=n;
        semf.sem_op=m;
        semf.sem_flg=SEM_UNDO;
        cout<<semid<<endl;
        if(semop(semid, &semf, 1) == -1) //1 为操作个数
```

```cpp
            cout<<"process: "<<getpid()<<" op semaphore "<<n<<" failed"<<endl;
        else
            cout<<"process: "<<getpid()<<" op semaphore "<<n<<" successed"<<endl;
        sleep(15);
    }
}
void sigint_handler(int sig)
{
    semctl(semid, SEM_NUM, IPC_RMID, 0);
    cout<<"semaphore deleted"<<endl;
    exit(0);
}
```

8.4.2 共享内存

共享内存允许一个或多个进程通过虚拟地址空间中的一块内存来通信，此虚拟内存的页面被连接到每个共享进程的页表中，连接位置各自不同。遵循 System V 的文件使用方法，对共享内存的访问是通过键和访问权限来实现的。共享内存与用户空间连接后，系统就不会再检验进程对于对象的使用方式，因此共享内存需要借助其他机制如信号灯，来同步进程对共享内存的访问。

对大数据量交互来说，共享内存是运行速度最快的 IPC 方式，效率几乎与访问本进程内存的效率相同。

建立和使用共享内存的函数如下：

```cpp
#include <sys/types.h>
#include <sys/ipc.h>
#include <sys/shm.h>
int shmget(key_t key, int size, int shmflg);              //创建共享内存
char* shmat(int shmid, char* shmaddr, int shmflg); //将共享内存连接到当前进程空间的 shmaddr 位置
int shmdt(char* shmaddr);                                  //将共享区断开
int shmctl(int semid, int cmd, struct shmid_ds* buf); //管理及删除共享内存
```

下面例程演示了共享内存的情况：运行第一个实例，输入参数 -c，创建一组包含 256 个整数的共享内存，初始值随机；程序每秒检测一次共享内存值，如果有变化就刷新显示；运行第二个实例，输入参数 200，可以看到第一个实例的值变为 200；运行更多的实例，可以看到多进程都可以访问共享内存。图 8.5 所示是程序运行结果。

文件 shm.cpp 的代码如下：

```cpp
#include <unistd.h>
#include <sys/types.h>
#include <sys/stat.h>
#include <iostream>
```

```cpp
#include <errno.h>
#include <stdio.h>
#include <stdlib.h>
#include <fcntl.h>
#include <sys/wait.h>
#include <sys/time.h>
#include <signal.h>
#include <string.h>
#include <sys/ipc.h>
#include <sys/shm.h>
#define    MEM_SIZE 256
#define    MY_SHM "/dev/null"
using namespace std;
void sigint_handler(int);
int shm_id;
main(int argc, char** argv)
{
    int i, temp, bOnce;
    int* p_int;
    key_t key;
    int mSize=MEM_SIZE;
    if(argc!=2)
    {
        cout<<"usage 2 params:./shm -x, x:-c--create, -m--1M int, -any int--write; "<<endl;
        exit(1);
    }
    if(strcmp(argv[1], "-m") == 0) //-m 使用本地内存，用于对比共享内存与本地内存的效率
        mSize=1024*1024;
    int mem[mSize];
    key=ftok(MY_SHM, 'b');
    if(key == -1)
    {
        perror("ftok error");
        exit(1);
    }
    if(strcmp(argv[1], "-c") == 0 || strcmp(argv[1], "-m") == 0)    //创建共享内存
    {
        signal(SIGINT, sigint_handler);
        shm_id=shmget(key, mSize*sizeof(int), 0777|IPC_CREAT);
```

```cpp
if(shm_id == -1)
{
    perror("shmget error");
    exit(1);
}
p_int=(int*)shmat(shm_id, 0, 0);    //连接共享内存
for(i = 0; i<MEM_SIZE; i++)
{
    temp=rand();
    memcpy(p_int+i, &temp, sizeof(int));
}
if(shmdt(p_int) == -1)
{
    perror(" detach error ");
    exit(1);
}
cout<<"shm size is "<<mSize<<endl;
for(; ; ){
    p_int=(int*)shmat(shm_id, 0, 0);
    for(i=0; i<MEM_SIZE; i++)
    {
        if(*(p_int+i)!=mem[i])
        {
            mem[i]=*(p_int+i);
            bOnce=1;
        }
    }
    if(shmdt(p_int) == -1) {
        perror(" detach error ");
        exit(1);
    }
    if(bOnce){
        cout<<"shm current vals: ";
        for(i=0; i<MEM_SIZE; i++)
            cout<<mem[i]<<"\t";
        cout<<endl;
        bOnce=0;
    }
    sleep(1);
```

```
        }
    }else{//修改共享内存
        temp=atoi(argv[1]);
        shm_id=shmget(key, MEM_SIZE*sizeof(int), 0777);
        if(shm_id == -1){
            perror("shmget error");
            exit(1);
        }
        p_int=(int*)shmat(shm_id, 0, 0);    //连接共享内存
        for(i = 0; i<MEM_SIZE; i++)
            memcpy(p_int+i, &temp, sizeof(int));
        if(shmdt(p_int) == -1){
            perror(" detach error ");
            exit(1);
        }
    }
}
void sigint_handler(int sig)
{
    shmctl(shm_id, IPC_RMID, NULL);    //删除共享内存
    cout<<"share memeory deleted"<<endl;
    exit(0);
}
```

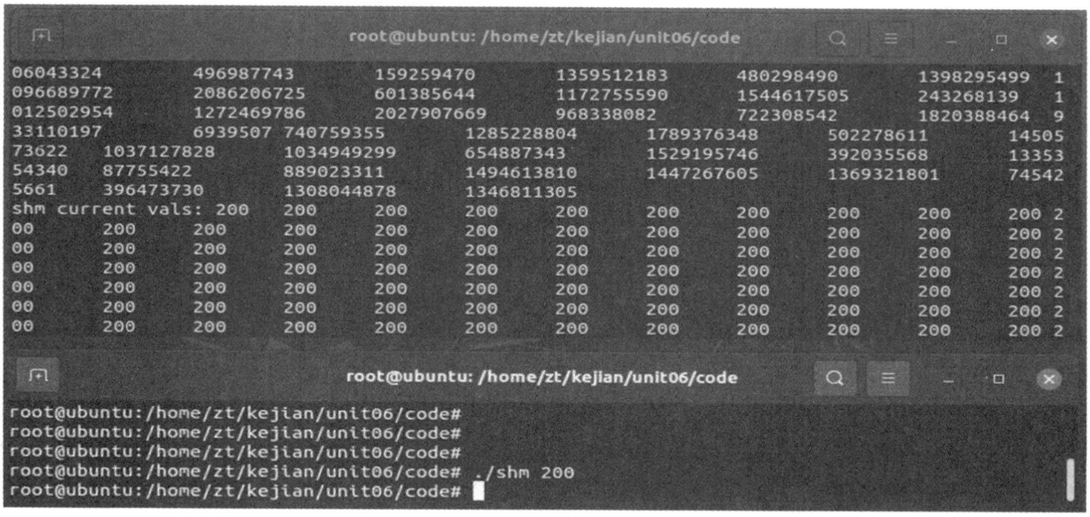

图 8.5 共享内存运行结果

第 9 章

I/O 模型和服务器模型

9.1 I/O 模型及编程

9.1.1 概述

Linux 系统主要实现 4 种输入/输出(I/O)模型：阻塞式 I/O、非阻塞式 I/O、多路复用和信号驱动 I/O。

阻塞式 I/O 模型是套接字的默认模型，所以一个刚刚创建的套接字一定是阻塞式套接字。阻塞式 I/O 模型的优点是编程简单，并且在进程被阻塞期间不占用 CPU 时间，因而不影响其他进程的工作效率；缺点是进程可能长期处于休眠状态，因此进程不能执行后续的任务，进程自身的效率较低。

非阻塞式 I/O 模型是指通过 fcntl()、ioctl()等函数对套接字进行设置，使得当 I/O 操作不能完成时，进程也不会进入休眠状态，而是立即返回一个错误。非阻塞式 I/O 模型的优点在于当 I/O 操作不能完成时，进程还可以执行后续的程序代码，提高了进程自身的工作效率；缺点是进程一直处于运行状态，可能占用大量的 CPU 时间来检测 I/O 操作是否完成，从而影响整个系统的运行效率。相对于阻塞式 I/O 模型，非阻塞式 I/O 模型编程复杂性高。

多路复用是阻塞式和非阻塞式 I/O 模型的一种综合运用，它将多个 I/O 通道合成一组，允许它们同时工作，并通过使用 select()函数来监视这一组 I/O 通道的状态，如果其中任何一个就绪，进程就可被激活，从而进行下一步的处理，否则进程就阻塞在 select()函数。只有在使用多个 I/O 通道时，多路复用方式才能体现其优势，如果只使用一个套接字，则这种方式效率不如阻塞式 I/O 模型。

信号驱动 I/O 模型的运行方式是：当描述符可以进行 I/O 操作时，操作系统内核会发出一个 SIGIO 信号，通知用户进程启动一个 I/O 操作。其余的时间里，用户进程不阻塞，可以执行其他操作。

Socket 函数集合中能够产生阻塞的函数有 4 类：

① 数据发送函数：包括 sendmsg()、sendto()、send()、write()和 writev()；

② 数据接收函数：包括 revvmsg()、recvfrom()、recv()、read()和 readv()；

③ 建立连接函数：connect()；

④ 接受连接函数：accept()。

这些函数有些是套接字所特有的，如 sendto()、connect()等；有些是通用的文件操作函数，如 write()、read()。一般来说，发送类函数会产生阻塞，但发生阻塞的概率较小，阻塞持续的时间较短；主要的阻塞发生在数据接收过程中，发生阻塞的概率大，阻塞持续的时间可能很长甚至永久；建立连接函数会产生阻塞，但阻塞时间限于三次握手的前两次所消耗的时间长度；接受连接函数如果没有客户机请求，服务器本身往往也无事可干，阻塞并不会造成严重影响。基于这些情况，对于同一个套接字，我们可以让它在一段时间运行于阻塞式状态，另一段时间运行于非阻塞状态，以达到让程序性能优秀，编程难度也不是很大的综合最优效果。

9.1.2 阻塞式 I/O 编程

阻塞式 I/O 编程简单，逻辑结构清晰，得到非常广泛的应用。但是，这种模型容易产生进程被长期甚至永久性阻塞的问题，因此程序员常常采用超时控制、并发服务等方法对这种模型加以改进。

在本书前面的章节里，Socket 服务器编程几乎都是采用阻塞式 I/O 模型，因此在这里不再赘述，仅讨论客户机的阻塞式 I/O 模型编程。

1. 基本的阻塞式程序

当客户机的进程只访问一个服务器进程，或访问多个服务器进程但这些进程之间有顺序关系时，选择阻塞式 I/O 是一个合适的方案，既不会降低系统效率，编程又简单。例如，从一个英语论文库中获取一篇英文论文，然后把它交给一个翻译服务程序将该论文译成汉语，这两项操作是一个有顺序关系的任务，适宜选用阻塞式 I/O 模型。

2. 超时控制

当使用多个套接字，而它们各自承担的任务没有必然的顺序关系时，可以采用超时控制的方法来提高程序的效率。在一个套接字阻塞一定时间后就从阻塞中跳出，启动下一个套接字工作，如此重复下去，可以实现多个套接字在总体上的并行运转，同时编程难度也较小。

1) 调用 alarm() 函数

调用 alarm() 函数是最常用的超时控制方法，因为信号可以中断函数的阻塞，而 alarm()函数可以在设定的时限到达时发出 SIGALRM 信号，所以我们可以在程序中捕获 SIGALRM 信号结束阻塞，唤醒用户进程进行下一步的操作。alarm()函数定义如下：

unsigned int alarm(unsigned int seconds);

输入超时的秒数，该函数立即执行，返回值是剩余秒数；如果输入 0，则立即返回 0，并且不会发出 SIGALRM 信号，所以 alarm(0)用于取消正在执行的超时。

alarm()函数与进程相关，与套接字描述符或者输入/输出通道无关。当使用多个输入/输出通道时，可能无法区分究竟在哪个通道上发生了阻塞。

当超时到达时，alarm()函数将发出信号 SIGALRM，这个信号的默认操作是终止进程，意味着如果不捕获 SIGALRM，则程序在阻塞一段时间后便会自动结束。需要注意的是，alarm()是一次性函数，而不是周期性函数。

下面一段代码中，我们在建立连接后，使用 alarm()每隔 5 s 读一次数据；在读到数据后就取消 alarm()定时，以免在后续的程序中又收到 SIGALRM 信号。

文件 alarmio.cpp 的代码如下：

```cpp
#include <stdio.h>
#include <signal.h>
#include <sys/types.h>
#include <sys/socket.h>
#include <arpa/inet.h>
#include <netinet/in.h>
#include <errno.h>
#include <netdb.h>
#include <unistd.h>
#include <iostream>
#include <stdlib.h>
#include <string.h>
#define MAX_RECV_SIZE 4096
using namespace std;
int timeout_flag=0;
void sigalrm_handler(int signo);
int main(int argc, char **argv)
{
    int     sockfd, nbytes;
    char    recv_buf[MAX_RECV_SIZE];
    struct  sockaddr_in srvaddr;
    short   port;
    if(argc!=2)
    {
        cout<<"usage:server port"<<endl;
        exit(1);
    }
    port=atoi(argv[1]);
    bzero(&srvaddr, sizeof(srvaddr));
    srvaddr.sin_family=AF_INET;
    srvaddr.sin_port=htons(port);
    inet_aton("127.0.0.1", &srvaddr.sin_addr);
    if((sockfd=socket(AF_INET, SOCK_STREAM, 0)) == -1){
        printf("socket error\n");
```

```cpp
            exit(1);
        }
        if(connect(sockfd, (struct sockaddr *)&srvaddr, sizeof(srvaddr)) == -1) {
            printf("connect error\n");
            exit(1);
        }
        struct sigaction act;
        act.sa_handler=sigalrm_handler;
        sigemptyset(&act.sa_mask);
        act.sa_flags=0;
        sigaction(SIGALRM, &act, NULL);
        for(; ; ){
            timeout_flag=0;
            alarm(5);           //设定 5 s 超时
            nbytes=read(sockfd, recv_buf, MAX_RECV_SIZE);
            alarm(0);           //取消超时
            if(nbytes<0&&errno == EINTR){
                if(timeout_flag == 1)
                    {cout<<"read timeout"<<endl; timeout_flag=0;}
                else
                    continue;    //被其他信号中断
            }
            else{
                recv_buf[nbytes]=0;
                cout<<"recv:"<<recv_buf<<endl;
                break;
            }
        }
        close(sockfd);
        return 0;
    }
    void sigalrm_handler(int signo)
    {
        timeout_flag=1;
    }
```

2) 调用 setsockopt()函数

另一种超时控制方法是调用 setsockopt()函数，针对套接字选项 SO_RCVTIMEO 和 SO_SNDTIMEO 分别设置接收或发送超时。这种超时是周期性的，只需设置一次，对以后的读写操作都有效。这种超时不适用于 accept()和 connect()，因为这两个函数的阻塞通常不会产生严重的不良后果。下面一段代码中，我们在建立连接后，对套接字的接收设置周期性的 5 s 超时。

文件 timeoutio.cpp 的代码如下：

```cpp
#include <stdio.h>
#include <sys/types.h>
#include <sys/socket.h>
#include <arpa/inet.h>
#include <netinet/in.h>
#include <errno.h>
#include <netdb.h>
#include <unistd.h>
#include <stdlib.h>
#include <iostream>
#include <string.h>
#define MAX_RECV_SIZE 4096
using namespace std;
int timeout_flag=0;
int main(int argc, char **argv)
{
    int     sockfd, nbytes;
    char    recv_buf[MAX_RECV_SIZE];
    struct  sockaddr_in srvaddr;
    short   port;
    if(argc!=2){
        cout<<"usage:client port"<<endl;
        exit(1);
    }
    port=atoi(argv[1]);
    bzero(&srvaddr, sizeof(srvaddr));
    srvaddr.sin_family=AF_INET;
    srvaddr.sin_port=htons(port);
    inet_aton("127.0.0.1", &srvaddr.sin_addr);
    if((sockfd=socket(AF_INET, SOCK_STREAM, 0)) == -1){
        printf("socket error\n");
        exit(1);
    }
    if(connect(sockfd, (struct sockaddr *)&srvaddr, sizeof(srvaddr)) == -1){
        printf("connect error\n");
```

```cpp
            exit(1);
        }
        struct timeval rto;
        rto.tv_sec=5;
        rto.tv_usec=0;
        if(setsockopt(sockfd, SOL_SOCKET, SO_RCVTIMEO, &rto, sizeof(rto)) == -1)//设定 5 s 超时
            cout<<strerror(errno)<<endl;
        for(; ; ){
            nbytes=recv(sockfd, recv_buf, MAX_RECV_SIZE, 0);
            if(nbytes<0){
                if(errno == ETIMEDOUT)
                    cout<<"errno=ETIMEDOUT, "<<strerror(errno)<<endl;
                else if(errno == EINTR)
                    cout<<"errno=EINTR, "<<strerror(errno)<<endl; //被其他信号中断
                else if(errno == EAGAIN)
                    cout<<"errno=EAGAIN, "<<strerror(errno)<<endl;
                else{
                    cout<<strerror(errno)<<endl;
                    break;
                }
            }
            else{
                recv_buf[nbytes]=0;
                cout<<"recv:"<<recv_buf<<endl;
                break;
            }
        }
        close(sockfd);
        return 0;
    }
```

9.1.3 非阻塞式 I/O 编程

采用以下两种方法可以将套接字设为非阻塞式：
(1) 使用函数 fcntl()，设置 O_NONBLOCK 选项，代码如下：
```
int flag=fcntl(sockfd, F_GETFL, 0);
fcntl(sockfd, F_SETFL, flag|O_NONBLOCK);
```
(2) 使用函数 ioctl()，设置 FIONBIO 选项，代码如下：
```
int nIO=1;
```

ioctl(sockfd, FIONBIO, &nIO);

非阻塞式 I/O 模型可以避免进程被长期阻塞的问题，使得进程在没有套接字描述符就绪时可以进行其他工作，能够提高系统的工作效率。但是，非阻塞式 I/O 编程相对于阻塞式 I/O 复杂，逻辑结构不如阻塞式 I/O 清晰；非阻塞式程序需要不断地检查是否有套接字描述符就绪，会持续占用 CPU 的时间，系统开销大。因此，常常需要采用类似 sleep()函数的定时查询方法加以改进。

下面代码演示了非阻塞方式执行两项任务的情况，程序不断地查询每项任务结果，哪项任务结束了就不再查询它。在所有任务都结束后，程序结束使命。

文件 client_n.cpp 的代码如下：

```cpp
#include <stdio.h>
#include <stdlib.h>
#include <string.h>
#include <sys/types.h>
#include <sys/socket.h>
#include <arpa/inet.h>
#include <netinet/in.h>
#include <errno.h>
#include <netdb.h>
#include <unistd.h>
#include <fcntl.h>
#include <iostream>
#define MAX_RECV_SIZE 4096
using namespace std;
int main(int argc, char **argv){
    int     sockfd1, sockfd2, nbytes;
    char    recv_buf[MAX_RECV_SIZE];
    struct  sockaddr_in srvaddr1, srvaddr2;
    short   port1, port2;
    if(argc!=3){
        cout<<"usage:client port1 port2"<<endl;
        exit(1);
    }
    port1=atoi(argv[1]);
    port2=atoi(argv[2]);
    bzero(&srvaddr1, sizeof(srvaddr1));
    srvaddr1.sin_family=AF_INET;
    srvaddr1.sin_port=htons(port1);
    inet_aton("127.0.0.1", &srvaddr1.sin_addr);
    bzero(&srvaddr2, sizeof(srvaddr2));
```

```cpp
srvaddr2.sin_family=AF_INET;
srvaddr2.sin_port=htons(port2);
inet_aton("127.0.0.1", &srvaddr2.sin_addr);
if((sockfd1=socket(AF_INET, SOCK_STREAM, 0)) == -1 ||
    (sockfd2=socket(AF_INET, SOCK_STREAM, 0)) == -1){
    printf("socket error\n");
    exit(1);
}
if(connect(sockfd1, (struct sockaddr *)&srvaddr1, sizeof(srvaddr1)) == -1 ||
    connect(sockfd2, (struct sockaddr *)&srvaddr2, sizeof(srvaddr2)) == -1) {
        printf("connect error\n");
        exit(1);
}
int flag, fd1_finish, fd2_finish;
flag=fcntl(sockfd1, F_GETFL, 0);
fcntl(sockfd1, F_SETFL, flag|O_NONBLOCK);
flag=fcntl(sockfd2, F_GETFL, 0);
fcntl(sockfd2, F_SETFL, flag|O_NONBLOCK);
fd1_finish=fd2_finish=0;
for(; !fd1_finish||!fd2_finish; ){
    if(!fd1_finish){
        nbytes=read(sockfd1, recv_buf, MAX_RECV_SIZE);
        if(nbytes>0){
            recv_buf[nbytes]=0;
            cout<<"fd1 recv:"<<recv_buf<<endl;
            fd1_finish=1;
        }
        else if(nbytes<0&&errno == EAGAIN){//某些版本的系统是 EWOULDBLOCK
            cout<<"fd1 no data, try again"<<endl;
            sleep(1);
        }
    }
    if(!fd2_finish) {
        nbytes=read(sockfd2, recv_buf, MAX_RECV_SIZE);
        if(nbytes>0){
            recv_buf[nbytes]=0;
            cout<<"fd2 recv:"<<recv_buf<<endl;
            fd2_finish=1;
        }
```

```
            else if(nbytes<0&&errno == EAGAIN){
                cout<<"fd2 no data, try again"<<endl;
                sleep(1);
            }
        }
    }
    close(sockfd1);
    close(sockfd2);
    return 0;
}
```

9.1.4 多路复用 I/O 编程

前面已介绍过多路复用的概念和 select()函数的用法，这里不再重复，只给出一段客户机代码来展示其使用方法。这段代码中，用户连接好两个服务器之后，使用 select()函数监测服务器返回的数据。

文件 client_m.cpp 的代码如下：

```cpp
#include <stdio.h>
#include <stdlib.h>
#include <string.h>
#include <sys/types.h>
#include <sys/socket.h>
#include <arpa/inet.h>
#include <netinet/in.h>
#include <errno.h>
#include <netdb.h>
#include <unistd.h>
#include <fcntl.h>
#include <iostream>
#define MAX_RECV_SIZE 4096
using namespace std;
int main(int argc, char **argv){
    int     sockfd1, sockfd2, nbytes;
    char    recv_buf[MAX_RECV_SIZE];
    struct  sockaddr_in srvaddr1, srvaddr2;
    short   port1, port2;
    if(argc!=3){
        cout<<"usage:client port1 port2"<<endl;
        exit(1);
```

```c
    }
    port1=atoi(argv[1]);
    port2=atoi(argv[2]);
    bzero(&srvaddr1, sizeof(srvaddr1));
    srvaddr1.sin_family=AF_INET;
    srvaddr1.sin_port=htons(port1);
    inet_aton("127.0.0.1", &srvaddr1.sin_addr);
    bzero(&srvaddr2, sizeof(srvaddr2));
    srvaddr2.sin_family=AF_INET;
    srvaddr2.sin_port=htons(port2);
    inet_aton("127.0.0.1", &srvaddr2.sin_addr);
    if((sockfd1=socket(AF_INET, SOCK_STREAM, 0)) == -1 ||
        (sockfd2=socket(AF_INET, SOCK_STREAM, 0)) == -1){
        printf("socket error\n");
        exit(1);
    }
    if(connect(sockfd1, (struct sockaddr *)&srvaddr1, sizeof(srvaddr1)) == -1 ||
        connect(sockfd2, (struct sockaddr *)&srvaddr2, sizeof(srvaddr2)) == -1) {
        printf("connect error\n");
        exit(1);
    }
    int fd1_finish, fd2_finish;
    fd1_finish=fd2_finish=0;
    for(; !fd1_finish||!fd2_finish; ){
        fd_set rds;
        struct timeval tv;
        FD_ZERO(&rds);
        tv.tv_sec=1;
        tv.tv_usec=0;
        if(!fd1_finish)
            FD_SET(sockfd1, &rds);
        if(!fd2_finish)
            FD_SET(sockfd2, &rds);
        if(select(max(sockfd1, sockfd2)+1, &rds, NULL, NULL, NULL)<0&&errno == EINTR)
            continue;
        if(!fd1_finish&&FD_ISSET(sockfd1, &rds)){
            nbytes=read(sockfd1, recv_buf, MAX_RECV_SIZE);
            if(nbytes>0){
                recv_buf[nbytes]=0;
```

```cpp
                cout<<"fd1 recv:"<<recv_buf<<endl;
            }
            else if(nbytes<0&&errno == EINTR)   {
                cout<<"read error:"<<strerror(errno)<<endl;
            }
            else {//nbytes=0 receive FIN
                fd1_finish=1;
                cout<<"fd1 closed"<<endl;
            }
        }
        if(!fd2_finish&&FD_ISSET(sockfd2, &rds)){
            nbytes=read(sockfd2, recv_buf, MAX_RECV_SIZE);
            if(nbytes>0){
                recv_buf[nbytes]=0;
                cout<<"fd2 recv:"<<recv_buf<<endl;
            }
            else if(nbytes<0&&errno == EINTR) {
                cout<<"read error:"<<strerror(errno)<<endl;
            }
            else{        //nbytes=0 receive FIN
                fd2_finish=1;
                cout<<"fd2 closed"<<endl;
            }
        }
    }
    close(sockfd1);
    close(sockfd2);
    return 0;
}
```

9.1.5 信号驱动 I/O 编程

信号驱动 I/O 是一种基于信号机制的异步操作方法。这种方式可以使应用程序保持良好的逻辑结构。工作在信号驱动 I/O 方式下的套接字，当有数据到达时，内核就发出一个 SIGIO 信号，应用程序捕获 SIGIO 信号并完成输入/输出操作；没有数据到达时，应用程序可以执行其他操作。只有套接字所有者所在进程可以接收到 SIGIO 信号。

通常只在 UDP 协议下使用信号驱动 I/O 模型，当 UDP 套接字接收到一个数据包或发生一个错误时，内核就发出一个 SIGIO 信号；TCP 套接字则在许多运行环节上都可发出 SIGIO 信号，使得应用程序频繁收到 SIGIO 信号，并且信号捕获函数难以区分 SIGIO 信号产生的原因，因而 TCP 套接字基本上不采用这种 I/O 模型。

使用信号驱动 I/O 模型的步骤有：
① 设置信号捕获函数；
② 调用 fcntl()函数，设置套接字所有者(F_SETOWN 选项)；
③ 调用 ioctl()函数，启动信号驱动 I/O 方式(FIOASYNC 选项)。

在下面的服务器例程中，可以发现主程序一直在睡眠状态，完全不需要考虑套接字的输入/输出操作，但套接字通信工作仍被正常执行。客户机例程用来测试服务器。

(1) 文件 sig_server.cpp 的代码如下：

```cpp
#include <stdio.h>
#include <stdlib.h>
#include <signal.h>
#include <string.h>
#include <sys/types.h>
#include <sys/socket.h>
#include <sys/ioctl.h>
#include <arpa/inet.h>
#include <netinet/in.h>
#include <errno.h>
#include <netdb.h>
#include <unistd.h>
#include <fcntl.h>
#include <sys/time.h>
#include <iostream>
#define    MAX_RECV_SIZE 4096
using namespace std;
int    sockfd;
void sigio_handler(int signo);
int main(int argc, char **argv){
    int    nbytes;
    char    recv_buf[MAX_RECV_SIZE];
    struct    sockaddr_in srvaddr;
    short    port;
    if(argc!=2){
        cout<<"usage: port"<<endl;
        exit(1);
    }
    port=atoi(argv[1]);
    bzero(&srvaddr, sizeof(srvaddr));
    srvaddr.sin_family=AF_INET;
```

```cpp
    srvaddr.sin_port=htons(port);
    inet_aton("127.0.0.1", &srvaddr.sin_addr);
    if((sockfd=socket(AF_INET, SOCK_DGRAM, 0)) == -1){
        printf("socket error\n");
        exit(1);
    }
    if(bind(sockfd, (struct sockaddr *)&srvaddr, sizeof(srvaddr)) == -1){
        cout<<"bind error"<<endl;
        return 1;
    }
    //设置信号处理函数
    struct sigaction act;
    act.sa_handler=sigio_handler;
    sigemptyset(&act.sa_mask);
    act.sa_flags=0;
    sigaction(SIGIO, &act, NULL);
    int on=1;
    //设置Socket所有者为当前进程
    fcntl(sockfd, F_SETOWN, getpid());
    //启动信号驱动模式
    ioctl(sockfd, FIOASYNC, &on);
    for(; ; ){
        sleep(1);
    }
    close(sockfd);
    return 0;
}
void sigio_handler(int signo)
{
    sockaddr_in   client_addr;
    socklen_t   addr_len=sizeof(client_addr);
    char   buf[32];
    //cout<<"signal SIGIO received"<<endl;
    int n=recvfrom(sockfd, buf, 32, 0, (struct sockaddr *)&client_addr, &addr_len);
    if(n>=0){
        buf[n]=0;
        cout<<"recv:"<<buf<<endl;
        struct timeval tv;
        gettimeofday(&tv, NULL);
```

```
            sprintf(buf, "%d %d", (int)tv.tv_sec, (int)tv.tv_usec);
            if(sendto(sockfd, buf, strlen(buf), 0, (struct sockaddr *)&client_addr, sizeof(client_addr)) == -1)
                cout<<"send error:"<<strerror(errno)<<endl;
        }
        else
            cout<<"recv error:"<<strerror(errno)<<endl;
    }
```

(2) 文件 sig_client.cpp 的代码如下：
```
#include <stdio.h>
#include <stdlib.h>
#include <stdio.h>
#include <stdlib.h>
#include <signal.h>
#include <string.h>
#include <sys/types.h>
#include <sys/socket.h>
#include <sys/ioctl.h>
#include <arpa/inet.h>
#include <netinet/in.h>
#include <errno.h>
#include <netdb.h>
#include <unistd.h>
#include <fcntl.h>
#include <sys/time.h>
#include <iostream>
using namespace std;
int main(int argc, char **argv)
{
    if(argc!=2){
        cout<<"argument invalid"<<endl;
        return 1;
    }
    short port=atoi(argv[1]);
    int sockfd=socket(AF_INET, SOCK_DGRAM, 0);
    if(sockfd == -1) {
        cout<<"create socket error"<<endl;
        return 1;
    }
    sockaddr_in addr;
```

```cpp
bzero(&addr, sizeof(addr));
addr.sin_family=AF_INET;
addr.sin_port=htons(port);
inet_aton("127.0.0.1", &addr.sin_addr);
for(int i=0; i<10; i++)    {
    char buf[16];
    sprintf(buf, "%d hello", getpid());
    cout<<"send:"<<buf<<endl;
    int n=sendto(sockfd, buf, strlen(buf), 0, (struct sockaddr *)&addr, sizeof(addr));
    n=recvfrom(sockfd, buf, 16, 0, NULL, NULL);
    if(n>=0){
        buf[n]=0;
        cout<<"recv:"<<buf<<endl;
    }
    sleep(1);
}
close(sockfd);
return 0;
}
```

9.2 服务器模型及编程

9.2.1 循环服务

按照协议来分类，循环服务有 UDP 循环服务和 TCP 循环服务。UDP 协议是非面向连接的，当数据处理工作所需时间不长时，没有一个客户机可以长期占据服务端口，服务器对于每一个客户机的请求总是能够满足，这时采用循环服务是合适的选择。UDP 循环服务是一种广泛使用的服务器模型。

TCP 循环服务使用较少，除非服务任务非常简单，或者服务器只能为单一用户提供服务时才被使用，而且这时应该设置超时控制。图 9.1 是一个使用 TCP 循环服务的例子。

从图中可知，服务器程序运行在机械手的移动平台上，用户可以通过网络远程操控机械手完成搬运物体的工作，这个机械手不允许多人同时操作。若采用 UDP 协议来实现这个系统，由于 UDP 协议具有不可靠性，很可能出现后发出的

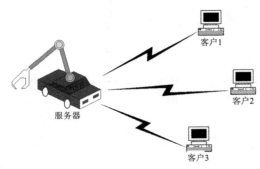

图 9.1　一个使用 TCP 循环服务的例子

指令被首先执行，先发出的指令被延后执行的状况，用户将感到机械手不可控制。而采用 TCP 循环服务，并对阻塞函数添加超时控制，情况将会变得理想。

9.2.2 并发服务

UDP 协议虽然在套接字函数处不容易阻塞，但如果对某一个客户机进行数据处理的时间过长，则服务器在这段时间内将不能接收其他客户机的请求；同时 UDP 协议又是不可靠的通信协议，不保证数据能否到达目的地址，所以就会造成数据包的丢失。这时，可以采用并发的 UDP 服务结构：服务程序每收到一项请求，就单独为这个客户机创建一个进程，完成相应的数据处理任务，然后关闭套接字描述符。UDP 并发服务使用较少，这里不再分析其代码。

1. 基本的 TCP 并发服务流程

基本的 TCP 并发服务流程如图 9.2 所示。先创建一个倾听套接字，等待客户机的请求；每当接受一个客户机请求时，就创建一个子进程，在子进程中进行数据处理，父进程则继续等待新的客户机请求，直到服务程序满足退出条件。

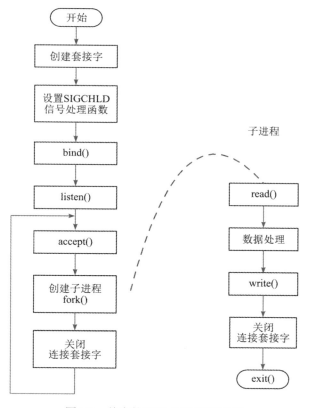

图 9.2　基本的 TCP 并发服务流程

TCP 并发服务是一种最常用的服务方式，我们常常使用它为比较多(几十至几百个)的客户程序提供服务。在使用这种方式时，一定要注意僵尸进程的清除，否则系统进程表可能很快就被僵尸进程堆满。

下面是一个为客户提供运算服务的程序，客户机提供一个算式和相关的变量值，服务器完成运算并返回结果数值。

基本的 TCP 并发服务程序伪代码如下：

```c
#include <......>
#define    SERVER_PORT 8687
#define    BACKLOG   5
void sigchld_handler(int sig)
{ while(waitpid(-1, NULL, WNOHANG)>0){} }
process1(......)    //数据包解析函数
process2(......)    //运算处理函数
int main()
{
    int listenfd, connfd;
    struct sockaddr_in servaddr;
    struct sigaction act;
    int n;
    listenfd=socket(AF_INET, SOCK_STREAM, 0);
    if(listenfd<0)
    {
        fprintf(stderr, "Socket error");
        exit(1);
    }
    bzero(&servaddr, sizeof(servaddr));
    servaddr.sin_family=AF_INET;
    servaddr.sin_addr.s_addr=htonl(INADDR_ANY);
    servaddr.sin_port=htons(SERVER_PORT);
    //允许重用本地地址，TCP 并发服务在 bind()之前需要设置这个选项
    n=1;
    setsockopt( listenfd, SOL_SOCKET, SO_REUSEADDR, &n, sizeof(n));
    if(bind(listenfd, (struct sockaddr*)&servaddr, sizeof(servaddr))<0)
    {
        fprintf(stderr, "Bind error");
        exit(1);
    }
    if(listen(listenfd, BACKLOG)<0)
    {
        fprintf(stderr, "Listen error");
        exit(1);
    }
```

```c
act.sa_handler=sigchld_handler;    //设置信号处理函数
act.sa_mask=0;
act.sa_flags=0;
sigaction(SIGCHLD, &act, NULL);
for(; ; )         //接收处理
{
    connfd=accept(listenfd, NULL, NULL);
    if(connfd == EINTR)
        continue;
    else
    {
        fprintf(stderr, "Accept error");
        exit(1);
    }

    if((n=fork()) == 0)   //创建子进程
    {
        char buf[256];
        n=read(connfd, buf, 128);
        process1(......);   //数据包解析
        process2(......);   //运算处理
        write(connfd, buf, n);
        close(connfd);
        exit(0);
    }
    else if(n<0)
    {
        fprintf(stderr, "fork error");
        exit(1);
    }
    close(connfd);       //父进程中不使用这个描述符
}
close(listenfd);
```

2. 提高并发服务效率的方法

创建子进程是一项开销很大的工作，如果客户非常多，而大多数的数据处理的时间又很短，那么服务器的大量时间和资源都消耗在创建和销毁子进程上，系统效率将会很低，难以及时响应客户的请求。

我们可以将循环服务和并发服务进行适当的综合，采用延迟创建子进程的方法：平时服务器工作在循环状态，当预测某一次服务耗时较长时就为它创建一个子进程，而主进程则继续工作在循环模式中。

在网络上，常常会有这样的情况：很多非法用户或没有操作权限的用户与服务器建立了连接，试图进行操作，这时服务器应该先检查收到的数据包是否为合法请求，这种检查通常耗费时间极短。如果是非法请求，服务器就拒绝服务，继续在循环方式下工作；如果是合法请求，服务器就创建一个子进程进行数据处理，主进程依然在循环方式下工作。

我们还可以设置一个预测器，估计一项服务是否可以在很短时间内完成。因为实际上服务器的服务范围是有限的，可以根据理论知识和经验数据(即服务器在历史上处理各类数据所消耗的时间)来进行推理，考虑是否创建子进程。例如：运算服务，如果发现是解二元一次方程、求几个数的平均值等，所需的服务时间极短，在循环服务中即可迅速完成；如果发现是求大型矩阵的特征值、较大图像的卷积运算等，就创建子进程；如果是一种以前未处理过的运算类型，也给它创建子进程，并统计它所消耗的服务时间，作为将来判断这种运算是否需要创建子进程的依据。

另一种提高并发服务效率的方法是预创建子进程(如图9.3所示)：服务器先创建听套接字，然后创建若干个子进程。这些子进程继承了父进程的听套接字描述符，因而可以共享听套接字的连接队列；每个子进程从连接队列里取出一项，然后进行"读—处理—写"的操作(每个子进程都以循环方式工作)。这种情况就像是几个循环服务器同时运行，客户机只要和其中任何一个建立连接即可工作。当然，如果所有的子进程都被占用了，后续的客户机就只好等待了。

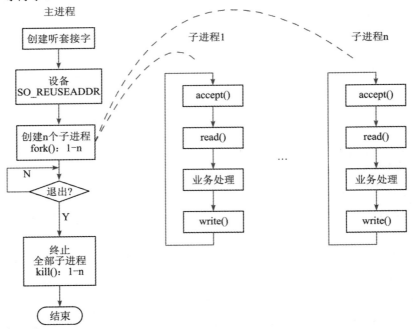

图 9.3 预创建子进程方法的流程

预创建子进程的代码如下：

#include <string.h>

```c
#include <sys/socket.h>
#include <sys/types.h>
#include <netinet/in.h>
#include <stdio.h>
#include <errno.h>
#include <signal.h>
#define  SERVER_PORT 8080
#define  BACKLOG  5
#define  CLDNUM    10
void theEnd(int n)           //根据实际进程数清除子进程
{
    int i;
    for(i=0; i< n; i ++)
    if(pid[i]>0)
        kill(pid[i], SIGTERM);
    while(wait(NULL)>0){}
}
int pid[CLDNUM];
int i;
int main()
{
    int listenfd, connfd;
    struct sockaddr_in servaddr;
    int n;
    char cmd[10];
    int nErr=0;
    int buf_recv[1024];
    int buf_send[1024];
    listenfd=socket(AF_INET, SOCK_STREAM, 0);
    if(listenfd<0)
    {
        fprintf(stderr, "Socket error");
        exit(1);
    }
    bzero(&servaddr, sizeof(servaddr));
    servaddr.sin_family=AF_INET;
    servaddr.sin_addr.s_addr=htonl(INADDR_ANY);
    servaddr.sin_port=htons(SERVER_PORT);
    n=1;
```

```c
setsockopt( listenfd, SOL_SOCKET, SO_REUSEADDR, &n, sizeof(n));
if(bind(listenfd, (struct sockaddr*)&servaddr, sizeof(servaddr))<0)
{
    fprintf(stderr, "Bind error");
    exit(1);
}
if(listen(listenfd, BACKLOG)<0)
{
    fprintf(stderr, "Listen error");
    exit(1);
}
for(i=0; i < CLDNUM; i ++)
{
    if((pid[i]=fork()) == 0)
    {
        for(; ; )              //预创建的子进程
        {
            connfd=accept(listenfd, NULL, NULL);
            nbytes=read_all(connfd, buf_recv, 256);
            sleep(1);   //数据处理
            nbytes=write_all(connfd, buf_send, 256);
        }
    }
    else if(pid[i]<0)
    {
        nErr=i+1;      //从第i个进程开始,创建失败
        break;
    }
}
if(nErr!=0)            //创建子进程组失败
{
    theEnd(nErr);
    exit(1);
}
int m=1;
while(m)               //键盘输入"theEnd",要求进程结束
{
    gets(cmd);
    m=strcmp(cmd, "theEnd");
```

```
    }
    theEnd(CLDNUM);
    exit(0);
}
```

9.2.3 epoll

对于高并发服务来说，可以同时存在着几万甚至百万个连接，在 1 s 内可能有几千到几万个连接进入活跃状态，在 1 s 内可能又有几千到几万个连接从活跃状态返回到休眠状态。上述几种服务器模型是否满足需要呢？

UDP 协议不存在连接概念，它是一种不可靠协议，用于大规模服务器是不合适的；TCP 循环服务显然也不合适，无法容纳大量连接。TCP 并发模式又如何呢？完全的并发服务可以是 PPC(Process Per Connection)或 TPC(Thread Per Connection)，对于 Linux 来说，线程是一种轻量级进程，所以统一按照 TPC 方式来考虑。服务器使用上百万个线程来处理连接，每秒又要创建和销毁上万个线程，对计算机的压力是巨大的，所以按照 PPC/TPC 方式也是不合适的。那么，选择 select 多路复用形式是否可以呢？select()函数对所监测描述符数量有限制，通常不会超过几千个，它的一个改进形式 poll 与其功能基本相同，但对描述符数量没有限制。

1. poll

以一个场景来考察 poll：在一个物联网系统的服务器上保持 100 万个连接，平时每秒大约有 100 个连接会进入活跃状态，同时又有 100 个连接从活跃状态回到睡眠状态。在内核态，poll 函数只要检测到有就绪发生，于是就把 100 万个描述符复制到用户空间；在用户态，poll 函数从阻塞中退出，然后从 100 万个描述符中逐个查询，找到这 200 个描述符，然后进行处理。从这个运行流程可以看到，有效工作所占比例很小，因此这种方式是非常不合理的。

2. epoll

我们再来考察另一个问题，服务器是采用单线程好，还是采用 TPC 这种多线程好？多线程可以实现更好的并发性，但线程的创建和注销都会耗费资源。当大量的事件发生时，服务器可能需要在很短时间内创建和注销几万个线程，这种负担，服务器是极难承受的，并且所消耗的处理能力并没有用在处理实际业务上。单线程可以将更多的处理能力用于业务处理，但如果存在耗时较长的业务，则会造成对其他连接的阻塞；如果不存在耗时较长的业务，单线程就是 CPU 利用率最高的选择。

Linux 系统提供了一个解决方案 epoll，并采用线程池实现对高并发的良好支持。epoll 在内核空间可以高效地直接检测到哪些描述符就绪，只需要将这些就绪的描述符复制给用户态，从而避免了对无效描述符的处理。线程池类似于预创建子进程的方式，实现了资源与并发性的综合最优。

epoll 涉及函数包括 epoll_create、epoll_ctl 和 epoll_wait。

- int epoll_create(int size);

申请内核空间，存放 size 个 fd；返回 epfd，也是一个 fd，可在/proc/进程 id/fd/查看；失败返回负值。

- int epoll_ctl(int epfd, int op, int fd, struct epoll_event *event);

针对 epfd 的事件：包括注册、修改、删除等操作，成功返回 0，失败则返回-1。

(1) op：操作码。

EPOLL_CTL_ADD：注册新的 fd 到 epfd 中。

EPOLL_CTL_MOD：修改已经注册的 fd 的监听事件。

EPOLL_CTL_DEL：从 epfd 中删除一个 fd。

(2) 事件结构如下：

```
struct epoll_event {
    __uint32_t events;      // epoll events
    epoll_data_t data;      // user datavariable
};
```

其中包含的联合：

```
typedef union epoll_data {
    void *ptr;
    int fd;
    __uint32_t u32;
    __uint64_t u64;
} epoll_data_t;
```

添加被监测成员的代码如下：

```
struct epoll_event ev;
ev.data.fd=listenfd;                    //听套接字
ev.events=EPOLLIN|EPOLLET;              //事件通知方式
epoll_ctl(epfd, EPOLL_CTL_ADD, listenfd, &ev);
```

(3) 事件选项和属性如下：

EPOLLIN：触发该事件，表示对应的文件描述符上有可读数据(包括对方 Socket 正常关闭时缓存在网上的数据)。

EPOLLOUT：触发该事件，表示对应的文件描述符上可以写数据。

EPOLLPRI：表示对应的文件描述符有紧急的数据可读(也就是表示有带外数据到来)。

EPOLLERR：表示对应的文件描述符发生错误。

EPOLLHUP：表示对应的文件描述符被挂断。

EPOLLET：将 epoll 设为边缘触发(Edge Triggered，ET)方式，这是相对于水平触发(Level Triggered，LT)来说的。一般，系统默认 LT 方式，如图 9.4 所示。

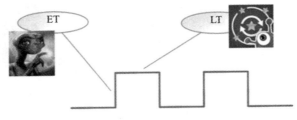

图 9.4　ET 和 LT 触发方式

EPOLLONESHOT：只监听一次事件，在监听完这次事件之后，如果还需要继续监听这个 Socket，则再次把这个 Socket 加入 epoll 队列里。

触发方式是指事件的通知方式，如图 9.4 所示。LT 是水平触发，事件发生后，只要与事件关联的事务没有被完全处理，就绪就一直保持存在。这种方式可靠性高，但效率稍低。ET 是边缘触发，事件发生后，只要与事件关联的事务被处理，就绪就不再存在。这种方式可靠性低一些，但效率高。

以读数据为例，LT 是指接收缓存区里只要有数据，就绪事件就一直存在，应用程序调用 read() 读取部分数据，就绪仍存在；ET 是指接收缓存区里原先没有数据，这时来了一组数据，就产生了就绪，应用程序调用 read() 读取部分数据，就绪就不存在了。极端情况下，应用程序因不确定缓存区中数据是否被完全读出，就反复调用 read()，最后被阻塞在这个读函数上。如果 epoll 是单线程的，连接的对方又没有后续数据发过来，整个服务器就被阻塞了。所以，ET 只能用于非阻塞式文件。

```
int epoll_wait(int epfd,struct epoll_event * events,int maxevents,int timeout);
```

等待事件发生。其中，events 是存放事件的数组，maxevents 表示 event 集合的大小。timeout 是超时值，等于 -1 表示阻塞，等于 0 表示非阻塞。epoll_wait 函数的返回值是 events 数组中实际存放的就绪成员个数。

以下给出一个 epoll 应用例子，采用单线程的运行方式，C/S 服务。初始时，只监测一个听套接字，epoll 中只此一个成员；一旦发生连接后，就把产生的连接套接字的读事件加入 epoll 里进行监测，调用 read() 等待客户机的业务请求数据；一旦收到客户机的业务请求数据，就把连接套接字的读事件从 epoll 中剔除，将这个连接套接字的写事件加入 epoll 里，调用 write() 等待数据发送完毕；一旦数据发送完毕，就把连接套接字写事件从 epoll 中剔除，又将连接套接字的读事件加入 epoll 里，调用 read() 等待客户机发来的断开连接请求，即等待 read 返回值为 0 的情况；如果收到断开连接请求，就把连接套接字的读事件从 epoll 剔除，然后关闭连接套接字；如果客户机发来的不是断开连接请求而是新的业务请求数据，则服务器继续先写后读的流程。这个例子默认 read 一次就会把接收缓存区里的数据完全读出，同时没有耗时很长的业务。如果要考虑问题更全面一些，可使用稍加改造的 read_all 和 write_all 函数，并采用预创建子进程的方式(即线程池)。

文件 epollSrv.cpp 的代码如下：

```cpp
#include <stdio.h>
#include <stdlib.h>
#include <string.h>
#include <fcntl.h>
#include <sys/socket.h>
#include <netinet/in.h>
#include <errno.h>
#include <netdb.h>
#include <arpa/inet.h>
#include <unistd.h>
#include <iostream>
```

```cpp
#include <sys/time.h>
#include <sys/epoll.h>
using namespace std;
#define MAX_EVENTS 100000   //总容量,可检测这么多个事件
#define MAX_BUFF 64
struct evnt_s        //将事件、事件处理函数、收发数据缓存区关联起来
{
    int fd;
    int events;
    void *arg;
    void (*call_back)(int fd, int events, void *arg);   //发生事件,就回调这个函数。实际对
                                                        //应 RecvData()或 SendData()
    bool status;              //true 表示 fd 是否在 epoll 里
    char rxBuff[MAX_BUFF];    //每个连接套接字的接收缓存区
    char txBuff[MAX_BUFF];    //每个连接套接字的发送缓存区
    long last_active;         //上次就绪的时间。当连接套接字长期没有结束任务时,关闭它
};
// 把 1 个 fd 与 evnt_s 结构关联起来
void EventSet(evnt_s *ev, int fd, int bRxed, void (*call_back)(int, int, void*), void *arg)
{
    ev->fd = fd;
    ev->events = 0;
    ev->arg = arg;
    ev->call_back = call_back;
    ev->status = false;
    if(bRxed == 0)
    {
        bzero(ev->rxBuff, sizeof(ev->rxBuff));
        bzero(ev->txBuff, sizeof(ev->txBuff));
    }
    ev->last_active = time(NULL);
}
// 把 fd 添加到 epoll 中。如果 fd 已在 epoll 里,则是修正(读改写或写改读)而不是添加
void EventAdd(int epollFd, int events, evnt_s *ev)
{
    struct epoll_event epv = {0, {0}};
    int op;
    epv.data.ptr = ev;
    epv.events = ev->events = events;
```

```cpp
        if(ev->status)
            op = EPOLL_CTL_MOD;
        else
        {
            op = EPOLL_CTL_ADD;
            ev->status = true;
        }
        if(epoll_ctl(epollFd, op, ev->fd, &epv) == -1)
            cout<<"Add event failed, fd:"<<ev->fd<<", op:"<<op<<", evnets:"<<events<<endl;
        else
            cout<<"Add event success, fd:"<<ev->fd<<", op:"<<op<<", evnets:"<<events<<endl;
}
//将 fd 从 epoll 中删除
void EventDel(int epollFd, evnt_s *ev)
{
        struct epoll_event epv = {0, {0}};
        if(!ev->status)
            return;
        epv.events = ev->events;
        epv.data.ptr = ev;
        ev->status = false;
        epoll_ctl(epollFd, EPOLL_CTL_DEL, ev->fd, &epv);
}
//全局变量------------------------------------------------------------
int epf;    //epoll fd
evnt_s g_Events[MAX_EVENTS+1]; // 最后一个单元 g_Events[MAX_EVENTS]存放听套接字
void RecvData(int fd, int events, void *arg); //平等对待所有客户，使用同样的服务处理函数
void SendData(int fd, int events, void *arg); //平等对待所有客户，使用同样的回复函数
//---------------------------------------------------------------------
// 听套接字收到新的连接请求
void AcceptConn(int fd, int events, void *arg)
{
        struct sockaddr_in sin;
        socklen_t len = sizeof(struct sockaddr_in);
        int connfd, i;
        if((connfd = accept(fd, (struct sockaddr*)&sin, &len)) == -1)
        {
            if(errno != EAGAIN && errno != EINTR)
            {
```

```
                cout<<"Accept error:" <<errno<<endl;
                return;
            }
        }
        do
        {
            for(i = 0; i<MAX_EVENTS; i++)
            {
                if(!g_Events[i].status)
                    break;
            }
            if(i == MAX_EVENTS)
            {
                cout<<"Max connection："<<MAX_EVENTS<<endl;
                close(connfd);
                break;
            }
            int iret = 0;
            int flags;        //将连接套接字转换为非阻塞方式
            iret = fcntl(connfd, F_SETFL, fcntl(connfd, F_GETFL, 0)|O_NONBLOCK);
            if(iret < 0)
            {
                cout<<"Set nonblocking failed "<<iret<<endl;
                break;
            }
            //添加1个读事件到 epoll 里。C/S 服务器接受连接后，首先要等待读对方的业务请求数据
            EventSet(&g_Events[i], connfd, 0, RecvData, &g_Events[i]); //在结构里标记
            EventAdd(epf, EPOLLIN, &g_Events[i]); //把事件结构加入 epoll 中
        }while(0);
    cout<<"new conn "<<inet_ntoa(sin.sin_addr)<<":"<<ntohs(sin.sin_port)<<", time="<<g_Events[i].last_
active <<", pos="<<i<<endl;
}
//接收数据，删除对这个接收事件的检测，添加一个对发送事件的监测。C/S 收到数据并处理后，
//发出返回数据
void RecvData(int fd, int events, void *arg)
{
    struct evnt_s *ev = (struct evnt_s*)arg;
    int len;
    len = recv(fd, ev->rxBuff, sizeof(ev->rxBuff)-17, 0); //16 字节附加信息，加上\0
```

```cpp
        EventDel(epf, ev);      //移除读事件
        if(len > 0)
        {
            cout<<"Recv[fd="<<fd<<", len="<<len<<"]:"<<ev->rxBuff<<endl;
            EventSet(ev, fd, 1, SendData, ev);      //监测写事件
            EventAdd(epf, EPOLLOUT, ev);
        }
        else if(len == 0)       //对方断开连接
        {
            close(ev->fd);
            cout<<"recv fd="<<fd<<", disconnected by client."<<endl;
        }
        else
        {       //出错
            close(ev->fd);
            cout<<"recv fd="<<fd<<" error"<<errno<<":"<<strerror(errno)<<endl;
        }
}
//发送数据，删除对这个发送事件的检测，添加一个对接收事件的监测
void SendData(int fd, int events, void *arg)
{
    struct evnt_s *ev = (struct evnt_s*)arg;
    int len;
    string str(ev->rxBuff);
    int i=str.find(':', 0);
    if(i == -1 || str.length()>(MAX_BUFF-16))
        str="Invalid data sent.";
    else
    {
        string str1=str.substr(i+1, str.length()-i-1);
        str="Welcome! ";
        str += str1;
    }
    bcopy(str.c_str(), ev->txBuff, str.length()+1);
    len = send(fd, ev->txBuff, str.length()+1, 0);
    if(len > 0)
    {
        cout<<"send fd="<<fd<<", "<<len<<": "<<ev->txBuff<<endl;
        EventDel(epf, ev);
```

```cpp
            EventSet(ev, fd, 0, RecvData, ev);
            EventAdd(epf, EPOLLIN, ev);
        }
        else
        {
            EventDel(epf, ev);
            close(ev->fd);
            cout<<"send fd="<<fd<<" error: ";
            perror("send data ");
            cout<<endl;
        }
    }
}
//初始化
void InitListenSocket(int epollFd, short port)
{
    int listenFd = socket(AF_INET, SOCK_STREAM, 0);
    int flags, iret;
    flags=fcntl(listenFd, F_GETFL, 0);
    flags |= O_NONBLOCK;
    iret=fcntl(listenFd, F_SETFL, flags);
    if(iret<0)
    {
        cout<<"Listen fd to NONBLOCK failed!"<<endl;
        exit(1);
    }
    cout<<"Listen fd: "<<listenFd<<endl;
    sockaddr_in addr;
    bzero(&addr, sizeof(addr));
    addr.sin_family=AF_INET;
    addr.sin_port=htons(port);
    addr.sin_addr.s_addr=htonl(INADDR_ANY);
    int on=1;
    setsockopt(listenFd, SOL_SOCKET, SO_REUSEADDR, &on, sizeof(on));
    if(bind(listenFd, (struct sockaddr *)&addr, sizeof(addr)) == -1)
    {
        cout<<"bind error"<<endl;
        exit(2);
    }
    listen(listenFd, 5);
```

```cpp
    EventSet(&g_Events[MAX_EVENTS], listenFd, 0, AcceptConn, &g_Events[MAX_EVENTS]);
    EventAdd(epollFd, EPOLLIN, &g_Events[MAX_EVENTS]);
}
//主程序
 int main(int argc, char **argv)
{
    struct epoll_event events[MAX_EVENTS];
    unsigned short port=1025;
    int maxConn, currConn;
    maxConn=0;
    currConn=0;
    if(argc >= 2)
        port = atoi(argv[1]);
    epf = epoll_create(MAX_EVENTS);    //创建 epoll
    if(epf<=0)
    {
        cout<<"Create epoll failed, epf="<<epf<<endl;
        exit(0);
    }
    InitListenSocket(epf, port);    //创建非阻塞式听套接字
    cout<<"Server is running at port "<<port<<"."<<endl;
    long now = time(NULL);
    long past = time(NULL);
    for(; ; )
    {
        currConn=0;
        for(int i = 0; i < MAX_EVENTS; i++)
        {
            if(!g_Events[i].status)
                continue;
            long duration = now - g_Events[i].last_active;
            if(duration >= 60)        // 60 s 超时
            {
                cout<<"fd: "<<g_Events[i].fd<<" timeout with duration <"
                    <<g_Events[i].last_active<<"--"<<now<<">"<<endl;
                EventDel(epf, &g_Events[i]);
                close(g_Events[i].fd); //fd is deleted from epf when fd closed
            }
            else
```

```cpp
            {
                currConn++;
                if(currConn>maxConn)
                    maxConn=currConn;
            }
        }
        now = time(NULL);
        if(now-past>1)
        {
            cout<<"Waiting，current conn is "<<currConn<<", maxConn is "<<maxConn<<endl;
            past=now;
        }
        // 开始等待事件发生
        int fds = epoll_wait(epf, events, MAX_EVENTS, 1000);
        if(fds < 0)
        {
            cout<<"epoll_wait error, exit"<<endl;
            break;
        }else if(fds == 0)      //没有任何连接
        continue;
        cout<<"Received fds="<<fds<<endl;
        for(int i = 0; i < fds; i++)   //fds 指返回的事件数
        {
            evnt_s *ev = (struct evnt_s*)events[i].data.ptr;
            if((events[i].events & EPOLLIN) && (ev->events & EPOLLIN)) //接收事件
            {
                ev->call_back(ev->fd, events[i].events, ev->arg);
            }
            if((events[i].events & EPOLLOUT) && (ev->events & EPOLLOUT)) //发送事件
            {
                ev->call_back(ev->fd, events[i].events, ev->arg);
            }
        }
    }
    return 0;
}
```

第10章 云网站的搭建

10.1 概　　述

10.1.1 云网站的优点和问题

云网站是基于云计算资源的网络服务站点，可以是物理设备，也可以是虚拟设备，在处理各种应用任务、网络基础任务(连接、路由、安全等)的同时，还可以提供网络虚拟化、防火墙保护和负载平衡等优化功能。云网站与云服务的结合，使公共、私有或混合云环境能够无缝集成，使本地网络能够轻松地扩展到云中，从而成功构建高灵活、可扩展的IT基础设施。相比传统网站，云网站具有如下优点：

(1) 可扩展性：可以轻松地根据业务需求进行扩展，允许添加更多资源，而无须对基础架构进行重大更改。

(2) 高性价比：减少对大量内部部署硬件的需求，可以大大降低资金支出。

(3) 灵活性：支持各种云应用程序和服务，适应不同的业务需求。

(4) 可访问性：大大增强了远程访问的易用性，使用户更容易地从不同地理位置，以不同计算机设备访问各种网络资源。

云网站面临的主要问题有：

(1) 安全性：确保本地网络和云之间传输期间的数据安全至关重要。

(2) 兼容性：需要与现有的网络基础设施和各种云服务兼容。

(3) 管理：需要有效的管理策略来处理复杂的网络操作和云交互。

云网站是现代网络架构中的一个关键组件，它实现了传统网络和基于云的数不胜数的服务之间的友好沟通，提供了一种更集成、更高效、更灵活的网络资源。

10.1.2 基本服务模型

SaaS、PaaS和IaaS是云计算中的三种基本服务模型，各自提供不同级别的控制、灵活性和管理，以满足各种业务需求。各自的定义和对比如下：

(1) 软件即服务(SaaS)：在订阅的基础上，通过互联网提供软件应用程序及其运行环境，是最全面的云服务形式。对用户最为友好，SaaS 服务处理一切任务，用户可通过互联网从任何接入点访问服务软件，无须管理、安装或升级软件，例如 Google Workspace(曾用名 G Suite)、Microsoft Office 365、Salesforce、chatGPT、讯飞星火等。

(2) 平台即服务(PaaS)：提供运行应用程序所需的环境，包括操作系统、数据库、中间件，以及测试、开发和托管应用程序的工具等。用户只需关注应用程序的开发和管理，无须关心底层基础设施的构建和维护，例如谷歌应用程序引擎、微软 Azure、AWS 弹性 Beanstalk、百度云 BAE 等。

(3) 基础设施即服务(IaaS)：提供虚拟化计算资源、基础架构组件等基础设施，如虚拟机、存储和网络管理，用户可以在这些基础上构建自己的应用程序和服务。这种模型式为用户对 IT 资源的管理提供了高度灵活性和强大的控制能力，例如亚马逊网络服务(AWS)、微软 Azure、谷歌计算引擎(GCE)、阿里云 ECS、腾讯云 CVM。

总之，SaaS、PaaS 和 IaaS 之间的选择取决于业务的特定需求和用户的技术能力，SaaS 提供现成的软件解决方案，PaaS 提供开发平台，IaaS 提供底层计算基础设施。

本书选择阿里云 ECS 构建一个云网站，并在网站上开发 Web 服务、基于 WebSocket 的长连接服务、基于 MQTT 协议的物联网服务等应用。

在选择云平台时，很多平台对新用户有收费优惠，常常是标准收费的百分之十几到二十几，续费时优惠会大幅减少。例如，对新用户收取年费 80 元，第二年续费就要收 700 元，所以如果要长期使用平台的某个产品，可以在第一次(新用户的时候)一次性付几年的费用。云平台的注册通常要求实名认证，有些云平台允许一个人注册几个名称，有些只允许一个，在购买云服务之前应先了解一下。

10.2 Nginx 服务器

10.2.1 Nginx 概述

我们以阿里云的轻量级服务器为平台建立一个网站，在注册、登录阿里云平台之后，可以使用轻量级应用服务器、域名、RDS 数据库(MySQL)，选择适当的地域的机房，运行轻量级应用服务器实例。机房如果选择我国大陆的，网站的域名必须备案，选择中国香港、新加坡等目前无须备案。备案过程非常简单，按照阿里云平台上的提示进行即可。如图 10.1 所示，在运行轻量级服务器实例后，我们得到了两个 IP 地址：私有地址(172.17.59.30)，即内网网址，用于阿里云各机房构成的虚拟内网寻址，如果你有多个阿里云服务器，它们之间就可以使用内网地址进行通信；公共地址，即 Internet 地址(47.102.142.110)，互联网上的用户可以用这个地址访问你的网站。

我们选用 Ubuntu20.04 操作系统，服务器上 Linux 采用文本界面，因服务器强调的是效率，网络管理员也都是计算机专业人员，所以默认不会安装图形界面组件。ping 一下网址：ping 47.102.142.110，正常情况下会接通。

第 10 章 云网站的搭建

图 10.1 阿里云应用服务器地址

如果没有域名，可申请一个，然后作 SCP 备案；备案后就可以提交域名解析，一般域名解析需要几个小时到一两天。ping 一下域名，如果成功就表示域名解析成功，如 ping raddh.com。如果不想使用域名，那么就只能用 IP 地址访问了。

然后，打开防火墙管理界面，如图 10.2 所示。至少需要开通 80 用于 HTTP 访问，443 用于 HTTPS 访问，21 和 22 用于 FTP 访问。

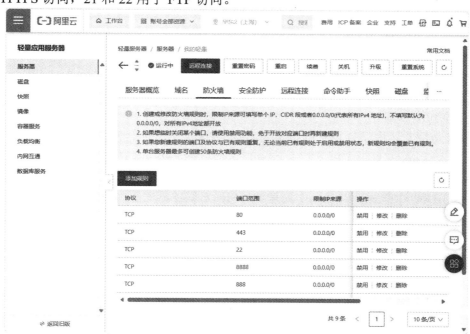

图 10.2 阿里云应用服务器防火墙

接下来，构建 Web 服务体系，通常有 LAMP 和 LNMP 两种选择：

- LAMP(Linux、Apache、MySQL/MariaDB、PHP/Python/Perl)，是一个流行的开源 Web 应用软件堆栈。这个体系以 Linux 作为操作系统，Apache 作为 Web 服务器，MySQL/

MariaDB 作为数据库管理系统，PHP/Python/Perl 作为开发动态 Web 内容的编程语言。

- LNMP(Linux、Nginx、MySQL/MariaDB、PHP/Python/Perl)，是 LAMP 堆栈的一个变体，其中使用 Nginx 而不是 Apache 作为 Web 服务器。Nginx 能够比 Apache 更好地处理高负载，是建设高流量网站的热门选择。就目前情况而言，Apache 更适合处理动态请求比较多的站点，Nginx 更适合处理静态请求比较多的站点。

此处，我们采用 LNMP 体系，编程语言主要使用 JavaScript/nodejs。Nginx 的正确发音是"Engine-X"，但国内程序员大多把它念作"恩禁克斯"。因为绝大多数人知道它的正确发音，所以对内或对外交流时注意一下发音。

Nginx 是一个 Web 服务器，也可以用作反向代理、负载均衡器、邮件代理和 HTTP 缓存。Nginx 以高性能、稳定性、丰富的功能集、简单的配置和低资源消耗而闻名。由于其同时处理大量连接时效率高，通常用于高流量网站。

正向代理与反向代理的概念：

- 正向代理：客户端和互联网应用服务器之间的转发代理服务器。当客户端发出请求时，它会被发送到转发代理，然后转发代理将请求转发到互联网。响应也会通过此代理路由返回。正向代理通常用于内容过滤、隐私或安全目的，例如在公司网络中控制和监测网络流量。从客户端的角度来看，客户端知道应用服务器的地址，客户端请求正向代理去替自己完成访问应用服务器的工作。

- 反向代理：同样是一个转发代理，它位于一个或多个 Web 服务器前面，将客户端的请求转发到它后面的这些 Web 服务器上；来自 Web 服务器的响应又通过反向代理传递回客户端，而客户端通常不知道代理的存在。反向代理主要用于负载平衡、提供 SSL 加密、缓存静态内容，或隐藏后端服务器的存在以确保安全。从客户端的角度来看，客户端不知道应用服务器的存在，客户端请求反向代理完成业务处理。例如：访问 www.baidu.com 检索一个图片，百度是有服务器集群的，百度把检索任务交给集群中哪个应用服务器完成，客户端是不知道的。

Nginx 是俄罗斯程序员 Igor Sysoev 于 2004 年首次发布的一个关于 C10K 问题的解决方案，所以在 Nginx 的目录中可以看到 koi-utf 这个目录，koi-utf 是与斯拉夫语系相关的文字编码。C10K 是指 10000 个连接的情况，早期的 Apache 服务器采用 TPC 的并发方式，意味着需要 10000 个线程。同理，如果是 C10M，对服务器的压力将是巨大的。Nginx 采用 epoll 作为其网络 I/O 模型，使得 Nginx 在处理大规模并发连接时具有显著的性能优势，能够胜任 C10K 及以上级别的任务。

通常所说的 Nginx 是指 Nginx 开源版，免费并由社区提供支持。Nginx Plus 则是商业版，由 Nginx 公司(Igor Sysoev 创立的公司)提供技术支持和咨询服务。Nginx 为一般的网络服务和代理需求提供了一套强大的功能，Nginx Plus 则通过额外的企业级功能和专业支持扩展了这些功能。

对于静态内容，Nginx 可以快速高效地传递文件；对于动态内容，Nginx 通常充当反向代理，将请求转发到运行 PHP、Python 或 Node.js 的应用程序服务器，然后将响应发送回客户端。在作反向代理时，Nginx 还支持内容缓存，能够减少应用程序服务器上的负载和缩短响应时间。Nginx 内置了许多安全功能，如对加密连接的 SSL/TLS 支持和对常见网络攻击的保护，从而提高了网络安全性。Nginx 的配置语法简单高效，并且支持各种第三方模块，允许用户扩展其功能。

Nginx 在 Ubuntu20.04 系统中的目录如下所述。

(1) /etc/nginx：配置目录。

- 其中的目录

/etc/nginx/sites-enabled：其中 default 文件存放 Nginx 当前的默认配置文件，由主配置文件 nginx.conf 使用 include 引用。

/etc/nginx/sites-available：所有的可用配置，包括临时不启用的站点。这些站点可以链接到/etc/nginx/sites-enabled，例如 ln -s /etc/nginx/sites-available/virtualbot /etc/nginx/sites-enabled/virtualbot。

/etc/nginx/modules-enabled 和/etc/nginx/modules-available：与上述两个 site 目录的作用类似，由主配置文件 nginx.conf 使用 include 引用。

/etc/nginx/conf.d：除主配置文件以外的附加配置文件，由主配置文件 nginx.conf 使用 include 引用。

- 其中的文件

fastcgi.conf 和 fastcgi_params：FastCGI(Fast Common Gateway Interface，快速通用网关接口)的配置文件。FastCGI 是 CGI 的增强版本，CGI 详细描述了 Web 服务器和请求处理程序(脚本解析器)在获取及返回数据过程中传输数据的标准，如 HTTP 协议的参数名称等。大多数 Web 程序以脚本形式接收并处理请求，然后返回相应数据，如脚本程序 PHP、JSP、Python 等。FastCGI 将请求处理程序独立于 Web 服务器之外，并通过减少系统为创建进程而产生的系统开销，使 Web 服务器可以处理更多的 Web 请求。FastCGI 与 CGI 的区别在于，FastCGI 不像 CGI 那样对 Web 服务器的每个请求均建立一个进程进行请求处理，而是由 FastCGI 服务进程接收 Web 服务器的请求后，由自己的进程自行创建线程完成请求处理。

scgi_params：SCGI(Simple Common Gateway Interface，简单通用网关接口)是 CGI 的替代版本，它与 FastCGI 类似，同样是将请求处理程序独立于 Web 服务器之外，但更容易实现，性能比 FastCGI 要弱一些。Nginx 在配置 uWSGI 代理服务时会根据 uwsgi_params 文件向 uWSGI 服务器传递变量。

uwsgi_params：uWSGI 是一个应用服务器，它实现了 WSGI 协议并提供高性能的 Web 应用程序托管环境。WSGI(Web Server Gateway Interface)协议是一种简单、快速的二进制协议，用于 Web 服务器和特定语言的应用程序服务器之间的通信，它不是 HTTP，而是一种用于 Python Web 应用程序或框架与 Web 服务器之间高效通信的协议。WSGI 协议也支持 Ruby、Perl 和 PHP 等其他语言。

koi-utf、koi-win、win-utf：在 Linux 和 Windows 环境下的语言编码，koi 是斯拉夫语系的编码。

mime.types：支持的媒体类型。

proxy_params：代理参数，与负载均衡等相关。

nginx.conf：主配置文件，后面详细讲解。

(2) /usr/sbin/nginx：可执行文件。

(3) /var/log/nginx：日志。

(4) /etc/init.d/：Nginx 的启动脚本(Shell)文件。

(5) /var/www/nginx-default：默认的虚拟主机所在位置。主页相连的图片、视频可放在下级目录，HTTP/HTTPS 可以搜索下级目录，但不能搜索上级目录。

(通常也可以用其他目录，如 /var/www、/var/www/html 等，由/etc/nginx/ sites-available 里的配置 root 项指定)。

10.2.2 Nginx 配置

Nginx 主要由主配置文件 nginx.conf 和/etc/nginx/sites-enabled/default 构成。这里以实例文件进行讲解，其中#表示注释，#//表示本文附加的注释。

(1) 文件 nginx.conf 的代码如下：

```
user www-data; #//指定用户组
worker_processes auto; #//启动进程的数量，一般 auto 或与逻辑 CPU 数量相同
pid /run/nginx.pid; #//进程(组)号保存于此
include /etc/nginx/modules-enabled/*.conf;
events {
    worker_connections 20000; #//一个进程的最大并发连接数，小于等于系统的最大限值
    multi_accept on;   #// 1/0 循环/并发。on 表示循环，指连接到达后只有 1 个进程接收，
                       #//不会有惊群现象
}
http {
    # Basic Settings
    sendfile on;  #//是否调用 OS 的 sendfile 函数输出文件，一般设置为 on，重负载
                  #//(如下载)为 off
    tcp_nopush on;    #//在 sendfile on 才能有效，填满数据才发
    tcp_nodelay on;   #//在 keep_alive 有效时才能有效，有数据就发
                      #//如果这两项都有效，前面填满数据才发，最后有数据就发
    keepalive_timeout 65;   #//秒
    types_hash_max_size 2048;   #//为 MIME 类型设置哈希表的最大尺寸，决定了为哈希表分配
                                #//的内存量。太小会增加哈希表中潜在的冲突数量，太大会
                                #//消耗过多的内存
    client_max_body_size 10m;   #//指定客户端在单个请求中可以提交的最大数据大小。对于
                                #//控制资源使用和保护服务器免受由超大请求引起的潜在
                                #//滥用或拒绝服务(DoS)攻击非常重要
    # server_tokens off;
    # server_names_hash_bucket_size 64;
    # server_name_in_redirect off;
    include /etc/nginx/mime.types;
    default_type application/octet-stream;
```

第 10 章　云网站的搭建

```
# SSL Settings
ssl_protocols TLSv1 TLSv1.1 TLSv1.2 TLSv1.3; # Dropping SSLv3, ref: POODLE
ssl_prefer_server_ciphers on;
# Logging Settings #//日志和错误记录文件
access_log /var/log/nginx/access.log;
error_log /var/log/nginx/error.log;
# Gzip Settings      #//Gzip 压缩设置，这种压缩文件后缀为.gz
gzip on;
gzip_vary on;
gzip_proxied any;
gzip_comp_level 6;
gzip_buffers 16 8k;
gzip_http_version 1.1;
gzip_types  text/plain  text/css  application/json  application/javascript  text/xml  application/xml application/xml+rss text/javascript;
#WebSocket Settings    #//长连接 WebSocket 设置，对头部包含 upgrade 的 HTTP 包执行 upgrade，
                       #//升级为 WebSocket 协议包进行处理；如果匹配为空，则执行 close
map $http_upgrade $connection_upgrade {
    default upgrade;
    '' close;
}
upstream rtserver {#//反向代理，把 rtserver 服务转到 127.0.0.1:8010 处理，给予长时
                   #//间的保活
    server 127.0.0.1:8010;
    keepalive_timeout 3600;
}
upstream histserver {#//反向代理
    server 127.0.0.1:8014;
}
upstream maintserver {#//反向代理
    server 127.0.0.1:8016;
}
upstream normserver {
    server 127.0.0.1:8018;
}
upstream testwebsserver {
    server 127.0.0.1:8020;
}
upstream testnormserver {
```

```
            server 127.0.0.1:8025;
        }
        # Virtual Host Configs
        include /etc/nginx/conf.d/*.conf; #//加入附加配置
        include /etc/nginx/sites-enabled/*; #//加入附加配置
    }
```

(2) 文件 default 的代码如下：

```
    # Default server configuration
    #Reverse Proxy
    #Only declare, exec in server-location
    #//每个 server 生成一个虚拟主机
    server {
        listen 80 default_server;        #//IPv4 的服务端口
        listen [::]:80 default_server;   #//IPv6 的服务端口
        root /var/www/html;              #//静态页面存放位置
        # Add index.php to the list if you are using PHP
        #index index.html index.htm index.nginx-debian.html; #//默认的网站主页面
        server_name www.raddh.com;       #//域名
        location / {   #//将所有 HTTP 请求重定向为 HTTPS 请求
            return 301 https://$host$request_uri;
        }
    }
    server {
        #listen 80 default_server;
        #listen [::]:80 default_server;
        # SSL configuration
        listen 443 ssl default_server;        #//IPv4 的 SSL 服务端口，用于 HTTPS 服务
        listen [::]:443 ssl default_server;   #//IPv6 的 SSL 服务端口，用于 HTTPS 服务
        include snippets/snakeoil.conf;       #//SSL 证书和密钥的位置。证书和密钥不是 Nginx 生
                                              #//成的，需要用户使用第三方软件制作
        root /var/www/html;
        # Add index.php to the list if you are using PHP index index.html index.htm
        # index.nginx-debian.html;
        server_name www.raddh.com;
        #//URL 匹配，对请求字串除去主机名称外的部分进行匹配，使用正则规则过滤。后面详述
        location ^~ /rtS/ {
            # First attempt to serve request as file, then
            # as directory, then fall back to displaying a 404.
            # for test, return 301 https://$host$request_uri;
```

```nginx
        proxy_http_version 1.1;
        proxy_pass http://rtserver;          #https://127.0.0.1:8010
        proxy_set_header Upgrade $http_upgrade;
        proxy_set_header Connection "upgrade";
        proxy_read_timeout 3580;
        proxy_send_timeout 3580;
        #//以下4行用于解决跨域问题。后面详述
        add_header 'Access-Control-Allow-Origin' *;
        add_header 'Access-Control-Allow-Credentials' 'true'; #//允许带上 cookie 请求
        add_header 'Access-Control-Allow-Methods' *; #//允许请求的方法，如 GET/POST
        add_header 'Access-Control-Allow-Headers' *; #//允许请求的 header
    }
    location ^~ /histS/ {
        add_header 'Access-Control-Allow-Origin' *;
        add_header 'Access-Control-Allow-Credentials' 'true';
        add_header 'Access-Control-Allow-Methods' *;
        add_header 'Access-Control-Allow-Headers' *;
        proxy_pass http://histserver;         #//http://127.0.0.1:8014
    }
    location ^~ /maintS/ {
        add_header 'Access-Control-Allow-Origin' *;
        add_header 'Access-Control-Allow-Credentials' 'true';
        add_header 'Access-Control-Allow-Methods' *;
        add_header 'Access-Control-Allow-Headers' *;
        proxy_pass http://maintserver; #//http://127.0.0.1:8016
    }
    location ^~ /normS/ {
        add_header 'Access-Control-Allow-Origin' *;
        add_header 'Access-Control-Allow-Credentials' 'true';
        add_header 'Access-Control-Allow-Methods' *;
        add_header 'Access-Control-Allow-Headers' *;
        proxy_pass http://normserver;     #//http://127.0.0.1:8018
    }
    location / {
        add_header 'Access-Control-Allow-Origin' *;
        add_header 'Access-Control-Allow-Credentials' 'true';
        add_header 'Access-Control-Allow-Methods' *;
        add_header 'Access-Control-Allow-Headers' *;
        # First attempt to serve request as file, then
```

```
            # as directory, then fall back to displaying a 404.
            try_files $uri $uri/ =404;
        }
    }
    #//可以加入更多的网站
    # Virtual Host configuration for example.com
    #
    # You can move that to a different file under sites-available/ and symlink that
    # to sites-enabled/ to enable it.
    # server {
    #    listen 80;
    #    listen [::]:80;
    #
    #    server_name example.com;
    #
    #    root /var/www/example.com;
    #    index index.html;
    #
    #    location / {
    #        try_files $uri $uri/ =404;
    #    }
    #}
```

10.2.3 URL 匹配及跨域问题

1. 匹配

location 用正则规则来匹配 URL，就是 HTTP 请求中除去主机名以外的字串。例如：http://www.raddh.com/normS/h53.html 表示想获取网站上的/normS/h53.html 文件，但实际对应的是/var/www/html/normS/h53.html。需要匹配的字串就是/normS/h53.html，这是一个精确匹配。如果输入 http://www.raddh.com/，表示想获取网站上默认主页文件，即/var/www/html/index.html，也是一个特殊的精确匹配。

```
        location ^~ /normS/ {
            proxy_pass http://normserver;        #//http://127.0.0.1:8018
        }
        location / {
            # First attempt to serve request as file, then
            # as directory, then fall back to displaying a 404.
            try_files $uri $uri/ =404;
        }
```

上面这段代码，第一个 location 表示凡是以/normS/开头的字符串的请求，都交给 http://normserver 去处理；第二个 location 表示如果先前所有 location 匹配都不成功，就交给此模块处理；try_files 表示尽力去寻找文件，如果还是找不到，就以错误代码 404 回复客户机。

正则规则是比较复杂的，在 location 中常用的符号包括(不含其中的冒号)：

=：以此符号开头，表示精确匹配。

^~：以此符号开头，表示 URL 以某个常规字符串开头，理解为匹配 URL 路径即可，nginx 不对 URL 做编码。

~：区分大小写的正则匹配。

~*：不区分大小写的正则匹配。

!~ !~*：区分大小写不匹配及不区分大小写不匹配的正则。

/：通用匹配，任何请求都会匹配到。

多个 location 配置时，匹配顺序如下：

首先精确匹配(=)，然后字符串匹配 ^~，再按文件中的顺序的正则匹配，最后通用匹配(/)。

当匹配成功时就停止匹配，并按当前匹配到的规则处理请求。

2. 跨域问题

跨域问题是由浏览器的同源策略导致的。同源策略是浏览器的一种安全机制，其核心思想是，只有在协议、域名和端口这三个方面完全相同的情况下，浏览器才认为接收到的网页文件有效。其主要目的是保护用户的敏感信息，防止恶意的网站获取并滥用用户的 cookie 等存储性内容。但是，同源策略也导致了跨域问题的出现，即使正常发出请求并得到服务器的正常响应，由于同源策略的限制，有些数据在到达浏览器后仍然会被丢弃。在 Nginx 服务器，由于 HTTP 经常被转为 HTTPS，对浏览器来说违反了同源策略，因而丢弃收到的回复数据。用 Wireshark 抓取数据包，可以看到服务器已回复数据，但浏览器却无后续反应。解决跨域问题有几种方法，其中在 location 中添加 add_header 信息是一种比较好的解决方案。例如：

```
location ^~ /normS/ {
    add_header 'Access-Control-Allow-Origin' *;
    add_header 'Access-Control-Allow-Credentials' 'true';
    add_header 'Access-Control-Allow-Methods' *;
    add_header 'Access-Control-Allow-Headers' *;
    proxy_pass http://normserver;        #//http://127.0.0.1:8018
}
location / {
    add_header 'Access-Control-Allow-Origin' *;
    add_header 'Access-Control-Allow-Credentials' 'true';
    add_header 'Access-Control-Allow-Methods' *;
    add_header 'Access-Control-Allow-Headers' *;
    # First attempt to serve request as file, then
```

```
    # as directory, then fall back to displaying a 404.
    try_files $uri $uri/ =404;
}
```

10.2.4　Nginx 的运行

与 Nginx 相关的常用 Shell 指令有启动(nginx)、停止(nginx -s stop)、版本(nginx –v)、热启动(热部署，nginx -s reload)。

按照计算机网络管理要求，应当将备案信息显示于主页的下方，所以在 index.html 的体部中加入备案连接。代码如下：

```
<footer>
    <p><a href="https://beian.miit.gov.cn/#/Integrated/index">陕 ICP 备 2023003873 号</a></p>
</footer>
```

打开浏览器访问网站 http://www.raddh.com，协议会被自动转换为 HTTPS，正常情况下将出现如图 10.3 所示的回应。

图 10.3　加入备案信息后的 Nginx 服务器的主页

也可以使用第三方提供的管理工具来维护网站，如宝塔面板等。安装好宝塔面板后，如图 10.4 所示。输入 bt，可以看到其命令行列表，然后按其命令行来管理网站。

图 10.4　宝塔面板功能列表

10.3 工具 WinSCP

WinSCP(Windows Secure Copy)是一款流行的免费开源 Windows 客户端，支持 SFTP(SSH File Transfer Protocol)、SCP(Secure Copy Protocol)、FTP(File Transfer Protocol)和 WebDAV(Web Distributed Authoring and Versioning)，主要用于在本地计算机和远程计算机之间安全地传输文件。使用 WinSCP，我们可以在本地计算机上观看网站上的文件目录、增删改查网站文件，并实现本地计算机文件与远方网站上的文件的互相复制。

运行 WinSCP，选用 SFTP，输入(服务器端)Ubuntu 的用户名和密码，如 root 和 88202369，登录成功后界面如图 10.5 所示。左侧是本地目录，右侧是网站目录。可以拖动文件实现两方的互相复制，也可以打开某个文件进行编辑。直接编辑网站上的文件，默认是在文本编辑器里进行，可以在网站文件上单击鼠标右键，然后选择"编辑"→"配置"→"添加"，即加入新的编辑器，如 Vs Code 编辑器。

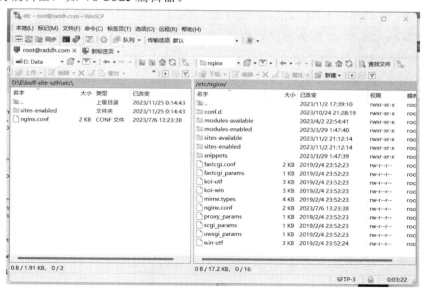

图 10.5 WinSCP 界面

可以直接在网站上编辑文件，但由于网络不稳定，可能会出现断开连接等问题。出于效率考虑，可以针对某个文件夹在本地建一个镜像文件夹，把网站文件复制到本地，并在本地编辑，然后再把文件复制回网站。

10.4 工具 VNC Viewer

VNC Viewer 是 VNC(Virtual Network Computing)系统的一部分，是一个允许远程访问

和控制其他计算机的软件应用程序。VNC Viewer 功能类似于 Telnet，但它是加密传输，具有更高的安全性。VNC Viewer 广泛用于远程技术支持、在家访问工作计算机上的文件、管理网络服务器等场合。

VNC Viewer 是 VNC 远程桌面解决方案中的客户端，它连接到运行着 VNC 服务器进程的远程计算机上，允许用户以远程桌面的形式访问服务器。用户的键盘和鼠标输入从客户端传输到服务器，服务器的图形屏幕一旦发生更新就发送给客户机并在客户机上显示，好像用户就坐在服务器面前一样。VNC Viewer 具有良好的跨平台兼容性，适用于多种操作系统，如 Windows、macOS、Linux 和各种移动平台。

这类远程桌面的常用功能有：

(1) 远程技术支持：技术人员使用 VNC Viewer 远程连接到用户的计算机以解决问题。
(2) 远程工作：从家里或外出时访问位于公司里的工作电脑。
(3) 服务器管理：管理服务器环境，而不需要实际位于服务器位置。

有时远程桌面的应用可以给用户的工作带来极大的便利性。例如：在机器人开发中，可以在机器人的车载电脑上安装 VNC 服务器，然后在桌面电脑上使用 VNC Viewer 连接，这样我们就能够以身临其境的方式观察机器人的周边环境了。

在客户端，我们采用 VNC-Viewer-7.0.1-Windows，并在轻量级服务器上安装 VNC 服务器。以下是本书安装 VNC 服务器的过程(选择 gdm3)：

```
aptitude install ubuntu-desktop
sudo add-apt-repository main
sudo add-apt-repository universe
sudo add-apt-repository restricted
sudo add-apt-repository multiverse
apt install gnome-panel gnome-settings-daemon metacity nautilus gnome-terminal ubuntu-desktop
apt update #更新
sudo apt install xfce4 xfce4-goodies #安装桌面环境
#安装 vncserver
apt install tightvncserver
#启动 vncserver
vncserver
#在 xstartup 文件中更新为如下内容：
#!/bin/bash
xrdb $HOME/.Xresources
startxfce4 &
#然后设置该文档的权限
chmod +x ~/.vnc/xstartup
#启动一个服务器，并设置屏幕分辨率
vncserver -kill :1 && vncserver -geometry 1920x1080 :1
```

VNC server 的默认端口从 5901 开始，即运行:1 实例，它就使用 5901 端口，运行:3 实例，它就使用 5903 端口，端口情况可用 netstat -atlp 查询。安装好服务器后不要忘了在防火墙开放相应的端口。如图 10.6 和图 10.7 所示，服务器上建立了 3 个 VNC 服务端口，客户机端成功建立了 3 个远程桌面。

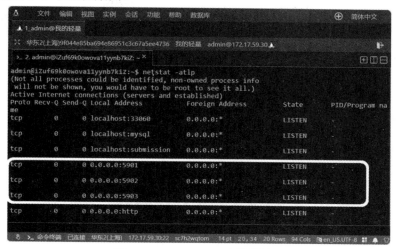

图 10.6　VNC Server 占用的端口

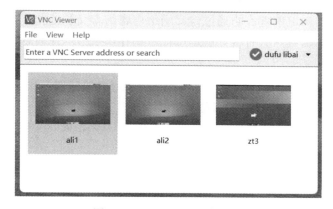

图 10.7　VNC Viewer 客户端

第 11 章 基于 HTML 的静态网页编程

11.1 HTML 概述

HTML(HyperText Markup Language，超文本标记语言)是设计用于编写在 Web 浏览器中显示的文档的标准标记语言。它通过定义网络内容的含义和结构，形成了网页的结构基础。HTML 是纯文本语言，具有极好的通用性，不存在字节顺序问题。

1. HTML 语法

(1) 基本语法：HTML 使用标签，即包含在尖括号内的元素，如<tagname>，来标识文本、图像和其他内容，以便在 Web 浏览器中显示。

(2) 元素：HTML 文档由元素组成，这些元素是 HTML 页面的构建块。元素具有开始标签、内容和结束标签，例如<p>Hello Web！</p>。

(3) 属性：元素可以具有属性，属性对大小写不敏感，可以提供有关元素的附加信息，例如<a href= "https://www.raddh.com">链接</a>)。

2. HTML 文档的标准结构

如图 11.1 所示，HTML 文档包含声明、根元素、头部和体部。

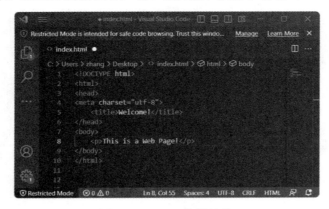

图 11.1 HTML 文档结构

<!DOCTYPE html>：声明文档类型和 HTML 版本。

\<html\>：HTML 页面的根元素。
\<head\>：包含有关文档的元信息。
\<title\>：指定文档的标题，标题会显示在浏览器的标签页名称里。
\<body\>：页面内容。
\<p\>：表示段落，其包围的文本在视觉呈现上通常会为其前后添加一些垂直间距。

3. HTML 版本

(1) HTML 1.0：第一个版本，未被广泛认可为标准。
(2) HTML 2.0：1995 年发布的第一个标准版本，成为官方网络标准。
(3) HTML 3.2：于 1997 年推出，包含了更多的表示元素和属性。
(4) HTML 4.01：于 1999 年发布，在国际化、脚本和 CSS 方面迈出了重要的一步。
(5) XHTML：HTML 4.01 的变体，使用 XML 语法，于 2000 年推出。
(6) HTML5：于 2014 年发布，代表了 HTML 功能的重大飞跃。它为复杂的 Web 应用程序提供了本地多媒体支持、语义元素和新的 API 等，并新增了视频播放、拖放等功能，以及定义网页不同部分的新语义元素，如\<nav\>、\<article\>、\<section\>和\<footer\>。HTML5 目前是用于 Web 开发的标准。

11.2 HTML 常用标签

11.2.1 基本结构及文本

1. 基本 HTML 结构

\<! DOCTYPE html\>：声明文档类型和 HTML 版本。
\<html\>：html 页面的根元素，包含所有其他 HTML 元素。
\<head\>：包含有关文档的元信息(如\<title\>、\<meta\>、\<link\>、\<style\>和\<script\>)。
\<title\>：指定文档的标题。
\<body\>：包含文档的内容，如文本、图像、链接等。\<body\>是文档的主体。
\<!--...--\>：注释。

2. 文本内容

\<h1\>到\<h6\>：标题标签，其中\<h1\>是最高(或最重要)级别，\<h6\>是最低级别。
\<p\>：定义段落。
\<em\>：定义强调文本。
\<br\>：插入换行符。
\<hr\>：定义一条水平线。
\<blockquote\>：定义对一个文本块的引用，被引用的文字会有缩进、倾斜等特殊显示。
\<ol\>：有序列表。
\<ul\>：无序列表。

<li>：列表项。

<pre>：保留文本格式，如空格和换行符。<pre>常用于显示源代码。

例程 tagTxt.html 的代码如下：

```html
<!DOCTYPE html>
<html>
<head>
    <meta charset="utf-8"> <!--文件 tagTxt.html-->
    <title>这里是 title</title>
</head>
<body>
    <h1>标题 h1</h1> <h2>标题 h2</h2> <h3>标题 h3</h3> <h4>标题 h4</h4> <h5>标题 h5</h5>
    <h6>标题 h6</h6> <br><hr>
    <ol>
        <li>有序列表条目 1</li><li>有序列表条目 2</li>
    </ol>
    <ul>
        <li>无序列表条目 1</li><li>无序列表条目 2</li>
    </ul>
    <p>
        机器人技术的发展正在<em>不断推动</em>着世界的进步。
        <pre> "pre" file://lsm.txt, \n\r "/pre" </pre>
    </p>
</body>
</html>
```

tagTxt.html 运行结果如图 11.2 所示。

图 11.2　tagTxt.html 运行结果

11.2.2 表格/表单和输入/输出

1. 表格元素

<table>：定义一个表。
<th>：表格标题单元格。
<tr>：表格行。
<td>：表格单元格。
<caption>：表标题。

2. 表单和输入

<form>：为用户输入创建一个表单。
<input>：输入字段。
<textarea>：多行文本输入。
<button>：可点击按钮。
<select>：下拉列表。
<option>：<select>元素中的选项。
<label>：输入元素的标签。

3. 输出

<progress>：显示任务的进度。
<meter>：显示已知范围内的标量测量值(如磁盘使用情况)。
<output>：表示计算或用户操作的结果。

例程 tagTabPp.html 的代码如下：

```html
<!DOCTYPE html>
<html>
<!--文件 tagTxt.html-->
<head>
    <meta charset="utf-8">
    <title>这里是 title</title>
</head>
<body>
    <table border=2">
        <caption>这是一个表标题</caption>
        <tr>
            <th>表格标题 1</th>
            <th>表格标题 2</th>
            <th>表格标题 3</th>
            <th>表格标题 4</th>
        </tr>
```

```html
            <tr>
                <td>
                    progress<br>
                    <progress value="60" max="120"></progress>
                </td>
                <td>
                    meter<br>
                    <meter value="12" min="4" max="20"></meter>
                </td>
                <td>
                    label<br>
                    <label>    这是一个标签    </label>
                </td>
                <td>
                    select<br>
                    <select name="select1" id="sel1">
                        <option>选项 1</option>
                        <option>选项 2</option>
                        <option>选项 3</option>
                    </select>
                </td>
            </tr>
            <tr>
                <td colspan="2">form & output 加法<br>
                    <form oninput="x.value=parseInt(a.value)+parseInt(b.value)">
                        <input type="number" id="a" value="0"> +
                        <input type="number" id="b" value="0"> =
                        <output name="x" for="a b">0</output>
                    </form>
                </td>
                <td colspan="2">text<br>
                    <textarea name="" id="" cols="30" rows="10">大模型是指具有大量参数和复杂结构的机器学习模型。</textarea>
                </td>
            </tr>
        </table>
    </body>
</html>
```

tagTabPp.html 运行结果如图 11.3 所示。

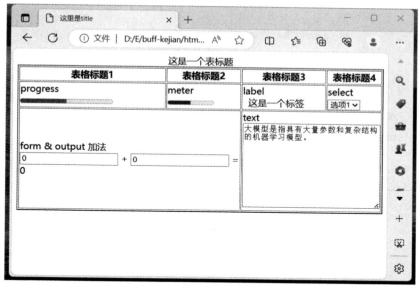

图 11.3　tagTabPp.html 运行结果

11.2.3　语义元素

语义元素如下：

<main>：定义文档在<body>内的主体部分，与<aside>区别。

<header>：定义文档中某一块内容的标题。

<nav>：导航链接。

<article>：定义一块独立内容。

<section>：文档的节，如章节、页脚等。

<aside>：侧边栏，与主要内容间接相关的内容。

<footer>：节或整个文档的页脚。

<div>：文档中的节，把文档分为多个子区域，是子区域的通用容器。

<span>：通用内联容器，对文档中的局部内容作出特殊处理。

例程 tagSem.html 的代码如下：

```
<!DOCTYPE html>
<html>
<head>
    <meta name="viewport" content="width=device-width, initial-scale=1.0">
    <meta charset="utf-8">
    <title>这里是 title</title>
</head>
<body>
    <header>这是一个 header</header>
```

```html
        <nav>
            <ul>
                <li><a href="http://www.baidu.com">百度</a></li>
                <li><a href="http://www.raddh.com">自建网站</a></li>
                <li><a href="./images/img1.jpg">校园图片</a></li>
            </ul>
        </nav>
        <main>
            <section>
                <h2>这是一个 section</h2>
                <p>这是关于计算机网络技术的讨论。</p>
            </section>
            <section>
                <h2>这是另一个 section</h2>
                <p>在这里我们使用 div，虽然 div 的含义不如 section 清晰，但也还是比较常用的。
                </p>
                <div>这里是 div1<br>
                    <textarea name="div1" id="d1" cols="10" rows="5"></textarea>
                </div>
                <div>这里是 div2<br>
                    <textarea name="div2" id="d2" cols="10" rows="5"></textarea>
                </div>
            </section>
            <article>
                <h2>这是一个 article</h2>
                <p>这是一篇关于网络编程的文章。</p>
            </article>
            <aside>
                <h3>与文章相关的链接 aside</h3>
                <ul>
                    <li><a href="#">程序设计</a></li>
                    <li><a href="#">编程语言</a></li>
                </ul>
            </aside>
        </main>
        <footer>这是一个 footer</footer>
    </body>
</html>
```

tagSem.html 运行结果如图 11.4 所示。

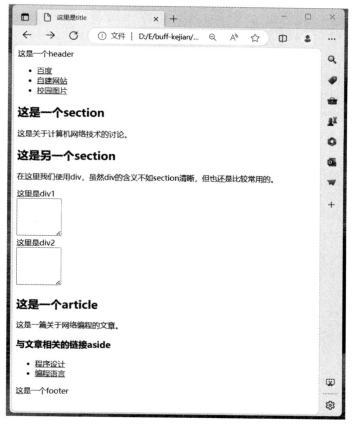

图 11.4　tagSem.html 运行结果

11.2.4　图形/图像和其他多媒体

图形/图像和其他多媒体元素如下：

\<img\>：嵌入图像。

\<audio\>：嵌入声音内容。

\<video\>：嵌入视频内容。

\<source\>：指定多个媒体资源。

\<track\>：为\<video\>和\<audio\>等媒体元素定义文本音轨。

\<alt\>：\<img\>中的属性，定义图像的替代文件。

\<svg\>：定义可缩放矢量图形。

例程 tagMedia.html 的代码如下：

```
<!DOCTYPE html>
<html>
<head>
    <meta charset="utf-8">
    <title>媒体标签例子</title>
```

```html
</head>
<body>
<table>
    <tr>
        <th><h1>图片示例</h1></th>
        <th><h1>音频示例</h1></th>
    </tr>
    <tr>
        <td>
            <img src="./images/img1.jpg" alt="示例图片" width="320" height="120">
        </td>
        <td>
            <audio controls>
                <source src="./video/torvalds-says-linux.mp3" type="audio/mpeg">
                您的浏览器不支持音频元素。
            </audio>
        </td>
    </tr>
    <tr>
        <th><h1>视频示例</h1></th>
        <th><h1>字幕示例</h1></th>
    </tr>
    <tr>
        <td>
            <video width="320" height="240" controls>
                <source src="./video/大闹天宫 1.mp4" type="video/mp4">
                <source src="example.ogg" type="video/ogg">
                您的浏览器不支持视频元素。
            </video>
        </td>
        <td>
            <video width="320" height="240" controls>
                <source src="./video/vd1.mp4" type="video/mp4">
                <track kind="subtitles" src="vd1txt.vtt" srclang="zh" label="中文字幕">
                您的浏览器不支持字幕元素。
            </video>
        </td>
    </tr>
</table>
```

\</body>

\</html>

tagMedia.html 运行结果如图 11.5 所示。

图 11.5　tagMedia.html 运行结果

11.2.5　脚本及其他

1．脚本

<script>：定义客户端脚本。如引用 JavaScript 程序：
　　<script type="text/javascript" src="demo1Web.js"></script>

<noscript>：为不支持客户端脚本的用户定义替代内容。

<iframe>：用于在当前文档中内联嵌入文档。

<embed>：在文档的指定点嵌入外部内容。

2．元标签

<meta>：指定有关 HTML 文档的元数据。

3．样式和关联脚本

<style>：定义文档的样式信息。

<link>：将文档链接到外部资源，通常用于链接到 CSS。例如：
　　<link rel="stylesheet" type="text/css" href="demo_main.css">

<canvas>：用于通过脚本绘制图形。

4．超链接和锚点

<a>：定义超链接。

5．数学

<math>：定义数学运算。

6. 弃用标签

HTML5 中弃用了一些标签，这些标签已被更现代和更高效的替代品所取代，很多原来关于样式和布局的标签功能放在 CSS 中来实现。注意，避免使用这些标签。弃用标签有：

- <center>：用于居中对齐内容。<center>替换为 CSS 文本 align:center。
- <font>、<u>、<s>、<strike>、<big>、<small>、<basefont>、<blink>：用于定义字体、文本的属性，如字体大小、字体颜色、字体类型、下画线等，现在被 CSS 字体和文本属性所取代。
- <marquee>：创建滚动或滑动的文本和图像。这种效果应该通过 CSS 或 JavaScript 来实现。
- <dir>：用于目录列表。<dir>替换为更通用的<ul>(无序列表)标记。
- <applet>：嵌入式 Java 小程序。<applet>替换为<object>、<embed>或其他 Web 技术，如 HTML5 Canvas 或 JavaScript。

虽然这些标签已被弃用，不应在现代 Web 开发中使用，但较旧的浏览器可能仍然支持其中一些。使用现代 HTML 和 CSS 进行结构和样式设计始终是最佳实践，它可以确保更好的可访问性、更清晰的代码以及不同设备和浏览器之间更广泛的兼容性。

11.3 CSS 和 CSS3

11.3.1 选择器

1. CSS 的发展历程

CSS(Cascading Style Sheets，层叠样式表)的历史与 Web 标准的发展和 Web 设计的演变密切相关。CSS 的目的是提高网页的样式设计能力，并将内容(HTML)与表现分离。

20 世纪 90 年代初之前，Web 网页设计直接使用 HTML 来设计视觉样式，网页程序的内容和表现形式混淆在一起，设计难度大，展现效果不佳。CSS 的想法由 Hakon Wium Lie 于 1994 年 10 月提出并开始研发，于 1996 年由 W3C 发布了第一个版本 CSS1。CSS1 是一种简单的样式表机制，允许程序员将样式(如字体和间距等)的属性附加到 HTML 文档中。1998 年 CSS2 发布，此版本扩展了功能，能够支持针对一些媒体(如打印机、屏幕等)的样式设计、定位和索引。20 世纪 90 年代末和 21 世纪初，浏览器兼容性是一个严重问题，不同的浏览器对 CSS 的支持程度不同，这导致了"浏览器战争"，网络程序员不得不为不同的浏览器编写不同的代码。2005 年以后，随着 CSS3 的推出和普及，通过使用供应商前缀来处理特定浏览器等方法，浏览器兼容性问题基本得到解决。与以前的版本不同，CSS3 被分为几个独立的模块，每个模块都添加了新的功能，如动画、转换、变换、网格和柔性盒子布局等，而新的浏览器也开始迅速采用和实现 CSS3 功能，强调标准化和跨浏览器的兼容性。随着 CSS3 的出现和发展，响应式网页设计变得更简单、更高效，网页布局也变得更加容易。

CSS3 通过将内容和表现清晰地分离，彻底改变了网页设计的编程方式，CSS 也从简单的样式逐步发展成为一种精巧的语言，能够支持创建高交互性和视觉形态生动的网站。

2. CSS 的选择器

CSS 在 HTML 文档中使用选择器来设置应用样式，选择器的语法如下：

```
selector {
    property: value;
}
```

例如，要使所有<p>元素变为红色且文本居中：

```
p {color:red; text-align:center; }
```

CSS 的选择器类型很多，从高到低的优先级顺序如下(每行优先级从左到右)：

① !important，重写优先级。例如：

```
#myId {
    color: green;
}
.myClass {
    color: blue !important;
}
```

CSS 默认的优先级是，"#"高于"."，但因为后者加了！important 属性，所以就成了"."高于"#"。

② id 选择器。
③ class 选择器、属性选择器、伪类选择器、反伪类选择器。
④ 标签选择器、伪元素选择器。
⑤ 通配符选择器、关系选择器。

我们对其中常用的加以说明：

1) id 选择器

id 选择器以#开头，并且首字母不能是数字。例如：

```
#sec-id1
{
    text-align:center;
    color:red;
}
```

表示 HTML 文档中 id="sec-id1"的元素使用这种样式。例如：

```
<textarea name="" id="sec-id1" cols="30" rows="10">网络经济</textarea>
```

其中，文字"网络经济"将会以红色、居中显示。

2) class 选择器

class 选择器以.开头，并且首字母不能是数字。例如：

```
.sec-class1
{
```

```
        color: hsl(147, 100%, 50%);
        text-align: right;
    }
```
表示HTML文档中class="sec-class1"的元素使用这种样式。例如：
```
    <textarea name="" class="sec-class1" cols="30" rows="10">网络经济</textarea>
```
其中，文字"网络经济"将会以绿色、靠右显示。

id选择器优先于class选择器。例如：
```
    <textarea name="" class="sec-class1" id="sec-id1" cols="30" rows="10">网络经济</textarea>
```
其中，文字"网络经济"将会以红色、居中显示。

3) 标签选择器

标签选择器是针对元素类型的样式。例如：
```
    textarea {
        color: hsl(261, 100%, 50%);
        text-align: left;
    }
```
则`<textarea name="" cols="30" rows="10">网络经济</textarea>`中的文字"网络经济"将会以蓝色、靠左显示。这种选择器优先级低于class选择器。

4) 属性选择器

属性选择器过滤格式如下：

(1) [attribute ^=value]：选择属性值以指定值开头的元素。例如：
```
    input[type^="te"] {
        border-color: rgb(183, 255, 0);
        background-color: rgb(25, 12, 92);
    }
```

(2) [attribute$=value]：选择属性值以指定值结尾的元素。例如：
```
    a[href$=".pdf"] {
        color: red;
    }
```

(3) *[attribute=value]**：选择属性值包含指定值的元素。

required选项在HTML中表示必选，如果CSS的选择器和HTML文档如下：
```
    input[required] {
        background-color: lightyellow;
    }
    <input type="text" required/>
```
那么，输入文字的背景就变为淡黄色。如果是`<input type="text"/>`，则背景仍为白色。

5) 伪类选择器、反伪类选择器

:nth-child(n)：选择父对象的第n个子项。

:nth-last-child(n)：从子项的末尾选择第n个子项。

:nth-of-type(n)：选择特定类型的第 n 个元素。

:last-child, :first-child：分别选择最后一个子项或第一个子项。

:not(selector)：反伪类，选择每个不是 selector 选中的元素。

例如：p:nth-last-child(3)，选择所有父级元素是 p 的第三个子元素，从最后一个子项开始计数。

6) 伪元素选择器

例如，a:hover 表示鼠标在链接上方。

7) 通配符选择器

例如，*表示对所有元素有效。

3. 引用 CSS 的方法

引用 CSS 的方法有三种：

(1) 外部样式表，可供多个 HTML 文档使用，在头部使用<link>标签引用。例如：
    <link rel="stylesheet" type="text/css" href="chapter11-1.css">

(2) 内部样式表，仅供当前 HTML 文档使用，在头部使用<style>标签引用。例如：
    <style>
        p {color:"yellow"; }
        body {background-color:"white"; }
    </style>

(3) 内联样式表，在 HTML 标签上使用 style 设置。例如：
    <div id="chatroom" style="width:270px; height:300px; overflow:auto; border:1px solid blue"></div>

在某个标签的样式被这三种方法多重定义后，不同项之间以或的关系取结果；相同项按优先级取一个结果，优先级顺序为内联>内部>外部。

11.3.2 盒子模型

CSS 盒子模型是网页设计和开发中的一个基本概念，它描述了元素在网页上的呈现方式。如图 11.6 所示，在 CSS 中，每个元素都被视为一组方框，盒子模型控制这些方框的布局。

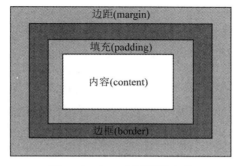

图 11.6 CSS 盒子模型定义

盒子模型的组件有：

内容(content)：框的实际内容，其中显示文本和图像。

填充(padding)：内容和边框之间的空间。增大填充会增加框的大小，但不会包括背景色或图像。

边框(border)：围绕填充和内容的边框。边框是可选的，可以通过各种方式(大小、颜色、样式)进行样式设置。

边距(margin)：最外层，在元素的边界和周围元素之间创建空间。与填充不同，边距没有背景色，它是完全透明的。

如图 11.7 所示，CSS 盒子模型展示可设置为：

```
<!DOCTYPE html>
<html>
<head>
    <meta charset="utf-8">
    <title>盒子模型</title>
    <style>
        section {
            background-color: rgb(211, 211, 211);
            width: 320px;
            border: 20px solid rgb(128, 87, 0);
            padding: 20px;
            margin: 20px;
        }
    </style>
</head>
<body>
    <h3>盒子模型展示</h3>
    <section>内容区域，它的填充 25 px，边框 20 px，边距 20 px，边框颜色是土色。<br>
        内容区域，它的填充 25 px，边框 20 px，边距 20 px，边框颜色是土色。<br>
        内容区域，它的填充 25 px，边框 20 px，边距 20 px，边框颜色是土色。<br>
    </section>
    <p>这里在盒子之外了</p>
</body>
</html>
```

图 11.7　CSS 盒子模型展示

CSS 盒子模型是理解元素如何在网页上布局的关键概念。对于网页设计师和开发人员来说，掌握填充、边界和边距如何影响元素的整体大小与定位是至关重要的。框模型属性的正确使用会极大地影响网页设计的有效性和效率。

11.3.3　CSS 属性类型

CSS 的属性非常多，而且在不断增、删、修改，本节只对其类型进行介绍，详细的属性及用法可以在 W3C 官网 https://www.w3school.com.cn/或其他计算机专业网站查找，也可以借助 ChatGPT、讯飞星火等智能平台查询和获取简单代码。

1. 属性分类

根据功能，可以将 CSS 属性分为以下类型：

(1) 文本和字体：控制文本和字体的外观。文本和字体包括 font-family(字体系列)、font-size(字体大小)、font-weight(字体粗细)、font-style(字体样式)、color(字体颜色)、text-align(文本对齐)、text-decoration(文本装饰)、text-transform(文本转换)、line-height(行高)、letter-spacing(字符间距)、word-spacing(单词间距)。

(2) 盒子模型：定义方框模型元素的布局和尺寸(内容(content)、填充(padding)、边框(border)、边距(margin))。盒子模型包括：

width，height：指定元素的宽度和高度。

padding：内容和边框之间的间距。

border：样式边框(大小(size)、颜色(color)、样式(style))。

margin：边界外的空间。

(3) 背景样式：定制元素的背景颜色、图像以及它们的行为和定位方式。背景样式包括：background-color(背景颜色)、background-image(背景图像)、background-repeat(背景重复)、background-position(背景位置)、background-size(背景大小)。

(4) 定位和显示：控制元素的定位和显示行为。定位和显示包括：

position：确定元素的定位方式(静态(static)、相对(relative)、绝对(absolute)、固定(fixed)、黏性(sticky))。

top，right，bottom，left：使用绝对或相对定位时的位置参数。

display：指示元素的显示方式(块(block)、内联(inline)、内联块(inline-block)、无(none)、柔性(flex)、网格(grid))。

overflow：指定如何处理对于其容器来说太大的内容。

(5) 布局：Flexbox 和 Grid，柔性盒子和网格，用于高级布局控制。布局包括 Flexbox 属性和网格属性。

• Flexbox 属性：flex-direction(方向)、flex-wrap(包裹方式)、justify-content(调整内容)、align-items(元素对齐方式)、align-self(自对齐方式)。

其中，包裹方式指定将 flex 项强制放到一行中，或者将其包裹到多行中。默认所有 flex 项都在一行上。wrap，flex 项将从上到下包裹在多行上。wrap-reverse，反向包装，flex 项将以从下到上的相反顺序包裹到多行上。当一个容器中有多个 flex 项，并且当容器的宽度不足以将它们容纳在一行中时，可以使用此属性来进行设置。例如：

```
.container {
    display: flex;
    flex-wrap: wrap;
}
```

如果当前行中没有足够的空间，.container 中的 flex 项将换行显示。

• 网格属性：grid-template-columns(网格模板列)、grid-template-rows(网格模板行)、

grid-gap(网格间隙)、grid-area(网格面积)。

(6) 列表样式：控制列表的外观(单元的数量、位置和图像)。列表样式包括 list-style-type (列表样式类型)、list-style-position(列表样式位置)、list-style-image(列表样式图像)。

(7) 伪类和伪元素：定制元素及元素子件的特定状态。伪类包括 hover、:focus、:active、:nth-child()；伪元素包括::before、::after、::first-letter、::first-line。

(8) 视觉效果：定制元素的视觉效果。视觉效果包括 box-shadow(框阴影)、text-shadow(文本阴影)、opacity(不透明度)、visibility(可见性)、transform(变换)、transition(过渡)、animation(动画)。其中，transform 指应用 2D/3D 变换实现旋转(rotate)、缩放(scale)、平移(translate)、扭曲(skew)等。

(9) 其他：杂项和特定功能。其他包括 cursor(更改光标外观)、z-index(元素的分层)、clip(剪辑)、filter(过滤)。

CSS 属性是广泛而多样的，每种属性都为网页设计的特定目的服务。了解这些类别及其属性是有效设计和布局网页的基础。分类不仅有助于学习 CSS，而且可以指导各种网页设计场景中的实际应用。

2．属性说明

有两组属性在此特别说明如下：

(1) 当要隐藏某个组件时，可以设置 visibility:hidden 或者 display:none。前者隐藏组件，但仍占有容器中原有的空间；后者隐藏组件，不占有容器中原有的空间。visibility 的另外两个取值是：visibility:visible(显示组件)、visibility:inhert(继承父组件的显示/隐藏特性)。

(2) Grid 布局：网格布局是 CSS 的一种基本布局方式，网格类似于 Excel 表，项目(item)在网格中从左到右、从上到下依次放置。通常需要将单元格进行合并，以便在不同的位置容纳不同大小的内容。相关的属性有：

① grid-template-columns 和 grid-template-rows：定义网格布局中列、行的数量和大小。代码如下：

```
.container {
    display: grid;
    grid-template-columns: 100px 200px auto;
    grid-template-rows: 50px auto;
}
```

上述代码表示网格布局共有 3 列，列宽为 100 像素、200 像素、自动(占据剩余空间)；共有 2 行，第一行高度为 50 像素，第二行为自动。如下面的语句，表示网格布局共有 5 列，每列宽度自动调节：

```
grid-template-columns: auto auto auto auto auto;
```

② grid-column 和 grid-row：定义每个单元格占据的列、行的数量。代码如下：

```
.item1 {
    grid-column: 1 / 3;
    grid-row: 1;
}
```

```css
.item2 {
    grid-column: 2 / 4;
    grid-row: 2;
}
```

其中，.item1 表示占据第 1(包含)到第 3(不包含)列，放置在第 1 行；.item2 表示占据第 2(包含)到第 4(不包含)列，放置在第 2 行。

举一个例子进一步说明，CSS 代码如下：

```css
.cont1 {
    display: grid;
    grid-template-columns: 20% 20% 20% 20% auto;
    grid-template-rows: 50px 50px 50px;
}
.item {
    display: flex;
    align-items: center;
    justify-content: center;
    color: white;
    font-size: 12px;
}
.item-1 {
    background-color: rgb(39, 220, 85);
}
.item-2 {
    background-color: rgb(4, 78, 68);
}
.item-3 {
    background-color: rgb(164, 184, 181);
    grid-column: 2 / 4;
    grid-row: 2 / 4;
}
.item-4 {
    background-color: rgb(210, 134, 172);
    /* span 表示跨越若干行或列。下句含义：从第 1 行第 4 列开始，覆盖 3 行 2 列的区域 */
    grid-area: 1 / 4 / span 3 / span 2;
}
```

HTML 代码如下：

```html
<!DOCTYPE html>
<html>
<head>
```

```
        <meta name="viewport" content="width=device-width, initial-scale=1.0">
        <meta charset="utf-8">
        <link rel="stylesheet" href="./chapter11-1.css">
        <title>这里是 title</title>
    </head>
    <body>
        <main>
            <p>网格布局演示</p>
            <section class="cont1">
                <section id="item1" class="item item-1">1</section>
                <section id="item2" class="item item-2">2</section>
                <section id="item3" class="item item-1">3</section>
                <section id="item4" class="item item-2">4</section>
                <section id="item5" class="item item-1">5</section>
                <section id="item6" class="item item-3">6</section>
                <section id="item7" class="item item-4">7</section>
            </section>
            <p>我们可以看到单元格合并的情况</p>
        </main>
    </body>
</html>
```

运行结果如图 11.8 所示。

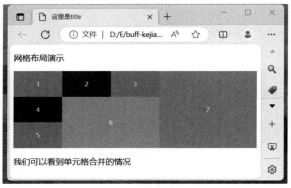

图 11.8　网格布局演示

关于像素，CSS 和 JS 程序中使用的是逻辑像素，不是物理像素，在二者之间有一个比例关系。由于逻辑像素是独立于设备的，因此在不同设备上显示的效果是一致的。需要注意的是，不同实际设备的物理像素和逻辑像素的比例可能不同。

第 12 章 基于 JavaScript 和 Node.js 的动态网页编程

12.1 JavaScript

12.1.1 概述及语法

1. 概述

虽然 JavaScript 与 Java 名称相似，但 JavaScript 不是 Java。1995 年，JavaScript 由当时正在 Netscape Communications 工作的 Brendan Eich 创建，最初名为 Mocha，后来更名为 LiveScript，再后来在"浏览器战争"期间蹭 Java 的热度，更名为 JavaScript。JavaScript 的设计受到 Self 和 Scheme 等语言的影响，其语言风格接近 C/C++，对于熟悉 C/C++的程序员来说，入门 JavaScript 轻而易举。

JavaScript 是一种动态类型、基于原型、解释执行的脚本语言，主要用于在 Web 浏览器中构建交互式动态组件，可以直接在 Web 浏览器上(基于 JavaScript 引擎)或服务器上(基于 Node.js)运行。JavaScript 与 HTML、CSS 共同组成了 Web 开发的核心语言，HTML 用于构建网页，CSS 用于设计网页样式，JavaScript 则用来使网页具有交互性和动态性。

JavaScript 的版本与 ECMAScript(ES)规范绑定，其主要版本及各版新添主要功能如下：
- ES1 和 ES2：ES1 于 1997 年发行，ES2 于 1998 年发行。
- ES3：于 1999 年发行，引入了正则表达式、更好的字符串处理函数、新的控制语句、try/catch 错误处理等。
- ES4：未正式发布，半途而废。
- ES5：于 2009 年发布，添加了包括 JSON 支持、strict mode(严格模式)、Function.prototype.bind、数组处理方法(forEach、map、filter、reduce、indexOf)等。
- ES6：于 2015 年发布，这是一个重大更新，引入 classes(类)、modules(模块)、template literals(模板文本)、arrow functions(箭头函数)、let 和 const 关键字、promise、析构函数赋值、默认参数、rest 和 spread 运算符、iterators(迭代器) 和 generators(生成器)。
- ES7：于 2016 年发布，增加了包括求幂运算符(**)和 Array.prototype.includes 等功能。

- **ES8**：于 2017 年发布，引入了 async/await(异步/等待)、shared memory(共享内存)和 atomics(原子)、Object.values()、Object.entries()、字符串填充(padStart、padEnd)和新的 Object.getOwnPropertyDescriptors()。
- **ES9**：于 2018 年发布，加入了 for-await-of(异步迭代)、rest/spread 属性、Promise.finally()、正则表达式改进(named capture groups(命名捕获组)、lookbehind assertions(后向断言)、s(dotAll)标志)。
- **ES10**：于 2019 年发布，添加了 Array.prototype.{flat, flatMap}、Object.fromEntries()、String.protype.{trimStart, trimEnd}、可选捕获绑定、Symbol.prototype.description。
- **ES11**：于 2020 年发布，引入了 BigInt、动态 import()、空值合并运算符(??)、可选链接(?.)、Promise.allSettled、全局 this、String.prototype.matchAll。
- **ES12**：于 2021 年发布，新添的功能包括用于管理内存的逻辑赋值运算符(&&=、||=、??=)、数字分隔符、Promise.any()、String.prototype.replaceAll、WeakRef 和 FinalizationRegistry。

ECMAScript 版本更新很快，在此过程中 JavaScript 的功能也在不断扩展，各种不同的浏览器当前所采用 ES 版本有所不同，因此关于 JavaScript 的应用程序开发需要注意这方面的兼容性。

2. 语法

JavaScript 的语法和语言结构主要包括以下方面：

(1) 变量和数据类型。使用 var、let 和 const 进行变量声明。var 作用域是全局(如果是在函数外部声明)或整个函数内部(如果是在函数内部声明)；let 是块级作用域，例如变量声明在 if 块内，它就只在这个块内有效；const 是块级作用域。

基本数据类型也称值类型，包括 String(字串)、Number(数字)、Boolean(布尔)、NULL(空)、Undefined(未定义)、Symbol(符号)；对象数据类型，也称引用类型，包括 Object(对象)、Array(数组)、Function(函数)、RegExp(正则)和 Date(日期)等。

(2) 操作符。操作符包括算术运算符(+、-、*、/)、赋值运算符(=、+=、-=)、比较运算符(==、===、<、>)和逻辑运算符(&&、||、!)，其中"==="表示严格相等，即数据类型一致且数值相等。

(3) 控制结构。控制结构包括 if-else、switch、for、while 和 do-while 等。

(4) 函数。函数包括命名函数、匿名函数、箭头函数(()=>{})等。

(5) 对象(Object)和数组(Array)。对象和数组都是数据结构，用于组织和存储数据。

(6) 事件处理。可以通过事件处理(例如 addEventListener)响应用户操作，如点击、表单提交和鼠标移动等。

(7) 文档对象模型(DOM)。JavaScript 可以使用 DOM 来添加、删除或修改 HTML 元素和属性，更改样式，响应表单数据等。

(8) 异步处理。异步处理类似于回调函数，采用 promises、async/await 等机制来执行异步操作，如从服务器获取数据。

(9) 范围和闭包。JavaScript 通过作用域来控制变量和参数的可见性和生存期。闭包允许函数从封闭的作用域或环境访问变量，即使在离开声明它的作用域之后。

(10) 原型与继承。JavaScript 是一种基于原型的语言，通过原型实现继承。

(11) 其他。ES6 及以后，包含类、模块、模板文字、析构函数、rest、spread 运算符等功能。

JavaScript 脚本文件以 .js 作为后缀，因此也被称为 js 文件。Javascript 脚本通过 HTML 中的<script>标签引用，可以在<script>标签内填写 JavaScript 代码，也可以引用 js 文件。例如：

直接填写：<script> alert("Hello, world!"); </script>；

引用文件：<script src = "path/myWeb/myjs.js"></script>。

HTML 默认有一个 onload 事件，此事件指向一个 js 文件中的函数，程序员常常也把这个函数命名为 onload()。HTML 文档在装载时，首先会执行 onload()，为客户端程序做初始化工作，类似于类的构造函数。例如：

HTML 文档：

    <body onload="onLoad()">

js 文件函数：

```
function onLoad()
{
    $('#target-select').append(new Option("00001111", "00001111"));
    $('#target-select').append(new Option("00001112", "00001112"));
    $('#target-select').append(new Option("00001113", "00001113"));
    $('#target-select').append(new Option("00001114", "00001114"));
    $('#target-select').append(new Option("00001115", "00001115"));
}
```

则 HTML 页面中 id = target-select 的原本选项空的下拉框，将被添加 5 个选项。这里 js 文件使用了 JQuery。

HTML 文档可以用事件处理的方式调用 js 文件函数，如：

<button type = "button" id = "btn-hist" onclick = "insidePanelDisp('w-data-hist', '', ')">数据</button>

在 button 被鼠标点击后，就会执行函数 insidePanelDisp()。也可以用<script>引用函数，例如：

<div id="teleDsk" class="flex" width="100%" height="100%"

    style="background-color:rgba(218, 242, 249, 0.8); ">

  <canvas id="desktop" width="320px" height="240px"></canvas>

  <script type="text/javascript">showTeleDsk()</script>

</div>

在 div 内执行函数 showTeleDsk()。

12.1.2 js 函数

(1) js 函数和调用的基本形式：

```
function add(a, b) {
    return a + b;
```

```
        }
        console.log(add(5, 3)); // 输出 8
```
(2) 默认参数。下面代码如果没有输入参数，则会默认"Guest"为参数。
```
        function greet(name = "Guest") {
            console.log("Welcome, " + name+ "!");
        }
        greet("Alice");     //输出: Welcome, Alice!
        greet();            //输出: Welcome, Guest!
```
(3) 匿名函数。例如，把匿名函数返回值赋给一个常量 anymFunc，调试程序时可以用常量 anymFunc 来替代字串 It is an Anonymous function！。
```
        const anymFunc = function() {
            console.log('It is an Anonymous function！');
        };
```
又如，设置一次性超时和周期性超时，这是很常用的函数。
```
        setTimeout(function() {       //一次性超时
            console.log('1 second has passed');
        }, 1000);


        setInterval(function() { //周期性超时
            console.log('1 second has passed');
        }, 1000);
```
又如，立即执行函数，不会污染全局命名空间，常被用来封装模块和插件。
```
        (function () {
            const name = 'Alice';
            console.log(name);
        })(); //后面的()表示立即执行
```
再如，高阶函数以函数作为参数，被其他函数调用。
```
        const numbers = [1, 3, 5];
        const squares = numbers.map(function(number) {
            return number * number;
        });
        console.log(squares); // [1, 9, 25]
```
(4) 箭头函数，简化了函数的书写形式。
例如：
```
        function add(a, b) {// 定义一个普通函数
            return a + b;
        }
        const add = (a, b) => {// 使用箭头函数重写上面的函数
```

```
        return a + b;
    };
    console.log(add(1, 2));  // 调用箭头函数，输出 3
```
又如：
```
    const sayHello = () => console.log("Hello");   //无参数箭头函数
    sayHello(); // 输出 "Hello"

    const add = (a, b) => a + b;   //有参数箭头函数
    const result = add(1, 2);      // 结果为 3
    console.log(result);

    const squares = (n) => {       //有参数箭头函数，内部有循环
        const result = [];
        for (let i = 1; i <= n; i++)
        {
            result.push(i * i);
        }
        return result;
    };
    console.log(squares(4)); // 输出 [1, 4, 9, 16]

    const isEven = (num) => num % 2 === 0;     //有条件箭头函数
    console.log(isEven(4)); // 输出 true
    console.log(isEven(7)); // 输出 false

    const person = { //对象型箭头函数
        firstName: "John",
        lastName: "Hack",
        getFullName: () => `${this.firstName} ${this.lastName}`,
    };
    console.log(person.getFullName()); // 输出 "John Hack"
```

12.1.3 DOM 和事件处理及 JQuery

1. DOM

DOM(Document Object Model，文档对象模型)是描述 Web 文档的一个对象树，如图 12.1 所示，页面所有的对象都位于这树上。Document 作为树的根节点，为外部程序提供编程接口。通过编程接口，js 程序可以更改文档结构、样式和内容，能够与网页的内容动态交互。

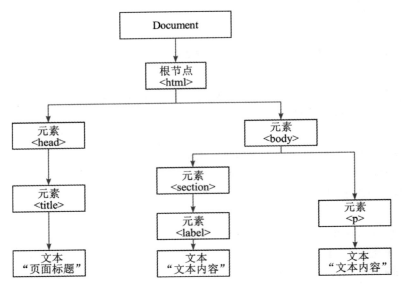

图 12.1 DOM 对象树

下面是如何使用 JavaScript 与 DOM 交互的一些常见示例。

1) 获取元素
- getElementById

    // 取得 id="demo"的元素的文本，如<p>的内容。

    const element = document.getElementById("demo");

    console.log(element.innerHTML);

    // 通过类名获取元素

    var elementsByClassName = document.getElementsByClassName("myClass");

    // 通过标签名获取元素

    var elementsByTagName = document.getElementsByTagName("p");

- querySelector

    // 取得<button>元素，并打印其文本，只会获得第一个

    const firstButton = document.querySelector("button");

    console.log(firstButton.innerHTML);

    // 获取 id 包含 cont1 的元素，只会获得第一个

    let cont = document.querySelector("#cont1");

    console.log(cont)

    // 获取 class 中包含 sel 的元素，只会获得第一个

    let sel1 = document.querySelector(".sel");

    console.log(sel1);

    // 获取 cont1 的直接子类 class 中包含 sel 的元素，只会获得第一个

    let contSel1 = document.querySelector("#cont1>.sel");

```
console.log(contSel1);

let body = document.querySelector("body");   // 获取 body 元素
console.log(body)
```

2) 修改元素内容

```
// 修改元素的 innerHTML 文本
document.getElementById("demo").innerHTML = "Hello, JavaScript!";
// 修改元素的 URL 属性
document.getElementById("myImage").src = "path/to/new/image.jpg";
```

3) 增、删元素

```
const newPara = document.createElement("p");      //增加元素
newPara.innerHTML = "This is a new paragraph.";
document.body.appendChild(newPara);

const oldPara = document.getElementById("oldPara");   //删除元素
oldPara.parentNode.removeChild(oldPara);

const element = document.getElementById("myElement"); //增、删类
element.classList.add("newClass");
element.classList.remove("oldClass");
```

4) 修改样式

```
document.getElementById("demo").style.color = "blue";
document.getElementById("demo").style.fontSize = "24px";
```

5) 事件处理

```
//对 button 的 click 事件开启监听
const button = document.getElementById("myButton");
button.addEventListener("click", function() {
    alert("Button was clicked!");
});

// 取消对元素的 click 事件监听
elementById.removeEventListener("click", function() {
    alert("元素被点击了");
});
```

2. 事件处理

事件处理是实现脚本程序与 DOM 交互的一个基本方式，事件处理机制使得脚本能够响应用户的操作，如点击、表单提交、按键等。DOM 发生事件时的数据流如图 12.2 所示，

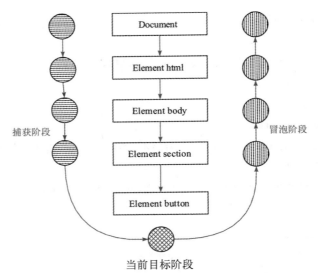

图 12.2 DOM 事件流

DOM 事件流的完整过程分为三个阶段：捕获阶段、当前目标阶段、冒泡阶段。DOM 用事件监听器(Event Listener)来等待事件的发生。对一个元素加载事件监听器的方法是使用函数 addEventListener()，语法如下：

    element.addEventListener(event, function, useCapture);

其中，第三个参数 useCapture 如果是 true，表示在事件捕获阶段调用事件处理程序；如果是 false (不写该参数时，默认是 false)，表示在事件冒泡阶段调用事件处理程序。

例如，下面代码用来监听鼠标移动事件。事件由函数 function 处理，这个函数自带一个默认参数 e，e 是一个事件对象(Event Object)；事件处理在冒泡阶段执行(没有写 useCapture 参数)。

```
document.addEventListener('mousemove', function(e) {
    console.log('Mouse position:', e.clientX, e.clientY);
});
```

程序运行且 DOM 检测到有事件发生时，就生成一个事件对象 e，其中包含事件的相关信息，主要有触发事件的元素、事件类型等。例如：

```
{
    type: "click",                                              //事件类型，如 click、mousedown 等
    target: document.getElementById("myButton"),                //触发事件的元素
    currentTarget: document.getElementById("myButton"),         //当前处理事件的元素
    timeStamp: 1236578991452,    //事件发生的时间戳
    clientX: 200,                //鼠标指针相对于浏览器窗口的水平坐标
    clientY: 300,                //鼠标指针相对于浏览器窗口的垂直坐标
    screenX: 220,                //鼠标指针相对于屏幕的水平坐标
    screenY: 310,                //鼠标指针相对于屏幕的垂直坐标
    pageX: 155,                  //鼠标指针相对于页面的水平坐标
    pageY: 225,                  //鼠标指针相对于页面的垂直坐标
```

```
        shiftKey: false,        //是否按下 Shift 键
        ctrlKey: false,         //是否按下 Ctrl 键
        altKey: false,          //是否按下 Alt 键
        metaKey: false,         //是否按下 Meta 键(如 Windows 键或 Command 键)
        button: 0,              //触发事件的鼠标按键(0 表示左键，1 表示中键，2 表示右键)
        relatedTarget: null     //与事件相关的目标元素，如果事件是由其他元素的事件冒
                                //泡上来的，则此属性为该元素，否则为 NULL
    }
```

事件处理函数 function(e)依据事件对象的不同属性进行处理，在此例中使用 console.log 函数显示当前鼠标的位置。

在事件捕获阶段，事件对象的流动顺序为 document>html>body>parent>child，一直到目标元素，然后进入冒泡阶段以相反顺序流动。想要终止流动过程，可以使用函数：

```
        e.stopPropagation();
```

DOM 给有些事件设置了默认处理，如<a>默认跳转到链接 URL 资源上。我们可以使用 preventDefault()函数阻止默认操作：

```
        document.querySelector('a').addEventListener('click', function(e) {
            e.preventDefault();
            console.log('Default action prevented for', e.target.href);
        });
```

实际编程中，我们大多使用事件冒泡，很少使用事件捕获。事件一旦被处理，就不复存在。如果在捕获阶段处理了事件，这个事件就不会再流动到冒泡阶段。有些事件是没有冒泡的，如 onmouseenter、onmouseleave、onfocus、onblur 等。这类事件到达目标元素时能够被捕获，但在目标元素的父元素那里不会被捕获。

我们还可以使用事件托管来简化程序。当一个父节点拥有多个子节点时，如<ul>列表包含若干个<li>节点，在父节点上设置事件监听器，然后利用冒泡原理捕获每个子节点的事件，这样就不需要在每个子节点上添加监听器，从而简化了编程。例如：

```
        <section>
            <ul>
                <li>item1</li>
                <li>item2</li>
                <li>item3</li>
                <li>item4</li>
                <li>item5</li>
            </ul>
            <script>
                var ul = document.querySelector('ul');      //在父节点添加监听器
                ul.addEventListener('click', function(e){
                    //使用 e.target()获得点击的子项
                    alert(e.target.innerHTML);
```

            })
        </script>
    </section>

3. JQuery

JQuery 是一个快速、小型且功能丰富的 JavaScript 库，是当今最流行的 JavaScript 库之一。它的创建是为了简化 HTML 的客户端脚本，其理念是"少写多做"，它通过一组易于使用的 API 实现了这一点，该 API 可在多种浏览器中执行。

1) 核心特性

JQuery 的核心特性包括：

(1) DOM 操作：简化访问和操作 DOM 元素的过程，提供易于使用的 API 来增、删、查、改 HTML 元素的内容、样式和结构。JQuery 支持链化(chaining)，允许在一行代码中对同一组元素调用多个方法，使得脚本更短、更容易理解。

(2) 事件处理：提供直观且跨浏览器的一致性方法来处理事件，使得管理用户交互(如点击、表单提交和按键)更加简单。

(3) 动画和效果：内置的效果和动画使开发人员能够轻松地将视觉效果和动态元素添加到网页中。

(4) Ajax(Asynchronous JavaScript and XML，异步 JavaScript 和 XML)：JQuery 简化了 Ajax 的实现过程。

2) 基本语法与链化

JQuery 的基本语法围绕$符号展开，$符号是 JQuery 的简写。JQuery 的基本语法如下：

$(selector).action();

其中，$(selector)是 JQuery 选择器，选择并返回 JQuery 对象；.action()是 JQuery 方法，对所选元素执行该方法。

JQuery 可以在一行中对同一组元素应用多个方法，称为链化。例如：

$('p').css('color', 'green').slideUp(3000).slideDown(3000);

使所有<p>元素颜色成为绿色，并以动画方式显示，先向上滑动 3s，然后向下滑动 3s。

3) 用法

一些常见的 JQuery 用法如下：

(1) 选择元素。

① 按 id 选择元素：$('#myId');

② 按类选择元素：$('.myClass');

③ 按标记选择元素：$('p')。

(2) 操纵元素。

① 更改 HTML 内容：$('#myId').HTML('新内容');

② 更改 CSS 属性：$('.myClass').CSS('color', 'red');

③ 添加类：$('p').addClass('myClass')。

(3) 事件处理。

① 点击事件：$('#myButton'). click(function() {/*函数编码*/});

② 悬停事件：$('#mySec').hooper(function() {/*函数编码*/})。
(4) 动画和效果。
① 隐藏元素：$('#mySec').hide();
② 显示元素：$('#mySec').show();
③ 切换可见性：$('#mySec').toggle()。
④ 淡出元素：$('#mySec').fadeOut('slow')。
(5) AJAX 调用。从服务器加载数据：
$.get('ajax/test.html', function(data){$('.result').html(data); });
(6) 文档就绪事件。确保在运行代码之前已完全加载 DOM。HTML 是解释执行，文档尚未完全加载就开始执行，有可能执行针对某元素操作时，该元素尚不存在。

```
$(document).ready(function() {
    // JQuery methods go here...
});
```

或

```
$(function() {
    // JQuery methods go here...
});
```

使用 JQuery，需要在 HTML 中添加引用。例如：

```
<!--jquery 引用-->
<script src="https://apps.bdimg.com/libs/jquery/2.1.4/jquery.min.js"> </script>
<script src="/Content/Scripts/jquery.flexslider.js"></script>
```

12.1.4 外部函数引用

JavaScript 使用外部函数，即第三方函数，非常容易。此处以百度地图的引用为例来说明，其他诸如语音接口、短信验证码、AI 平台接口等，引用方法基本相同。HTML 程序代码见文件 demo5.html。首先需要在 HTML 中添加引用，代码如下：

```
<head>
    <meta charset="utf-8">
    <meta name="viewport" content="width=device-width, initial-scale=1.0" user-scalable="no">
    <!--jquery 引用-->
    <script src="https://apps.bdimg.com/libs/jquery/2.1.4/jquery.min.js"></script>
    <script src="/Content/Scripts/jquery.flexslider.js"></script>
    <!--百度地图引用-->
    <style type="text/css">
        body, html, #allmap {width: 100%; height: 100%; overflow: hidden; margin:0; font-family:"微软雅黑"; }
    </style>
    <script type="text/javascript" src="https://api.map.baidu.com /api?v=3.0&ak=
```

```
                WDzECWRcpuaZ7MvuvaWa7csC7G9biGni"></script>
        <script type="text/javascript" src="http://developer.baidu.com /map/jsdemo/demo/convertor.js">
        </script>
            <!--应用程序引用-->
            <link rel="stylesheet" type="text/css" href="demo_main.css">
            <link rel="stylesheet" type="text/css" href="demo_widget.css">
            <script type="text/javascript" src="./demo1Web.js"></script> <!--用户编制的 js 文件-->
            <title>DEMO-5</title>
        </head>
```

其中，meta name="viewport"元素标记视窗的属性，通常包括 width、height、initial-scale(初始比例)、maximum-scale、minimum-scale、user-scalable(用户可缩放 zoom in or out 网页大小)。width=device-width 表示视窗宽度等于设备显示区宽度，能够自动适应电脑、手机等不同显示屏幕的尺寸；user-scalable="no"表示不允许用户缩放网页，因百度地图提供缩放功能，所以要求如此设置，但由于 ES 版本不同，此设置不一定有效。

引用百度的第一个<script>是用户在百度地图开发者平台的密钥，需要换成自己的；第二个<script>是百度地图开发者提供的 JS 函数文件，它包含的 API 和用法可在平台上查询。

在<body>区域，有以下代码：

```
        <div class="grid-item3" id="w-map" style="visibility: visible; ">
            <div id="allmap"></div>
            <script type="text/javascript">
                if (navigator.geolocation)
                {
                    //使用 navigator 获取当前地理位置，即经纬度。这个精度不高，只能显示到区，如西
                    //安市雁塔区，然后，以当前地理位置为参考点打开百度地图
                    navigator.geolocation.getCurrentPosition(function showPosition(position){
                    // 启用百度地图 API 功能
                    pub_map = new BMap.Map("allmap");
                    // 创建 Map 实例
                    var point = new BMap.Point(position.coords.longitude, position.coords.latitude);
                    pub_map.centerAndZoom(point, 14);    //地图比例尺 14
                    pub_map.enableScrollWheelZoom(true); //可以通过鼠标滚轮缩放地图，默认关闭
                    //引入百度地图 API 的控件
                    pub_map.addControl(new BMap.NavigationControl()); // 上下左右(国省市街+-)
                    pub_map.addControl(new BMap.ScaleControl());
                    pub_map.addControl(new BMap.OverviewMapControl());
                    pub_map.addControl(new BMap.MapTypeControl()); //图层：地图、卫星、三维
                    //Icon 列表。我们在地图上标记一些位置
                    pub_map_icons[0]=new BMap.Icon("./images/aw_red.png", new BMap.Size(21, 32), {
                        anchor: new BMap.Size(10, 32), //箭头
```

第 12 章 基于 JavaScript 和 Node.js 的动态网页编程

```
        //imageOffset: new BMap.Size(5, 5),     // 设置图标偏移
        infoWindowAnchor: new BMap.Size(15, 16)
    });
    pub_map_icons[1]=new BMap.Icon("./images/aw_green.png", new BMap.Size(21, 32),
    {
        anchor: new BMap.Size(10, 32), //箭头
        //imageOffset: new BMap.Size(0, 0),     // 设置图标偏移
        infoWindowAnchor: new BMap.Size(15, 16)
    });
    pub_map_icons[2] = new BMap.Icon("./images/aw_blue.png", new BMap.Size(21, 32),
    {
        anchor: new BMap.Size(10, 32), //箭头
        //imageOffset: new BMap.Size(0, 0),     // 设置图标偏移
        infoWindowAnchor: new BMap.Size(15, 16)
    });
    //控件位置偏移,与箭头形状有关,是箭头而不是图标(0, 0)坐标指向标记位置
    var opts = {offset: new BMap.Size(150, 5)}
    pub_map.addControl(new BMap.ScaleControl(opts));
    var point=new BMap.Point(108.89269082302434, 34.24388426186883);
    //把图标放到此位置
    // 创建标注对象并添加到地图,允许拖拽,使用动画效果
    var marker = new BMap.Marker(point, {icon: pub_map_icons[0], enableDragging: true, raiseOnDrag: true });
        pub_map.addOverlay(marker);
        marker.addEventListener("click", function(){
            alert("您点击了标注");
    });
    var marker = new BMap.Marker(point, {icon: pub_map_icons[1], enableDragging: true, raiseOnDrag: true });
        pub_map.addOverlay(marker);
        marker.addEventListener("click", function(){
        alert("您点击了标注");
    });
    pub_map.addEventListener("click", function(e){
        // 点击地图,获取这一点的经纬度
        alert(e.point.lng + ", " + e.point.lat);
        // 让地图中心平滑移动到点击的点
        pub_map.panTo(new BMap.Point(e.point.lng, e.point.lat));
    });
```

```
            if(getPubVar('pub_dev', 0)!='pc')
        {
            //TODO:解决移动端 click 事件点击无效
            pub_map.addEventListener("touchmove", function (e) {
                pub_map.enableDragging();
            });
            // TODO: 触摸结束时触发此事件，此时开启禁止拖动
            pub_map.addEventListener("touchend", function (e) {
                pub_map.disableDragging();
            });
        }
    });
}
    </script>
</div>
```

代码运行结果如图 12.3 所示。

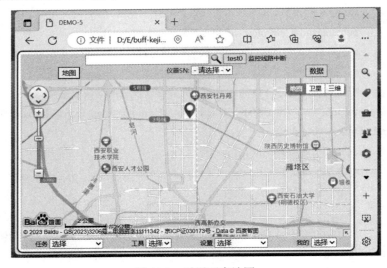

图 12.3　引用百度地图

代码中用到了 navigator 对象，在 HTML5 中 navigator 是窗口接口的一部分，可提供运行脚本的浏览器和操作系统的信息。其常用方法和示例如下：

(1) 获取用户浏览器的名称和版本。例如：

```
var browserName = navigator.appName;
var browserVersion = navigator.appVersion;
console.log("Browser Name: " + browserName);
console.log("Browser Version: " + browserVersion);
```

(2) 检测用户是否在线。例如：

```
if (navigator.onLine) {
```

```
        console.log("You are online!");
    } else {
        console.log("You are offline!");
    }
```
(3) 检测用户使用的语言。例如：
```
var userLanguage = navigator.language;
console.log("User's Language: " + userLanguage);
```
(4) 检测用户的平台(操作系统)。例如：
```
var platform = navigator.platform;
console.log("Platform: " + platform);
```
(5) 获取用户的地理信息。例如：
```
if ("geolocation" in navigator) {
    navigator.geolocation.getCurrentPosition(function(position) {
        console.log("Latitude: " + position.coords.latitude);
        console.log("Longitude: " + position.coords.longitude);
    });
}
else {
    console.log("Geolocation is not supported by this browser.");
}
```
(6) 检测用户的代理字符串，包括有关浏览器名称、版本和操作系统。例如：
```
var userAgent = navigator.userAgent;
console.log("User-Agent String: " + userAgent);
```

12.1.5 异步编程

在进程运行过程中，有许多任务是需要花费一定时间才能完成的，例如从服务器请求一篇 HTML 文档、读取文件或等待键盘输入。这样的任务被称为异步任务。JavaScript 异步编程在实现异步任务处理的同时，不会阻止其余代码的执行。ES 早期版本的异步编程单纯依赖于回调函数。例如：

```
function greet(name, callback) {
    console.log("Start...");
    setTimeout(function() {
        console.log("Hello, " + name);
        callback();
    }, 1000);
}
function sayWords() {
    console.log(", nice to meet you!");
```

}
　　greet("Alice", sayWords);

这里，函数 sayWords 被当作一个参数传递给另一个函数 greet；在 greet 内部，马上输出"Start..."，1 s 后，运行参数 sayWords，输出"Hello, Alice，nice to meet you!"。这种把一个函数作为参数传递给另一个函数，然后在外部程序中调用后者以完成操作的方法，就是回调函数机制。回调函数相当于 JS 向事件管理器注册了一个函数，告诉事件管理器，如果此事件发生就用已注册的函数处理，JS 程序则继续去做别的事情。

当一个任务(链式任务)需要耗时多个步骤才能完成时，就会产生多级回调函数嵌套，使得代码难读难改。过多的回调函数嵌套，被称作"回调地狱"。

1. Promise 对象

ES6 版本推出了 Promise 对象，解决回调地狱问题。Promise 是一个对象，用来表示异步操作最终是完成，还是失败。例如：

```
function fetchData(flag) {
    return new Promise((resolve, reject) => {//构造函数
    setTimeout(() => {//一次性超时 1s，模拟异步操作
        if(flag)
            resolve('Data fetched');        //处理成功
        else
            reject('Data failed');          //处理失败
    }, 1000);
    });
}
fetchData(true).then(data => {
    console.log(data); //1s 后，输出 Data fetched
}).catch(err => {
    console.log(err); //1s 后，输出 Data failed
}) .finally(function () {
    console.log("End");          //都会输出这个
});
```

Promise 对象生成时，内部有两个回调函数形式的参数：reslove 是执行成功时调用的，reject 是失败时调用的。Promise 函数一旦启动，除非代码是死循环或等待的事件永远不发生，否则函数就一定会完成，返回的结果要么是成功，要么是失败。函数已经执行，但尚未返回结果，这个时间段内的状态称作挂起(Pending)。挂起状态下，JavaScript 程序并不被阻塞。

Promise 类自带 .then()、.catch()和 .finally()三种方法，其参数都是一个函数，.then()处理成功的结果，.catch()处理异常，.finally()是在最后要执行的处理。Promise 类可以在.then()内部创建新的 Promise 类，如此一个链式异步任务的程序代码只会嵌套一次，串行的异步任务按顺序依次执行，此过程中有任何异常都会直接跳到 .catch()里，包括程序用 throw 主

动抛出的错误。

2. fetch 函数

fetch 函数是 JavaScript 中用于发起网络请求的内置函数，它返回一个 Promise 对象，表示异步操作最终的成功或失败。我们常常用 fetch 去执行一个 C/S 过程，即向一个网络服务器请求一组数据，数据则采用 JSON 格式。fetch 函数的基本语法如下：

  fetch(url, options);

参数 options 包含以下属性：

method：请求方法，如 GET、POST 等，默认为 GET。
headers：请求头对象，包含要发送的 HTTP 头信息。
body：请求体，可以是字符串、Blob、FormData 等，用于发送数据到服务器。
mode：请求模式，如 cors、no-cors、same-origin 等，默认为 cors。
credentials：是否携带凭证，如 cookies，默认为 same-origin。
cache：缓存策略，如 default、no-store、reload 等，默认为 default。
redirect：重定向策略，如 follow、manual 等，默认为 follow。
referrer：引用页面，用于设置 Referer 头信息。
referrerPolicy：引用策略，如 no-referrer、no-referrer-when-downgrade、origin 等，默认为 origin。

下面给出一段使用 fecth 函数完成链式异步任务的代码。客户机首先向服务器发送一个 JSON 数据，等待服务器将此数据写到服务器上另一个位置；客户机等待 1s 后，从服务器的另一个位置要回数据，将发送数据与接收数据对比，若一致则表示操作成功。

```javascript
// 待发送的 JSON 数据
var postData = {
    key1: 'value1',
    key2: 'value2'
};
// 使用 fetch 函数发送 POST 请求
fetch('https://www.raddh.com/jpost', {
    method: 'POST',
    headers: {
        'Content-Type': 'application/json'
    },
    body: JSON.stringify(postData)      //转为字串
}).then(response => {
    if (!response.ok) {
        throw new Error('网络错误');
    }
    return response.json();
}).then(data => {
```

```
        console.log('发送成功: ', JSON.stringify(data));
        setTimeout(() => {//等待 1s，让服务器在此期间修改数据
            fetch('https://www.raddh.com/jdata');    //Get 数据
        }, 1000);
    }).then(response => {
        if (!response.ok) {
            throw new Error('网络错误');
        }
        return response.json();
    }).then(data => {
        console.log('获取到修改后的数据, ');
        if(data.key1 == postData.key1 && data.key2 == postData.key2)
            return true;
        else
            throw new Error('数据更新错误');
    }).then(data => {
        if (data) {
            console.error('更新成功！');
        }
    }).catch(error => {
        console.error('发送或请求失败：', error);
    });
```

3. JSON

JSON(JavaScript Object Notation)是一种轻量级的数据交换格式，用于数据存储和传输。其格式简单，易于阅读和编写。JSON 也是一种键值对(key:value)的集合，其中键是字符串，值可以是字符串、数字、布尔值、数组或另一个 JSON 对象。JSON 使用大括号({})表示对象，使用方括号([])表示数组，使用冒号(:)分隔键和值，使用逗号(,)分隔不同的键值对。例如：

```
{
    "name": "张三",
    "age": 22,
    "isStudent": true,
    "courses": ["语文", "数学", "英语"],
    "address": {
        "city": "西安",
        "street": "太白南路"
    }
}
```

JSON 对象与字符串的转换：在 JavaScript 中，可以使用 JSON.stringify()方法将 JSON

对象转换为字符串，使用 JSON.parse()方法将字符串转换为 JSON 对象。例如：

```
var jsnObj = {     // JSON 对象
    "name": "张三",
    "age": 22,
    "isStudent": true,
    "courses": ["语文", "数学", "英语"],
    "address": {
        "city": "西安",
        "street": "太白南路"
    }
};
var jsnStr = JSON.stringify(jsnObj); // JSON 对象转换为字符串
console.log(jsnStr);
// 输出：
{"name":"张三", "age":22, "isStudent":true, "courses":["语文", "数学", "英语"], "address":{"city":"西安", "street":"太白南路"}}


// 字符串转换为 JSON 对象
var jsnStr = '{"name":"张三", "age":22, "isStudent":false, "courses":["语文", "数学", "英语"], "address":{"city":"西安", "street":"太白南路"}}';
var jsnObj = JSON.parse(jsnStr);
console.log(jsnObj);
// 输出：
{ name: '张三', age: 22, isStudent: false, courses: [ '语文', '数学', '英语' ], address: { city: '西安', street: '太白南路' } }
```

4．async/await

ES8 给出了 async/await 方法，对 Promise 进行改进。在处理链式异步任务时，使用 Promise 会出现连串的.then()--.then()--.then()--，使得程序阅读和修改有些困难。async/await 则避免了这种现象。

关键字 async 总是返回一个 Promise，如果 async 修饰的函数返回一个值(常常是函数)，那么 Promise 将使用该值进行解析(运行值函数)；关键字 await 在异步函数中用于等待(可以是/也可以不是 async 返回的)Promise，一直到其有结果(成功或失败)。例如：

```
async function fetchData() {
    let response = await fetch('https://www.raddh.com/data');
    let data = await response.json();
    return data;
}
```

这里避免使用了 then，使得异步程序的代码更像是处理同步事件；对长的链式任务，相比 Promise，async/await 的代码显得清晰、干净。

async/await 允许使用传统的 try-catch 块进行错误处理，这对于资深的程序员来说更加得心应手。例如：

```
async function fetchMultipleData() {
    try {
        let [response1, response2] = await Promise.all([
            fetch('https://www.raddh.com/data1'),
            fetch('https://www.raddh.com/data2')
        ]);
        let data1 = await response1.json();
        let data2 = await response2.json();
        console.log(data1, data2);
    } catch (error) {
        console.error('Error:', error);
    }
}
fetchMultipleData();
```

12.2 Node.js

12.2.1 概述和安装配置

Node.js 是一个开源、跨平台的后端 JavaScript 运行时环境，可在 Web 浏览器外执行 JavaScript 代码。可以简单认为，Node.js 就是服务器上的 JavaScript。

Node.js 允许程序员使用 JavaScript 进行服务器端脚本编写，并在服务器端 V8 JavaScript 运行时引擎的支持下，通过运行脚本来生成动态网页内容，再把内容发送到用户的 Web 浏览器上。Node.js 采用非阻塞、事件驱动的体系结构，可以同时处理多个操作，无须等待任何操作完成，对于 I/O 密集型应用程序(如 Web 服务器、实时通信系统等)非常适用。

Node.js 的安装和管理需要一些工具，其中有些更改已经被集成在 Node.js 的安装包中。常用的工具包括 npm、nvm、pm2。

• npm(Nodejs Package Manager)：类似于 Linux 的 apt install，是 Node.js 的包管理器，可以用于安装、删除、共享和分发代码，管理项目依赖关系。npm 还提供一个公共的程序包仓库(https://www.npmjs.com/)，供用户从中下载各种第三方包。

• nvm(Node Version Managermanager)：一个用于在同一台计算机上管理多个 Node.js 版本的工具。它允许用户轻松切换不同的 Node.js 版本，以适应不同的项目需求和应用环境要求。

• pm2(Process Manager 2)：一个带有负载均衡功能的 Node 应用的进程管理器。它启动、停止进程，可以自动重启崩溃的应用程序，可以实现负载均衡、集群管理、日志管理等功能。pm2 使得部署和管理 Node.js 应用程序变得更加简单和可靠。

关于 Node.js 的安装说明如下：

(1) 在 Windows 中，从 Node.js 官方网站 https://nodejs.org/ 下载 LTS(长期支持)版本的.msi 安装程序进行安装，然后在命令行环境或 PowerShell 中查看是否成功：node -v 查看 Node 版本，npm -v 查看是否已安装 npm 及其版本。如图 12.4 所示，我们安装了 18.14.2 的 Node 和 9.5.0 的 npm。(不要忘了设置环境变量！)

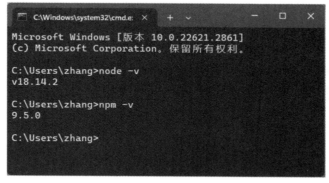

图 12.4　Node 版本查询

(2) 在 Linux 中安装 Node、nvm 和 pm2。

① 安装 Node，代码如下：

  sudo apt update

  sudo apt upgrade

  sudo apt install nodejs

  sudo apt install npm

  node -v

  npm -v

② 安装 nvm，代码如下：

  curl -o- https://raw.githubusercontent.com/nvm-sh/nvm/v0.37.2/install.sh|bash

或

  wget -qO- https://raw.githubusercontent.com/nvm-sh/nvm/v0.37.2/install.sh|bash

  请替换版本编号 0.37.2 为新的版本。

  source ~/.bashrc　#for Bash

或

  source ~/.zshrc　#for Zsh

或

  source ~/.profile #for other shells

  nvm -v

③ 安装 pm2，代码如下：

  sudo apt install pm2

  pm2 -v

12.2.2 事件循环

事件循环是 Node.js 体系的一个关键组成部分，将单线程运行与非阻塞式 I/O、事件队列、事件驱动结合起来，充分利用了 CPU 的计算能力，使得脚本高效、快速运行。

Node.js 的核心是单线程的，而事件的产生和分发由内核(引擎)完成，实际上相当于脚本将回调函数在事件管理器上进行注册，将回调函数绑定到特定事件上；内核一旦发现了事件，就将事件对应的回调函数放入执行队列中；脚本的工作线程是非阻塞的，它总是能够访问到执行队列，会根据优先级从队列里选出函数运行。注意，不要编制死循环的程序块，它会造成整个服务停运。

与应用程序设计相关的阶段有 5 个，每个阶段都有相应的事件队列，如图 12.5 所示。主线程轮询各队列，并在各队列内部采用先进先出(FIFO)的方式执行回调函数。

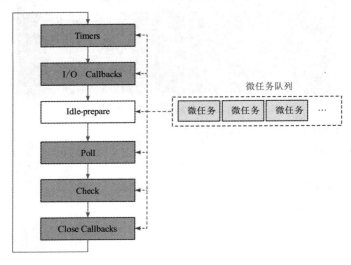

图 12.5　Node 事件循环

这 5 个阶段分别是：

① 计时器阶段(Timers)：处理由 setTimeout()和 setInterval()调度的回调。事件循环检查计时器的队列，并对已超时的任何计时器执行回调。

② I/O 回调阶段(I/O Callbacks)：对大多数类型的 I/O 事件执行回调，如网络操作、文件操作等。这些是对事件已出现但其处理被推迟的函数进行回调。

③ 轮询阶段(Poll)：事件循环检查新的 I/O 事件，并立即执行它们的回调(如果可用)。

④ 检查阶段(Check)：执行 setImmediate()回调，此阶段允许在轮询阶段空闲时立即执行回调。

⑤ 关闭回调阶段(Close Callbacks)：对某些特殊类型的事件执行回调，如 socket.on ('close', …)，此阶段用于清理操作。

实际上，在 I/O 阶段和 Poll 阶段之间还有一个 idle-prepare 阶段，但此阶段与应用程序设计无关。从下面的代码中可以看到事件队列的检索和执行顺序。

setTimeout(() => console.log('Timer completed'), 1000);

setImmediate(() => console.log('Immediate 1 executed'));

```
process.nextTick(() => console.log('Next tick executed'));
console.log('Top-level code executed');
```

显示结果：

  Top-level code executed   //顶层代码首先执行，其优先级最高
  Next tick executed   //当前任务完成后，马上执行下一条
  Immediate 1 executed
  Timer completed

1. 宏任务与微任务

  宏任务是较大的任务，包括 I/O 操作、计时器(setTimeout、setInterval)和 setImmediate，所有在事件队列的回调函数都是宏任务；微任务是在当前事件循环运行结束后，在取得下一个宏任务之前处理的较小任务，通常与 Promise 和其他异步操作的回调有关，如对 then 的处理。Node.js 中有多个宏任务队列，却只有一个微任务队列，所有微任务都放在同一个队列里。微任务的优先级高于宏任务，事件循环在转到下一个宏任务之前执行所有微任务。process.nextTick()是一个特殊的函数，安排在当前操作完成后和事件循环继续之前执行，这个函数本身被归为一个微任务。

  宏任务和微任务协同工作的顺序：事件循环拾取一个宏任务(如计时器、I/O 或 setImmediate)并执行它；宏任务完成后，事件循环将处理队列中的所有微任务，其中优先处理 process.nextTick()计划的任务，然后处理 Promise 的回调；事件循环移动到下一个宏任务。

  事件循环及其相关队列是 Node.js 异步、非阻塞特性的核心，Node.js 通过回调函数的调度，将函数的执行推迟到当前任务完成之后。以这种方式在宏观上同时处理大量事件，是实现 Node.js 高效率、高性能的主要支撑机制之一。

2. 多线程

  Node.js 传统上被视为单线程环境，但它也支持多线程，主要是通过 Worker Threads 模块来实现。ES12 引入了 Worker Threads，允许建立多个工作线程，每个工作线程都有自己的事件循环、内存空间和 V8 实例。主线程和各个工作线程之间的通信是通过消息传递(messaging)系统来实现，使用 postMessage()发出消息，并通过 on('message')接收消息。

  下面说明 Worker Threads 的使用方法。

  (1) 创建辅助文件。首先，创建一个将在 Worker Threads 中执行的 JavaScript 文件，并把它命名为 worker.js。

```
const { parentPort } = require('worker_threads');
parentPort.on('message', (task) => {
    const result = heavyComputation(task);   //执行重负载任务
    parentPort.postMessage(result);   //重负载任务的结果返回给主线程
});
function heavyComputation(task) { //执行重负载任务的函数
    var sum;
    for(let i=0; i<10000; i++)
        for(let j=0; j<10000; j++)
```

```js
        for(let k=0; k<100; k++)
        {
            sum+=i+j+k;
        }
    return task.data+sum;
}
```

(2) 主文件创建和使用工作线程。

在主应用程序文件中，代码如下：

```js
const { Worker } = require('worker_threads');
function runWorker(task) {
  return new Promise((resolve, reject) => {
    const worker = new Worker('./worker.js');
    worker.on('message', resolve);
    worker.on('error', reject);
    worker.on('exit', (code) => {
      if (code ! == 0)
        reject(new Error(`Worker stopped with exit code ${code}`));
    });
    console.log("start a heavy task...");
    worker.postMessage(task);
  });
}
async function main() {
  const result = await runWorker({ data: 100 });
  console.log(result); // Output the result
  console.log("the task ended！");
}
main();
```

多线程机制提供了对于 CPU 密集型任务的并发处理能力，但需要注意，这是有代价的，主要在以下方面带来内存和性能的开销：线程的创建和销毁，以及内核对多线程的管理；主线程和工作线程之间的通信；辅助的工作线程无 DOM 访问能力，也不能访问全局对象或标准输出。

12.2.3 模块

Node.js 是 JavaScript 在服务器端的编程，其编程方法与在浏览器上的 JavaScript 编程基本相同，但浏览器端的 JavaScript 必须嵌入 HTML 文档里才能运行，而服务器端的 JavaScript 则可以直接(在引擎支持下)运行。模块是 Node.js 具有自身特色的一种机制，它是一种组织代码的方式，可以将相关的功能和数据封装在一个单独的文件中，然后在其他文件中通过 require 导入并使用它。

1. 创建和使用模块

创建和使用一个模块的过程如下：

(1) 创建一个名为 xxxModule.js 的文件，用于存放模块的功能和数据。代码如下：

```
function sayHello(name) {
    console.log(`Hello, ${name}!`);
}
module.exports = sayHello;
```

(2) 在其他文件中导入并使用 xxxModule.js 模块。例如，创建一个名为 main.js 的文件，代码如下：

```
const { sayHello } = require('./xxxModule');
sayHello('World'); // 输出 "Hello, World!"
```

(3) 在命令行中运行 main.js 文件，代码如下：

```
node main.js
```

2. 模块类型

Node.js 中的模块类型有：

(1) 核心模块：与 Node.js 本身捆绑在一起的模块。核心模块包括用于文件系统操作的 fs、用于创建 Web 服务器的 HTTP、用于文件路径操作的 path 等。引用语句如下：

```
const fs = require('fs');
```

(2) 本地模块：由开发人员创建的自定义模块。本地模块有助于高效地构建应用程序代码，它们可以是单个文件，也可以是具有多个文件和依赖项的目录。引用语句如下：

```
const myLocalModule = require('./myLocalModule');
```

(3) 第三方模块：由社区开发，可通过 npm 获得和安装，通常存储在项目中的 node_modules 目录中的模块。引用语句如下：

```
const _ = require('miniclock');
```

下面代码中，引用模块 http，在 8018 端口创建服务器。

```
var http = require('http');
var url = require('url');
var util = require('util');
var queryStr=require('querystring');

http.createServer(function(req, res){
    console.log("url: "+req.url);
    var body='';
    req.on('data', function(chunk){//接收客户机发来的数据，组包
        body += chunk;
    });
    req.on('end', function(){        //收到完整的请求数据
```

```
        var queryObj=queryStr.parse(body);   //字串转换为 JSON 对象
        const students = [  //准备返回的数据
            {id:'001', name:'normSrv', age:"18"},
            {id:'002', name:'jerry', age:"19"},
            {id:'003', name:'tony', age:"120"},
        ]
        res.writeHead(200, {'Content-Type': 'application/json; charset=utf-8'});
        let dd=JSON.stringify(students);   //JSON 对象转换为字串
        res.end(dd); //发送完成

        console.log('<p> recv: '+body+'</p>');
        console.log('<p> send: '+dd+'</p>');
    });
}).listen(8018);
// 控制台会输出以下信息
console.log('Server running at http://127.0.0.1:8018/');
```

当调试时，可以把 Node.js 放在本地运行，使用地址 127.0.0.1；当把该服务器放到远方的云平台上时，不要忘了开放防火墙的相应端口和解决跨域问题。

第 13 章 WebSocket 和 MQTT

13.1 WebSocket

13.1.1 长连接概念

HTTP/HTTPS 服务采用 B/S 模式，以短连接方式工作，运行过程是：首先，客户机与服务器建立连接；然后，客户机向服务器请求文档，服务器向客户机返回文档；最后，客户机与服务器断开连接。这种方式对于普通的网页访问来说是合适的，但对于网络聊天、物联网应用等场合，由于服务器没有数据推送能力，因此是不能胜任的。

在传统 B/S 模式的网络聊天中，一个成员发言后希望所有成员都可以马上看到，但如果其他成员没有在很短的时间内发起 B/S 请求，就不能收到最新数据。在物联网应用中，假设家里有一个报警器，而房主在外旅游。突发警报，需要房主立即得知，但房主没有发起 B/S 请求，他也收不到报警信息。早期的网络编程受制于 HTTP 协议，采用定时握手(心跳)的方式，客户机每隔一段时间就发起一次握手，以此保证连接的存在和数据从服务器端可推送。但心跳的方式常常造成计算机资源和网络资源的巨大浪费，如物联网应用的例子，可能几年也不会有一次报警，但客户机每 1 分钟心跳一次，基本都在做无用功。

长连接是在客户端和服务器之间保持开放通信通道的一种方式，允许进行持续通信，而无须重复建立新连接，即 TCP 建立连接后默认不断开连接。在 Web 应用程序中，最流行的建立长连接的方法之一是使用 WebSocket。

WebSocket 协议(简称 ws 协议)是 HTML5 推出的一个机制。这个协议是与 HTTP 不同的新协议。ws 协议与 HTTP 协议有交集，借用了 HTTP 的协议来完成建立连接过程中的一部分握手功能。ws 协议在 HTTP/1.1 数据的请求头中加入标记"Upgrade: websocket"和"Connection: Upgrade"，触发 HTTP 到 WebSocket 的升级，升级后的网络协议就按照 ws 来运行。HTTP 协议升级 ws，HTTPS 协议则升级 wss。WebSocket 协议基于 TCP 协议工作，为全双工方式通信，允许服务器与客户机之间保持长期连接，允许服务器主动向客户端推送数据，从而提高了数据传输的效率。

Linux 安装 ws：输入 npm install websocket 或 npm install ws。

Windows 安装 ws：
① 需要换源(到淘宝)：npm config set registry https://registry.npm.taobao.org。
验证是否成功：npm config get registry。
然后输入 npm install ws。
② 使用 cnpm 安装，先删除原有的所有代理：

  npm config rm proxy

  npm config rm https-proxy

在安装淘宝的 cnpm 后，就可以使用淘宝的 cnpm：

  npm install -g cnpm --registry=https://registry.npm.taobao.org

  cnpm install ws --registry=http://registry.npm.taobao.org

很多模块使用 cnpm 安装才可运行。使用 cnpm 后，最好将 js 文件的后缀改为 .cjs，其等同于 .js。

13.1.2 基于 WebSocket 的聊天室

首先使用 npm 完成 WebSocket 的安装：npm install ws。然后基于 Node.js 建立起一个 WebSocket 服务器：

```
const WebSocket = require('ws');    //引用 ws
//在 8080 端口建立 ws 服务器
const wss = new WebSocket.Server({ port: 8080 });
wss.on('connection', function connection(ws) {        //连接成功
    ws.on('message', function incoming(message) {     //收到数据
        console.log('received: %s', message);
    });
    ws.send('something from the server');             //发送数据
});
```

再建立一个客户端：

```
//访问 8080 端口上的 ws 服务
const socket = new WebSocket('ws://localhost:8080');
socket.onopen = function(event) {        //表示已连接
    socket.send('Hello Server!');        //发送数据
};
socket.onmessage = function(event) {     //接收数据
    console.log('Message from server:', event.data);
};
```

下面给出一个基于 WebSocket 的多人聊天程序，网络编程的进程之间只要能聊天，那么所有有关通信的事情就能实现。该聊天室使用 ws 协议，客户进入聊天室时自动发送字串"mynameis：+客户名字"，服务器将"客户名字+进入聊天室"广播出去，每个用户的浏览器上都会显示这个信息；客户发出聊天文字，服务器进行广播，在每个客户端浏览器上

显示聊天文字；客户退出聊天室，服务器进行广播，在每个客户端浏览器上显示"客户名字+离开聊天室"。服务器给每个进入聊天室的客户编号，编号由一个整形数组累加产生，客户被加入一个数组中保存；当客户离开聊天室时，服务器在数组中找到对应的客户并删除。运行结果如图 13.1 所示。

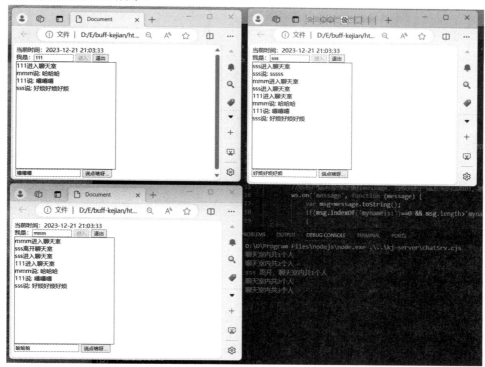

图 13.1　基于 ws 的多人聊天室

(1) 服务器 chatSrv.cjs 的代码如下：

//---收到连接后向 client 要名字，第一次收到数据是名字 mynameisXXX

var WebSocketServer = require('ws').Server;

var wss = new WebSocketServer({ port: 8016 });

//一个第三方时钟模块，用 cnpm install silly-datetime 安装

const sd=require('silly-datetime');

let clients = [];　　//记录客户端对象的数组

let i =0; //记录客户端序号

//当有客户端连接时，触发该事件

wss.on('connection', function (ws, request) { //参数 ws 是连接的客户端对象

　　ws.name = '';　　　//刚开始客户名字未知，等待客户告知

　　clients.push(ws); //把客户端对象保存到数组里

　　console.log('聊天室内共'+clients.length+'个人');

　　//给客户端对象绑定事件 message，当收到客户端发来的信息时，触发该事件

　　ws.on('message', function (message) {

　　　　var msg=message.toString();

```javascript
            if(msg.indexOf('mynameis:') == 0 && msg.length>'mynameis:'.length)
            {
                ws.name=msg.replace("mynameis:", "");    //删掉自动添加的前缀
                //把客户端进入聊天室的信息广播给其他客户端
                broadcast0(ws.name+'进入聊天室', ws);
            }
            else
                broadcast(message, ws); //把客户端发送来的信息广播给其他客户端
        });
        ws.on('close', function () { //给客户端对象绑定 close 事件，客户端关闭了
            //把客户端发送来的信息广播给其他客户端
            broadcast0(ws.name+'离开聊天室', ws);
            clients = clients.filter(item => {
                return item != ws;
            });
            console.log(ws.name+' 离开，聊天室内共'+clients.length+'个人');
        });
    });
    ///广播信息
    function broadcast(msg, ws) {     //broadcast：把信息逐个发给其他客户端
        clients.forEach(element => {        //clients: 记录着所有的客户端对象
            if(ws.name!='')
                element.send(ws.name + '说: ' + msg);
        });
    }
    ///广播信息 1 人进入或退出
    function broadcast0(msg, ws) {
        clients.forEach(element => {
            if(ws.name!='')
                element.send(msg);     //客户进入或退出聊天室，并没有说话
        });
    }
    //秒表
    setInterval (function(){
        let dt=sd.format(new Date(), 'YYYY-MM-DD HH:mm:ss');
        notifyTime(dt);
    }, 1000);
    function notifyTime(dt) {
        clients.forEach(element => {        //一个秒表，广播给所有用户
```

```
                element.send('currtime:'+dt);        //附加一个前缀
            });
        }
```
(2) 客户端的代码如下：
```html
<!DOCTYPE html>
<html lang="en">
<head>
    <meta charset="utf-8">
    <meta name="viewport" content="width=device-width, initial-scale=1.0">
    <meta http-equiv="X-UA-Compatible" content="ie=edge">
    <title>Document</title>
</head>
<body>
    <div>当前时间：<label id="curr-time"></label>
    </div>
    <div>我是：<input type="text" id="whoami" style='width:100px'>
        <input type="button" name="enterBtn" id="enterbutton" value="进入">
        <input type="button" id="closeBtn" value="退出" disabled='true'>
    </div>
    <div id="chatroom" style="width:270px; height:300px; overflow:auto; border:1px solid blue">
    </div>
    <div>
        <input type="text" name="sayinput" id="sayinput">
        <input type="button" name="send" id="sendbutton" value="说点啥呀...">
    </div>
</body>
</html>
<script>
    var myName=' ';
    var ws;
    //只有进入聊天室后才能进行各种操作
    document.getElementById("enterbutton").onclick = function() {
        if(myName == '')
        {
            //一旦建立对象，就会开始连接，如成功触发 onopen 事件
            ws = new WebSocket("ws://127.0.0.1:8016");
            //ws = new WebSocket("wss://www.raddh.com/chatS/");
            //ws = new WebSocket("wss://www.raddh.com:8016");
            let me = document.getElementById("whoami").value
```

```javascript
        if(me == null || me.replace(" ", "") == "")
            alert("请输入你的名字");        //没有输入名字
        else
        {
            var t=document.getElementById('curr-time');
            t.innerHTML='xxxx-xx-xx ss:ss:ss';   //此时还没有收到过秒表数据
            ws.onopen = function() {//表示已与服务器连接好
                ws.send("mynameis:"+me); //send 会触发服务器端 message 事件
                myName=me;
                //这两个 button 只能二选一
                var btn=document.getElementById('enterbutton');
                btn.disabled=true;
                var btn1=document.getElementById('closeBtn');
                btn1.disabled=false;
            }
        }
    }
    ws.onmessage = function(event) {
        var recvStr=event.data.toString();
        if(recvStr.startsWith('currtime:')) //过滤，收到秒表数据
        {
            let dt=document.getElementById("curr-time");
            dt.innerHTML=recvStr.replace("currtime:", "");
        }
        else //收到聊天室相关数据
            document.getElementById("chatroom").innerHTML += event.data + "<br/>"
    }
    document.getElementById("sendbutton").onclick = function() {
        let me = document.getElementById("whoami").value //这句调试使用，可删掉
        if(myName!=''){
            let msg = document.getElementById("sayinput").value
            ws.send(msg);
        }
    }
    window.unonload = function() {
        var btn=document.getElementById('enterbutton');
        btn.setAttribute('disabled', false);
        alert("关了")
        ws.close();
```

```
                }
                document.getElementById("closeBtn").onclick = function() {
                    var btn=document.getElementById('enterbutton');
                    btn.disabled=false;
                    var btn1=document.getElementById('closeBtn');
                    btn1.disabled=true;
                    if(myName!=''){
                        myName='';
                        ws.close();
                        //window.close();    //关闭浏览器
                    }
                }
            }
        </script>
```

13.2 MQTT

13.2.1 物联网与 MQTT 协议

1. 物联网

物联网(Internet of Things，IoT)是指可以通过互联网采集和共享数据的物理设备网络，这些设备涵盖从普通家居用品到复杂工业装备的广大范围，实现了物与物、物与人之间不受地理限制的连接。互联设备的概念自 20 世纪 70 年代就一直存在，其旧有名称包括"嵌入式互联网"和"普适计算"等。1999 年，凯文·阿什顿在宝洁公司工作时提出了"物联网"一词，他当时的工作是将 RFID 技术应用于供应链管理。随后，在移动通信、微处理器、传感器、云计算、数据分析、人工智能等技术进步的推动下，特别是手机的普及应用，促使物联网设备连接成本逐步降低，物联网应用得到快速增长。

2. MQTT 协议

MQTT (Message Queuing Telemetry Transport，消息队列遥测传输)是一种轻量级消息传递协议，是建立于 TCP 协议基础上的一种应用层协议。MQTT 广泛用于物联网中的设备到设备通信。

1) MQTT 技术特点

MQTT 的主要技术特点包括：

(1) 轻量高效：能够适用于资源和计算能力有限的设备(如传感器、小型微控制器)，能够适应带宽受限的网络。例如远程抄录电表，数据量不大，通信次数稀疏，对设备能力和带宽要求很低，但对低成本有强烈需求。

(2) 发布/订阅(Publish/Subscribe，P/S)：基于 P/S 模型运行，设备将消息发布到一个主题(Topic)上；其他设备订阅该主题就可以接收推送的消息，实现了消息发送方与接收方的解耦，能够进行一对多的通信，具备高度的可扩展性和灵活性。

(3) 基于代理的(Broker-Based)消息分发：MQTT 代理过滤收到的消息，将消息分发给订阅每个主题的客户端。负载数据无格式，中间环节也不去解析负载数据内容。

(4) 服务质量(QoS)分级：当 P/S 双方 QoS 不同时，降级使用，即使用低方的 QoS。
QoS 0(最多一次)：消息最多传递一次，也可能根本不传递，没有确认或重传机制。
QoS 1(至少一次)：消息至少传递一次，但可能会出现重复。
QoS 2(精确一次)：通过使用四步握手确保消息精确传递一次。
不同的 QoS 在满足数据质量要求的情况下，使数据传输尽可能地小型化、低开销(固定长度的头部是 2 字节)、协议交换最小化，降低了网络流量。

(5) 留存消息：代理可以保留主题的最后一条消息，并立即将其发送给该主题的新订阅者。每个主题只能有一个留存消息。例如：系统由一个温度传感器(P 方)和 5 个读者(S 方)组成，温度传感器退出前发出最后一条消息，5 个读者得到消息知道 P 方已退出；一个新的读者加入，系统马上从留存消息中就知道自己从这个主题上读不到温度数据了。

(6) 遗嘱(Last Will and Testament，LWT)：客户端可以指定一条 LWT 消息，如果客户端不正常(非优雅)地断开连接，则由代理代表其发布 LWT 消息给其他订阅者。如：网络故障造成某客户端断开连接，代理会自动将遗嘱消息发布给其他订阅者，其他订阅者得知该客户端离线，就可以执行一些预定义的操作维持整体系统的健壮性。

2) MQTT 的报文格式

MQTT 的报文格式如表 13.1 所示，分为三部分：固定头(2 字节)、可变头和负载(消息体)。其中，固定头是必需的，可变头与负载非必需。头部用来标识消息类型、报文选项；负载存放的消息内容是无格式字串。MQTT 报文消息类型如表 13.2 所示。报文的 DUP 标志是在客户端或服务器尝试重新传递 PUBLISH、PUBREL、SUBSCRIBE 或 UNSUBSCRIBE 消息时，被设为 1。DUP 标志适用于 QoS 值大于 0 且需要确认的消息，接收者可将此标志视为有关消息是否先前已被接收的提示，但并不能依靠它来检测重复项。当 DUP 位置 1 时，变量头包括消息 id。

表 13.1 MQTT 报文格式

字节	7	6	5	4	3	2	1	0
字节 1	消息类型				DUP	QoS 等级		留存标识
字节 2	剩余长度							
字节 3 ⋮ 字节 n	可变头							
字节 n+1 ⋮ 字节 N	消息体							

QoS 等级包含 2 位，取值 00 表示 QoS0 只发一次即使对方没有收到；01 表示 QoS1 最少发一次，如果对方没确认就重发，直到对方确认；10 表示 QoS2 不惜代价要把消息一次性发成功；11 表示保留。留存标识用于标志是否用作留存信息。

表 13.2 MQTT 报文消息类型

名称	值	描述	名称	值	描述
Reserved	0	保留	SUBSCRIBE	8	客户端订阅请求
CONNECT	1	Client 请求连接 Server	SUBACK	9	订阅确认
CONNACK	2	连接确认	UNSUBSCRIBE	10	退订请求
PUBLISH	3	发布消息	UNSUBACK	11	退订确认
PUBACK	4	发布确认	PINGREQ	12	ping 请求
PUBREC	5	发布收到(保证交付 1)	PINGRESP	13	ping 响应
PUBREL	6	发布释放(保证交付 3)	DISCONNECT	14	客户端正在断开连接
PUBCOMP	7	发布完成(保证交付 3)	Reserved	15	保留

发布/订阅：发布消息必须包含 Topic，服务器根据 Topic 决定转发路径；SUBSCRIBE、SUBACK 必须包含 Topic 才能订阅；UNSUBSCRIBE 取消订阅也必须包含 Topic，可以有多个 Topic。

Topic：大小写敏感，未必支持中文，可嵌入 clientId，可分级，如 china/shaanxi/xa/yanta。当针对多个 Topic 过滤时，可以使用以下通配符：

- 单级通配符(+)：可以替代一个 Tpoic 级别，如 car/+/left-1/power。
- 多级通配符(#)：必须在最后，如 car/motor/#。

以$开始的是系统保留的 Topic。

3) MQTT 工作流程

典型的 MQTT 工作流程包括以下步骤：

(1) 建立连接：MQTT 客户端使用 TCP/IP 与 MQTT 代理建立连接，客户端可以指定 keepAlive 间隔、cleanSession 标志、LWT 详细信息等选项。

(2) 发布消息：客户端通过向代理发送 PUBLISH 数据包来向主题发布消息，然后，代理将此消息转发给已订阅该主题的所有客户端。

(3) 订阅主题：客户端通过向代理发送 SUBSCRIBE 数据包来订阅主题(或主题模式)。当消息发布到客户端已订阅的主题时，代理会将消息发送到这些客户端。

(4) 根据 QoS 的消息传递：代理根据发布请求中指定的 QoS 级别进行消息传递。

(5) 关闭连接：连接可以由客户端或代理关闭。如果客户端关闭连接，它会向代理发送一个 DISCONNECT 数据包。

13.2.2 基于云平台的 MQTT 服务器

我们在阿里云平台上建立一个 MQTT 服务器。阿里云在物联网平台提供两类实例：公共实例和企业版实例。其中，公共实例给用户提供免费试用，它在设备数量、通信次数方面有限制，但对于我们学习和熟悉物联网技术来说是够用的。

加入公共实例后，如图 13.2 所示。点击"设备管理"，出现产品、设备等选项。这里的"产品"指某一类物联网终端，"设备"是指类别下的终端个体。

图 13.2　阿里云 IoT 平台——设备管理

1. 创建产品

如图 13.3 所示，点击"产品"→"新建产品"，输入产品名称（"DemoTerm1"），在"所属品类"中选择"自定义品类"，"节点类型"中选择"直连设备"，"连网方式"中选择"Wi-Fi"，最后点击"确认"按钮。

图 13.3　阿里云 IoT 平台——新建产品

接下来查看产品信息，有 ProductKey(IoT 平台为产品颁发的全局唯一标识符)、ProductSecret(产品证书)。可以查看产品证书，如图 13.4 所示。

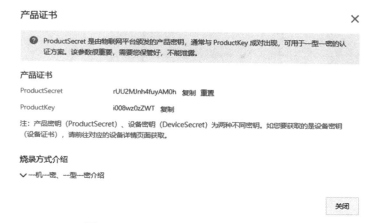

图 13.4　阿里云 IoT 平台——产品证书

图 13.4 中"烧录方式介绍"下的两个概念如下：

(1) 一机一密：每个设备烧录其唯一的设备证书(ProductKey、DeviceName 和 DeviceSecret)。当设备与物联网平台建立连接时，物联网平台对其携带的设备证书信息进行认证。

(2) 一型一密：同一产品下所有设备可以使用相同的设备标志信息，所有设备包含相同的产品证书(ProductKey 和 ProductSecret)。设备发送激活请求时，物联网平台会进行身份确认，认证通过后，就会下发该设备对应的产品证书。

后续应用中，我们选择一型一密。设备证书由设备(或产品)的 ProductKey、DeviceName 和 DeviceSecret 组成，是设备与物联网平台进行通信的重要身份认证。这里，我们得到的证书是：ProductKey 为 i008wz0zZWT，DeviceName 为 DemoTerm1，ProductSecret 为 rUU2MJnh4fuyAM0h。

打开"Topic 类列表"—"自定义 Topic"，如图 13.5 所示。可以看到用于订阅消息的 get、用于发布消息的 update、用于发布错误信息的 error 这几个主题。${deviceName}是通配符，代表任何合法的设备名。

图 13.5　自定义 Topic

2. 创建设备

点击"设备"→"添加设备",如图 13.6 所示。选择"产品",输入设备名,点击"确认"按钮。与产品类似,我们将获得设备证书。

图 13.6 阿里云 IoT 平台——添加设备

为测试 MQTT 系统,在此创建两种产品及其使用到的 Topic 和产品的下属设备。

(1) 产品 DemoApp1:用于 IoT 设备与 Web 服务器的交互,下属一个设备。

{ProductName:DemoApp1,ProductKey:i0084NtHzLn,ProductSecret:XntWL0mgOwNpsIc9};

拥有的 Topic:

/i0084NtHzLn/${deviceName}/user/get

/i0084NtHzLn/${deviceName}/user/update

设备:

{

    "ProductKey": "i0084NtHzLn",

    "DeviceName": "DP00001111",

    "DeviceSecret": "7a9f10e67e24e259660e353015ddbc64"

}

(2) 产品 DemoTerm1:终端产品,下属 3 个设备。

{ProductName:DemoTerm1,ProductKey:i008wz0zZWT,ProductSecret:rUU2MJnh4fuyAM0h};

拥有的 Topic:

/i008wz0zZWT/${deviceName}/user/get

/i008wz0zZWT/${deviceName}/user/update

设备 1:

{

    "ProductKey": "i008wz0zZWT",

    "DeviceName": "DT00001111",

    "DeviceSecret": "82043e39b55c8b170655f058242226c4"

}

设备 2:

第13章 WebSocket 和 MQTT

```
{
    "ProductKey": "i008wz0zZWT",
    "DeviceName": "DT00001112",
    "DeviceSecret": "58653863890723db3338f9848cbfea22"
}
```
设备3：
```
{
    "ProductKey": "i008wz0zZWT",
    "DeviceName": "DT00001113",
    "DeviceSecret": "8388d7c033d6fc49d7966713890e2b8a"
}
```

拥有了以上产品和设备后，引入工具 MQTT.fx 进行调试。MQTT.fx 是一个用于 MQTT 测试和调试的图形化的客户端应用程序，它可以与 MQTT 代理进行交互，实现连接、订阅、发布、分析和断开连接等功能，是程序员学习和理解 MQTT 协议的良好工具。

每个设备的 MQTT 连接参数都可以在阿里云 IoT 平台的"设备"→"设备信息"→"MQTT 连接参数"→"查看"找到，如图 13.7 所示，点击"一键复制"把参数保存起来。

图 13.7 MQTT 连接参数

如图 13.8 所示，打开 MQTT.fx，建立设备 DT00001113 与服务器的连接，然后点击 MQTT.fx 主窗口的齿轮图标，在弹出窗口进行配置。

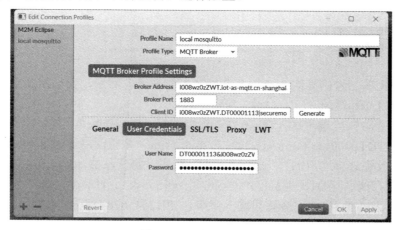

图 13.8 MQTT.fx 参数

各参数如下：
① Profile Type：选 MQTT Broker。
② Broker Address：可按照语法填写，或从 mqttHostUrl 复制。
语法：${ProductKey}.iot-as-mqtt.${region}.aliyuncs.com。
此处写作：
  i008wz0zZWT.iot-as-mqtt.cn-shanghai.aliyuncs.com
③ Broke Port：1883 端口。
④ Client ID：可按照语法填写，或从 MQTT 连接参数复制，不要点击"Generate"。
语法：${clientId}|securemode=3,signmethod=hmacsha1|。
其中，clientId 由"产品名.设备名"构成，要在 64 字符以内；securemode=3 代表 TCP 直连，如果 securemode=2 则代表 TLS 直连。
⑤ User Name。
语法：${DeviceName}&${YourPrductKey}，此处填 DT00001113&i008wz0zZWT。
⑥ Password：由 IoT 平台或工具生成，此处从 MQTT 连接参数复制。
保存并关闭弹窗，点击"Connect"按钮，正常情况下将连接成功，"Connect"按钮变为无效，"Disconnect"按钮变为有效。在 IoT 云平台的"设备"查看，此设备已处于"在线"状态，如图 13.9 所示。

图 13.9 IoT 设备连线状态

同理，把先前创建的其他 3 个设备连接到 IoT 平台。然后，我们测试终端与代理之间能否正常完成发布和订阅。
测试 IoT 平台向终端推送：在 MQTT.fx 上选择"Subscribe"，然后输入要订阅的主题 /i008wz0zZWT /DT00001113/user/get，点击"Subscribe"按钮，完成订阅。如图 13.10 所示，在 IoT 平台，首先选择"产品"，点击"发布"按钮，将产品 DemoTerm1 发布出去；选择"设备"，点击在线设备 DT00001113，再点击"Topic 列表"，对 /i008wz0zZWT /DT00001113/ user/get 主题"发布消息"，在弹窗里输入字串，如 12345678，点击"确认"按钮，把消息发布出去。从图 13.11 所示可以看到，MQTT.fx 收到 IoT 平台发来的消息。

第 13 章　WebSocket 和 MQTT

图 13.10　IoT 平台发布消息

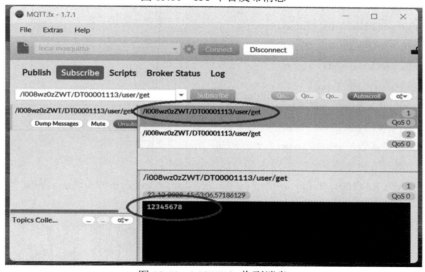

图 13.11　MQTT.fx 收到消息

测试终端向 IoT 平台发送：在 MQTT.fx 上选择"Publish"，然后输入目标主题 /i008wz0zZWT/DT00001113/user/update，点击按钮"Publish"，完成发送。在 IoT 平台，选择"监控运维"→"日志服务"，再选择产品 DemoTerm1，在日志里找到设备 DT00001113 的设备到云消息，说明平台收到了消息。

终端与终端之间并不能直接通信，它们都需要通过代理，由代理进行**流转**才能实现交互。在阿里 IoT 平台上使用 JavaScript 脚本实现流转，分三个步骤完成：

① 创建数据源。将一个产品的所有设备的 user/update 设定为源，为产品 DemoTerm1 创建数据源 DemoT_Src，为产品 DemoApp1 创建数据源 DemoP_Src。

② 创建数据目的。将一个产品的所有设备的 user/get 设定为目的，为产品 DemoTerm1 创建数据目的 DemoTo_T，为产品 DemoApp1 创建数据源 DemoTo_P。在数据目的页面中，可以看到它们的"数据目的 id"，如 1009、1010。数据目的 id 在解析器的脚本中要用到。

③ 创建解析器。点击"消息转发"→"云产品流转"→"创建解析器"。我们创建两个解析器，其中 DemoT2P，把 DemoTerm1 主题 update 的数据转给 DemoApp1 的主题 get；DemoP2T，把 DemoApp1 主题 update 的数据转给 DemoTerm1 的主题 get。编写流转的 JavaScript 脚本，完成后要"发布"，还要将解析器"启动"。

对于要传输的数据，我们使用 JSON 格式，并进行如下约定：

```
{
    TargetDevice：对方的 DeviceName，
    from：本方的 DeviceName，
    t2p 或 p2t：数据内容        //t2p 表示从 DemoTerm1 到 DemoApp1；p2t 相反
}
```

以下是两个脚本的代码：

- DemoT2P：

```javascript
// 设备上报数据内容，JSON 格式
var data = payload('json');
var to=getOrNull(data, "TargetDevice");
var fm=getOrNull(data, "from");
var tp=getOrNull(data, "t2p");
// 流转到另一个 Topic
if (to!=null && fm!=null && tp!=null) {
    writeIotTopic(1010, "/i0084NtHzLn/${TargetDevice}/user/get", data);
    //流转函数：writeIotTopic(数据目的 id，Topic，数据)
    //其他流转函数，如转到 RDS 数据库：
    //writeRds(1004, {"chg_time":t, "device_from":src, "device_to":des, "rec_   //"type":"Pam",
    "self_tId":selfId, "group_tId":"", "device_context":pam});
    //第一个参数 1004 是一个表，第二个参数用 JSON 形式向表里写入一条记录
}
```

- DemoP2T：

```javascript
// 设备上报数据内容，JSON 格式
var data = payload("json");
var to=getOrNull(data, "TargetDevice");
var fm=getOrNull(data, "from");
var tp=getOrNull(data, "t2p");
// 流转到另一个 Topic
if (to!=null && fm!=null && tp!=null) {
    writeIotTopic(1010, "/i0084NtHzLn/${TargetDevice}/user/get", data);
}
```

如图 13.12 所示，左边是 DemoTerm1 的设备 DT00001111，该设备向/i008wz0zZWT/DT00001111/user/update 发送了 JSON 数据：

{"TargetDevice":"DP00001111", "from":"DT00001111", "t2p":"I am DT00001111 TTTTT"}

图 13.12　不同产品的设备之间通信

右边是 DemoApp1 的设备 DP00001111，该设备从/i0084NtHzLn/DP00001111/user/get 收到了上面的 JSON 数据。

现在已经建立好了云平台上的 MQTT 服务器，设备运转正常，接下来将考虑把 MQTT 系统与 Web 系统连接起来。

13.2.3　基于 Node.js 的 MQTT 编程

MQTT.js 是一个开源的 Node.js 库，属于 Eclipse 基金会 Paho 项目的一部分，该项目提供 MQTT 消息传递协议的开源客户端实现。阿里云在引用了 MQTT 模块和 hex_hmac_sha1 模块后，增加了一个 getAliyunIotMqttClient 函数，重建模块后命名为 aliyun-iot-mqtt，并使用 cnpm install aliyun-iot-mqtt 进行安装。因为我们的例程在阿里云 IoT 上测试，所以使用 require('aliyun-iot-mqtt')来引用 MQTT 的函数。

aliyun-iot-mqtt 0.0.4 版的代码如下：

```
exports.getAliyunIotMqttClient = function(opts) {
    if (!opts || !opts.productKey ||
        !opts.deviceName || !opts.deviceSecret) {
        throw new Error('options need productKey, deviceName, deviceSecret');
    }
    if (opts.protocol === 'mqtts' && !opts.ca) {
        throw new Error('mqtts need ca ');
    }
    if (!opts.host && !opts.regionId) {
        throw new Error('options need host or regionId (aliyun regionId)');
    }
    const deviceSecret = opts.deviceSecret;
    delete opts.deviceSecret;
    let secureMode = (opts.protocol === 'mqtts') ? 2 : 3;
    var options = {
        productKey: opts.productKey,
```

```
            deviceName: opts.deviceName,
            timestamp: Date.now(),
            clientId: Math.random().toString(36).substr(2)
        }
        let keys = Object.keys(options).sort();
        // 按字典序排序
        keys = keys.sort();
        const list = [];
        keys.map((key) => {
            list.push(`${key}${options[key]}`);
        });
        const contentStr = list.join('');
        opts.password = crypto.hex_hmac_sha1(deviceSecret, contentStr);
        opts.clientId = `${options.clientId}|securemode=${secureMode}, signmethod=hmacsha1,
        timestamp=${options.timestamp}|`;
                opts.username = `${options.deviceName}&${options.productKey}`;
        opts.port = opts.port || 1883;
        opts.host = opts.host || `${opts.productKey}.iot-as-mqtt.${opts.regionId}.aliyuncs.com`;
        opts.protocol = opts.protocol || 'mqtt';
        return mqtt.connect(opts);
    }
```

可以看到，输入参数必须包含产品名、设备名、密码、主机名或地区 ID 等，默认 1883 端口，函数内部会建立客户端与 MQTT 代理的连接。

下面例程摘自文件 rtSrv.cjs，做了简化和少量修改，展示了使用 aliyun-iot-mqtt 函数实现 MQTT 功能的过程。这段代码面对的需求场景：软件供应商为很多个公司提供 IoT 支持，为每个公司建立一个 MQTT 系统和数据库，但每个公司使用的物联网设备又不是很多。如果给每个公司都购买单独的云服务器、云数据库、IoT 平台，则成本太高。于是，方案设计为所有公司共享一套云服务器、云数据库和 IoT 平台，为每个公司创建一个虚拟 MQTT 客户端，即虚拟手机。这个虚拟手机管辖一个公司的所有 MQTT 终端设备。也就是说，在一个公司内部，Web 客户与虚拟手机互联，所有其他 MQTT 终端的数据都发给虚拟手机；所有 Web 客户的指令也都通过虚拟手机发给 MQTT 终端。同时，在一个数据库实例上为各公司单独创建数据库。用一个基本数据表记录公司与虚拟手机的对应关系，以及其他一些数据库密码等信息。供应商的主程序定时查阅基本数据表，数据表内容发生变化，就重建虚拟手机。实际上，就是一个脚本程序在管理一组虚拟手机，维护其增、删、改、查。程序代码如下：

```
//---iot_vm_phone---以 vmPhn_ 作前缀
//---根据 basic 表中虚拟手机信息建立 IoT 连接
var basicChgNum=0;
var basicChgNum_ret=0;
```

```
var notRestart=0;    //MQTT 连接断开时要自动重连，但程序或用户故意断开时不重连
var vmPhnGroup=[];   //虚拟手机集合
function closeAllVmPhone(){
    try {
        if(vmPhnGroup!=null)
        {
            forEach(element in PhnGroup)
            {
                element.mqttclient.close(); //断开所有 MQTT 连接
            }
            vmPhnGroup.splice(0, vmPhnGroup.length); //将数组中元素从 0 开始，全部删除
        }
    } catch (error) {
    }
}
function iotSrv(){
    basicDbChanged();    //检查基本数据表中记录的数据是否变化及是否有错
    if(basicChgNum_ret!=basicChgNum)//基本表有变化
    { //这里采用简单的处理，关掉所有连接，重新建立连接
        if(vmPhnGroup.length>0)       //更合理的方法是针对改变者进行处理
            closeAllVmPhone();        //但这种基本数据表的变化极少，所以简单处理
        let   sql = 'SELECT * FROM company_iot_site'; //读取基本表
        vmPhn_connection_basic.query(sql, function (err, rows, fields) {
            if(err){
                console.log('get company_iot_site ERROR - ', err.message);
                return;
            }
            for(let i=0; i<rows.length; i++){
                let info={companyName:"", deviceName:"", productKey:"", deviceSec:"", region:"",
                        dbName:"", manager:"", mPsw:"", mqttInited:0, topicP:"", topicS:"",
                        mqttclient:null, dbclient:null};
                info.companyName=rows[i].公司名称;    //row 是数据库中的一条记录
                info.deviceName=rows[i].DeviceName;
                info.productKey=rows[i].ProductKey;
                info.deviceSec=rows[i].DeviceSecret;
                info.region=rows[i].regionID;
                info.dbName=rows[i].数据库名;
                info.manager=rows[i].管理员账号;
                info.mPsw=rows[i].管理员密码;
```

```
var vmPhn_options = {
    productKey: "",        //i0084NtHzLn
    deviceName: "",        //DP00001111
    deviceSecret: "",      //7a9f10e67e24e259660e353015ddbc64
    regionId: ""
};
vmPhn_options.productKey=info.productKey;
vmPhn_options.deviceName=info.deviceName;
vmPhn_options.deviceSecret= info.deviceSec;
vmPhn_options.regionId=info.region;
info.topicP =`/${info.productKey}/${info.deviceName}/user/update`;
info.topicS =`/${info.productKey}/${info.deviceName}/user/get`;
info.mqttclient=null;
info.mqttclient = vmPhn_mqtt.getAliyunIotMqttClient(vmPhn_options);
info.mqttclient.on('connect', ()=>{//连接成功
   console.log("mqtt connected="+info.companyName);
   let qos_option = {qos:1};
   info.mqttclient.subscribe(info.topicS, qos_option, function(err){
        if (!err) { //订阅成功
            console.log('Subscribed'+info.companyName);
        }
   });
   info.mqttInited=1;
   vmPhnGroup.push(info);
});
info.mqttclient.on('close', ()=>{ //连接断开
   info.mqttInited=0;
   var vmP_options = {
       productKey: "",
       deviceName: "",
       deviceSecret: "",
       regionId: ""
   };
   //断开就重连,但故意关断时不重连,如 closeAllVmPhone()
   if(notRestart == 0){
       vmP_options.productKey=info.productKey;
       vmP_options.deviceName=info.deviceName;
       vmP_options.deviceSecret= info.deviceSec;
       vmP_options.regionId=info.region;
```

```
                            info.mqttclient = vmPhn_mqtt.getAliyunIotMqttClient(vmP_options);
                        }
                    });
                    info.mqttclient.on('message', (topic, message)=>{//收到数据
                        let m=message.toString();
                        console.log(info.companyName+":"+m);
                        vmPhn_recvDeal(info.companyName, info.dbName, info.manager, info.mPsw, m);
                    });
                }
            });
        }
    });
}
//---虚拟手机的 MQTT 对象
const vmPhn_mqtt = require('aliyun-iot-mqtt');
function vmPhn_pub(companyName, toWhom, msg){
    if(vmPhnGroup == null || vmPhnGroup.length == 0)
        return;
    for(let i=0; i<vmPhnGroup.length; i++) {
        if(vmPhnGroup[i].companyName == companyName)   //在数组中找到目标手机
        {
            let vmPhn=vmPhnGroup[i];
            let vmPhn_client=vmPhn.mqttclient;
            if(vmPhn_client!=null){
                //设备端数据
                var phFrom=vmPhn.deviceName;
                data = `{\"p2t\":\"${msg}\", \"from\":\"${phFrom}\", \"TargetDevice\": \"${toWhom}\"}`;
                console.log(vmPhn.topicP);
                console.log(data);
                //发布数据到 Topic,
                vmPhn_client.publish(vmPhn.topicP, data);
            }
            break;
        }
    }
}
function vmPhn_recvDeal(companyName, dbName, dbUsr, dbPsw, msg){
}
setInterval(iotSrv, 5000);    //每 5 s 检测一遍
```

第 14 章

全栈开发示例

14.1 全栈开发和示例方案

14.1.1 全栈开发

全栈开发(Full-stack Development)是指开发者既需要承担客户端的应用程序开发(前端)，又需要承担服务器端的程序开发(后端)，从而创建一个完整的 Web 应用程序。

全栈开发包含广泛的技能集，涵盖 Web 应用程序的表示层(前端)和数据访问层(后端)。全栈开发人员需要融会贯通多种编程技能，以及数据库、服务器、网络和托管环境的知识，还需要对硬件和操作系统也有所掌握。一个完整的网络应用系统是一个有全栈需求的系统，需要从全栈的角度分析、设计和实现。下面展示一个全栈开发的过程，这是一个示例系统的简化版。

14.1.2 示例方案

需求是动态的，必须受限的。理想情况下，我们希望可以把需求调查得非常清楚，然后再开始设计和实现，但实际上这是做不到的。项目开始前，供需双方经过调查和协商得到一个初步的需求，但双方对应用、实现和技术细节都只是预估，无法估计到实际开发过程和使用过程中遇到的很多问题。所以，需求会经过多次反复修正，才能形成合理的版本，在此过程中应注意约束需求的变化，不要使其过度膨胀或转向。如果需求改变过大，就应该是另一个项目了。

示例的需求如下：软件供应商需要提供一套网络应用系统，可以为多个公司用户提供服务。如图 14.1 所示，系统为每个公司用户提供若干个仪表，仪表可以采集温度、湿度、空气成分等参数，数据如超过警戒范围要迅速通知公司；仪表的地理位置可以变动；仪表上有一些操作机构，可以将其简化为灯的开和关；公司员工可以通过手机远程操作仪表，完成实时采集数据、定时采集数据、开关灯等；数据要存储，以备查询；公司人员在每次移动仪表位置后，要将周边环境和操作人员拍照上传到数据库；每个公司的仪表数量不是很多，约在 20 个以内；希望系统成本较低。

第 14 章 全栈开发示例

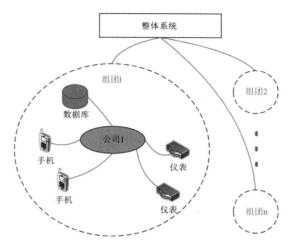

图 14.1 示例系统的需求

依据需求，我们设计了系统总体方案，如图 14.2 所示。

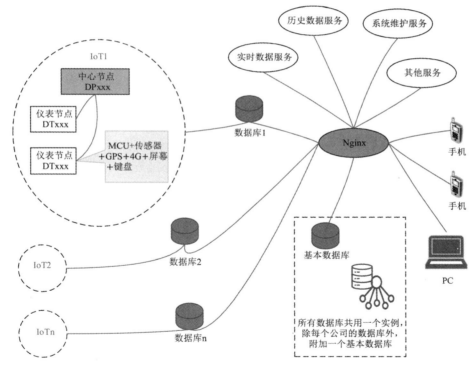

图 14.2 示例系统方案

系统说明如下。

(1) 总体：基础信息由软件供应商进行统一管理，所有公司共用一个服务器、一个数据库实例、一个 IoT 实例。使用 Nginx 服务器、MySQL 数据库、MQTT 协议，支持 Web 服务、WebSocket 服务。

(2) 数据库：基于阿里云 RDS，建立 MySQL 数据库实例，并在数据库实例上给每个公司创建自己的数据库。网站另外维护一个基本数据库，用来记录各公司的数据库名称、管理员信息、IoT 中心节点名称等基础信息。

(3) IoT：给每个公司建立一个虚拟的 MQTT 中心节点，名称以 DP 开头，表示是中心节点类型的产品。该公司所有的 MQTT 终端的数据都需要通过中心节点与 Web 系统、数据库连接。

供应商在仪表出厂前，要将其信息录入 IoT 平台，包括产品名、设备名、密码等，同时也要录入基本数据库里。仪表名称以 DT 开头，表示是仪表类产品。

(4) Web 服务：Web 系统通过 MQTT 协议与 MQTT 中心节点连接，同时与数据库连接，并且系统前置 Nginx 服务器，实现服务分发、服务升级和负载平衡。客户端与 Web 服务之间既支持短连接，也支持长连接。Nginx 上取消跨域限制。

(5) 客户端：提供人机界面、数据展示等功能，并引入百度地图展示节点位置。客户端不直接访问数据库，而是通过向 Web 服务器提交 JSON 格式的请求，由服务器对数据库进行操作，然后返回结果，这样避免用户密码出现在 URL 上被非法用户看到。

14.2 硬件系统设计

示例系统的仪表结构如图 14.3 所示，选用微处理器(MCU)stm32f407 作为 CPU，外围电路通过 CAN(Controller Area Network，控制器局域网)总线与传感器连接；通过 SPI(Serial Peripheral Interface，串行外设接口)总线与触屏连接，触屏起到显示和键盘的作用；通过三个 UART(Universal Asynchronous Receiver/Transmitter)分别与 4G 模块、GPS 模块、蓝牙模块连接。4G 模块提供 MQTT 接入，GPS 模块提供地理位置和时间信息，蓝牙模块提供一个近距离的无线通信接口。蓝牙接口的用处：一是可连接蓝牙打印机输出打印数据；二是为手机或计算机提供一个数据维护通道，通过蓝牙给仪表设定参数，包括仪表编号、出厂信息，以及 MQTT 的产品名、设备名、密码等。采用可充电电源为仪表提供电力，同时因 MCU 系统需要多种电压的供应，所以还要通过 DC/DC(直流/直流)转换，输出 3.3 V、5 V、12 V 等电压。

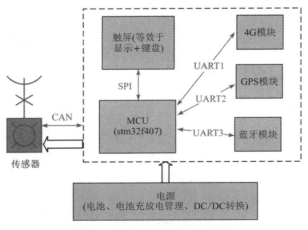

图 14.3 示例系统的仪表结构

MCU 的选型需要兼顾功能、尺寸、能耗、成本等多方面因素，这里因需要较多的外围接口，对数据运算能力也有较高的要求，所以选用了 stm32f407 这款性能比较高的芯片。各种芯片的规格书(Datasheet)可以在厂家官网或 http://www.alldatasheet.com 等网站查询。

为减小工作量，尽量选一些功能模块(而不是用芯片搭建电路)来实现对外接口，如 4G 模块等。这些模块大多提供 AT 指令集，允许用户通过串行接口(UART 等)对其进行读写操作。

选定了电路元件之后，如果时间允许，最好把功能模块测试一遍，确认其确实能够满足需求，因厂家对模块的描述可能与用户对说明书的理解不同，有必要测试一下。

接下来进行电路设计。常用的电路设计 EDA(Electronic Design Automation，电子设计自动化)软件有 Cadence、Mentor、Altium Design(简称 AD)，普通电路板用后面两个就可以满足需要。本例选用 AD，图 14.4 是示例的 MCU 系统原理图(局部)。其中，引脚上相同的网络标号代表这两个引脚连接在一起，如 BT_TX、BT_RX。电路板上应设计几个 LED 灯，方便后续调试时观察 MCU 系统是否正常，起到软件调试时断点的作用。对原理图编译后进行 PCB 图设计，包括元件布局、电路板布线等阶段，得到 .pcb 文件，然后发给电路板厂生产。也有可能需要转为 Gerber 文件后才能发给电路板厂，在菜单"File"→"Export"中可找到转换条目。

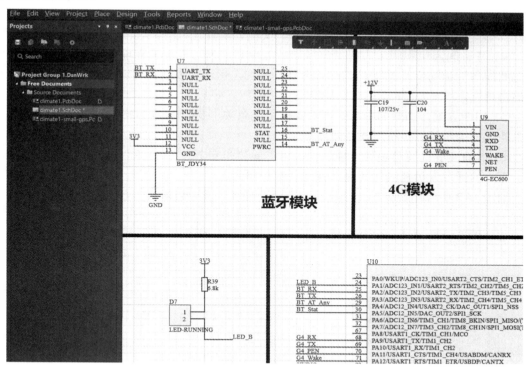

图 14.4 示例的 MCU 系统原理图(局部)

很多 PCB 厂提供焊接服务，但在产品最初调试阶段，常常只需要焊几块电路板，如果交由焊接厂处理在时间和精力方面可能会得不偿失。这时，应在制作电路板时要求板厂同时制作钢网。钢网是覆盖在电路板上的掩膜，刷焊锡膏时，只将焊点暴露而其他部分遮蔽。在给电路板刷好锡膏后，把芯片、模块等按位置在 PCB 上放好，再放到回流焊炉中焊接，就得到成品的电路板了。通过视觉观察成品电路板后,在加电前应测量一下各组电源(3.3 V、12 V等)与地、各组电源之间是否有短路。

接下来进行硬件上的软件工作,即开发运行在 MCU 上的程序。常用的 stm32 或 msp430 系列的程序主要使用 Keil MDK 或 IAR 两个 IDE 开发,本例选用前者。意法(ST)半导体公司提供了一个 stm 系列 MCU 的配置软件 stm32CubeMX,能够让开发者直观省力地完成芯片引脚和外围功能的配置,配置完成后,可在 Keil 中生成包含配置信息的代码。

在 MCU 上要运行一个实时操作系统,可以选择 FreeRTOS。当然,如果 MCU 系统要完成的功能极简单或 MCU 的资源已被榨取到极限,也可以不使用操作系统,而采用裸机运行的方式。FreeRTOS 是一种用于嵌入式设备的实时操作系统(RTOS)。它设计得小巧简单,非常适合在内存和处理能力有限的诸如 MCU 这样的环境中使用。

FreeRTOS 的主要特点包括:

(1) 任务管理。支持基于优先级的多任务,具有快速响应关键事件的能力。这是嵌入式系统中的常见需求。

(2) 内存效率。占用内存资源少,内核本身可以在几千字节的 RAM 中运行,并且每个任务只需要少量的堆栈空间。

(3) 抢占式调度和协作式调度。抢占式调度允许 RTOS 强制将 CPU 从一个任务切换到另一个任务,而协作式调度依赖于任务,自愿放弃对 CPU 的控制。FreeRTOS 对这两种调度方式都支持,保证了既可以容纳多任务,又能让重要任务(实时任务)可以及时得到处理。

(4) 任务间通信和同步。提供信号量、互斥和队列等机制来管理任务之间及任务与中断之间的通信和同步,类似于 Linux 的 IPC 机制,保证了多任务环境中数据的完整性和操作的协调性。

(5) 中断管理。高效的中断管理对实时系统至关重要。FreeRTOS 几乎在任何时候都允许中断,将中断延迟保持在最低限度。

(6) 具有良好的可移植性、模块化、可扩展性和安全性。FreeRTOS 是开源系统,拥有一个庞大的开发人员社区为其提供咨询、维护和改进。

为图 14.3 中除电源外的每个模块建立一个任务,其中将触屏的任务分为两个,一个负责显示,另一个负责键盘输入。同时,在所有任务之外运行一个定时器,为需要周期性处理的事务提供时间基准。任务和信号量声明如下:

```
osThreadId defaultTaskHandle;      // freeRTOS 默认创建的一个空闲任务,优先级低
osThreadId opSnrTaskHandle;        //用于采集传感器数据的任务
osThreadId lcdTaskHandle;          //用于在触屏上显示数据的任务
osThreadId gpsTaskHandle;          //获取并处理 GPS 信息的任务
osThreadId btTaskHandle;           //处理蓝牙模块的任务
osThreadId g4TaskHandle;           //管理 4G 模块的任务
osMessageQId Queue_lcdHandle;      // lcdTaskHandle 接收信号的队列
osMessageQId Queue_SnrHandle;      // opSnrTaskHandle 接收信号的队列
osMessageQId Queue_KeyHandle;      //键盘处理接收信号的队列,信号是从定时器发来的,
                                   //定时器不断检测触屏输入
osMessageQId Queue_btHandle;       // btTaskHandle 接收信号的队列
```

```
osMessageQId Queue_gpsHandle;              // gpsTaskHandle 接收信号的队列
osMessageQId Queue_defaultHandle;          // defaultTaskHandle 接收信号的队列
void StartDefaultTask(void const * argument);   //默认任务的处理函数
void opSnrTask01(void const * argument);        //传感器任务的处理函数
void lcdTask02(void const * argument);          //触屏显示任务的处理函数
void gpsTask03(void const * argument);          // GPS 任务的处理函数
void btTask04(void const * argument);           //蓝牙任务的处理函数
void g4Task05(void const * argument);           // 4G 任务的处理函数
```

使用 osMessageQDef()函数定义信号量队列深度和元素结构，然后用 osMessageCreate()函数创建信号量队列。例如：

```
/* Create the queue(s) */
/* definition and creation of Queue_lcd */
osMessageQDef(Queue_lcd, 24, MsgToLcd_t); //队列名、深度、元素结构
Queue_lcdHandle = osMessageCreate(osMessageQ(Queue_lcd), NULL); //创建队列
```

其中，元素结构定义如下：

```
typedef struct{
    double EW;
    double NS;
}Gps_Data_t;
typedef struct{
    uint8_t msgSrc;
    uint8_t msgId;
    union{
        E5_Data_t   E5;      //引用的外部结构
        uint8_t buff[20];
    }data0;
    union{
        Gps_Data_t gps;      //引用的外部结构
        double d[2];
    }data1;
    time_t time_bj;
}MsgToLcd_t;
```

使用 osThreadDef()函数定义任务处理函数、任务优先级、stack 大小，然后用 osThreadCreate()函数创建任务。例如：

```
/* definition and creation of lcdTask */
osThreadDef(lcdTask, lcdTask02, osPriorityIdle, 0, 512);
lcdTaskHandle = osThreadCreate(osThread(lcdTask), NULL);
```

当有事件产生时，例如 GPS 模块检测到新的位置信息需要通知触屏显示，它就向触屏显示任务的信号队列 Queue_lcd 写入一个 MsgToLcd_t 类型的结构，在结构中的 data1.d 处

填入当前的经纬度。例如：

```
if(gpsDataParse(&dE, &dN, &dt))
{
    memset((uint8_t*)&toLcd, 0, sizeof(MsgToLcd_t));
    toLcd.msgSrc=MSG_SRC_GPS;
    toLcd.msgId=MSG_ID_GPS;
    toLcd.data1.d[0]=dE;
    toLcd.data1.d[1]=dN;
    toLcd.time_bj=dt;
    xQueueSendToBack(Queue_lcdHandle, &toLcd, 200); //把事件写入队列，最多等 200ms
    m_Header.noPosTime=0;
    m_gpsDoneTime=lcd_Run_stat.dtime;
}
```

在触屏显示任务中，函数 lcdTask02 监测信号量队列，发现有事件到达，就解析并处理，如图 14.5 所示。

```
for(;;)
{
    memset((uint8_t*)&toLcd,0,sizeof(MsgToLcd_t));
    portBASE_TYPE xStatus = xQueueReceive(Queue_lcdHandle, &toLcd, 1000);
    if(xStatus != pdPASS)
        continue;
    switch(toLcd.msgSrc)
    {
        case MSG_SRC_MAIN:
            if(toLcd.msgId==MSG_ID_SECOND)
            {
            }
            break;
        case MSG_SRC_GPS:
            if(toLcd.msgId==MSG_ID_GPS)
            {
            }
            break;
        case MSG_SRC_G4:
            if(toLcd.msgId==MSG_ID_G4_UART_ANS_ERROR)
            {
            }
            else if(toLcd.msgId==MSG_ID_G4_UART_ANS_OK)
            {
```

图 14.5 接收信号量

在 MCU 系统调试中，常常需要将 fprint() 和 scanf() 函数重定向，把原来输出到屏幕上的数据改到串口上。这种重定向方法如图 14.6 所示。

```
int fputc(int ch, FILE *f)
{
    /* 发送一个字节数据到串口 */
    HAL_UART_Transmit(&huart2, (uint8_t*)&ch, 1, 200);
    return (ch);
}

///重定向c库函数scanf到串口，重写向后可使用scanf、getchar等函数
uint8_t ch_r;
int fgetc(FILE *f)
{
    /* 等待串口输入数据 */
    HAL_UART_Receive (&huart2,&ch_r,1,0xffff);
    return ch_r;
}
```

图 14.6 重定向到 2 号串口

第 14 章　全栈开发示例

依照上述任务工作机制，完成编码，我们就拥有了能够正常工作的 MCU 系统，系统通过 4G 模块连接到互联网上。4G 模块内置 MQTT 支持，使仪表可以接入 IoT 网络中。

14.3　后端和 MQTT 系统设计

我们采用 Nginx + MySQL 的方式实现后端，由 Nginx 按照 URL 路径把客户端请求分发给 rtS(负责实时数据服务，即 MQTT 的中心节点的数据处理)、histS(历史数据服务)、maintS(系统维护服务)、normS(其他服务)，支持 HTTP 到 ws 的升级，取消跨域限制。相关的 /etc/nginx.config 和 /etc/sites-enabled/default 文件代码已在 10.2.2 小节中展示过，不再重复。

在数据库实例上为 n 个用户建立 n+1 个数据库，多出来的那个是基本数据库(basicdb)，在其中建立表 company_iot_site，如图 14.7 所示。把公司名称(唯一)与设备名、产品名、设备密码、该公司使用的数据库名、该公司系统管理员账号、该公司系统管理员密码作为一条记录保存下来。

图 14.7　表 company_iot_site 结构

basicdb 中的另一个表"总体有变化"，仅记录一个整数，每次 company_iot_site 表有变化时就启动触发器修改这个整数，rtSrv 服务器每隔 5 s 检测一次，发现这个整数变了，就重建物联网的所有中心节点。总体有变化表的触发器如图 14.8 所示。

图 14.8　总体有变化表的触发器

每个公司有自己的私有数据库，如"广东大厂"，私有数据库内部建立一系列表，如图 14.9 所示。其中，"用户管理"表记录由该公司管理员建立的公司内部用户表；"任务管理"表记录采集数据任务内容，包括已执行、正执行、待执行的所有任务；"操作记录"与任务管理关联，保存该任务是由哪个人、哪个时间完成的；"测量记录"保存所有采集到的数据及附加信息；"设备关联"把供应商仪表的出厂编号与用户在各公司内部分配的编号及附加信息关联起来。

图 14.9　各公司私有数据库结构

后端服务器文件名分别为 rtSrv.cjs、histSrv.cjs、maintSrv.cjs、normSrv.cjs，其代码可在本书仓库的文件中查看。

14.4　前端设计

关于 HTML5 的界面设计，有很多工具和框架可供使用，帮助简化设计流程。常用的工具和框架有 Sketch、Adobe XD、Figma、Axure RP、InVision 等，这些大多属于在线设计，当网速受限时，会严重影响开发进度。中国的"即时设计"(https://js.design/)涵盖了 Figma 的功能，支持基于 Web 的界面设计，允许多人实时协同开发，提供矢量编辑工具、组件库、灵活的布局，支持原型设计，并支持与其他工具和平台的集成，网速也较好，是一个很好的工具。以上工具有些能够直接生成 HTML 文件，有些则需要使用插件转换才能生成 HTML 文件。

我们还可以使用 Pinegrow Web Editor 等软件直接在 HTML 文件上进行可视化编辑，如图 14.10 所示。将本例原先在 VsCode 上编制的 HTML 用 Pinegrow Web Editor 打开，即可进行可视化开发。注意，大多数可视化工具对 HTML 版本的更新有一定滞后，一些新标记的用法可能不对，需要在文本中修改。

第 14 章　全栈开发示例

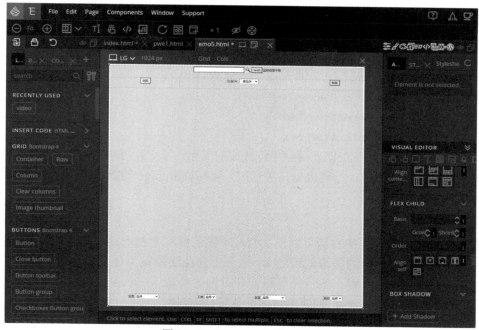

图 14.10　Pinegrow Web Editor

前端除了界面以外，还有一些需要关注的地方，如本地存储、屏幕检测、拍照与上传数据库。

1. 本地存储

如果每次登录网站都需要身份验证，手工输入公司名、用户名、密码，这将是非常令人烦恼的事情。HTML5 提供了一种简单易用的 Web 存储机制 localStorage，它允许 Web 应用程序将数据存储在用户的浏览器中，并且没有过期日期。即使关闭了浏览器，存储的数据也仍将保持。利用这种机制，可以将用户名等信息保留，下次打开网站用程序自动登录，无须人工操作了。以下代码实现了这种本地数据的读写：

```
function setLocalStorage(item, ss)
{
    if(typeof(Storage) == "undefined")
        return;            //不支持 Web 存储
    localStorage.setItem(item, ss);
}
function getLocalStorage(item)
{
    return localStorage.getItem(item);
}
```

调用：

```
var localSt={companyName:", usrName:", usrNo:", psw:"};
setLocalStorage('companyName', 'abcde');
```

```
setLocalStorage('usrName', 'alilili');
setLocalStorage('usrNo', '00001');
setLocalStorage('psw', '123456');
localSt.companyName=getLocalStorage('companyName');
localSt.usrName=getLocalStorage('usrName');
localSt.usrNo=getLocalStorage('usrNo');
localSt.psw=getLocalStorage('psw');
```

LocalStorage 数据保存在物理硬盘中，是长期保存。另一种短期存储数据的方法：数据缓存在网页窗口的进程中，当网页窗口关闭时，sessionStorage 的数据就会被清除，它的生存期是一个会话期。

2. 屏幕检测

通常情况下，HTML 的布局可以使文档在不同的屏幕上都有良好的呈现效果，但如果原创平台与当前运行平台的屏幕差距过大，也会引起画面效果不佳。这时，可以通过 screen 对象获得当前屏幕尺寸，对一些特殊屏幕作针对性的处理。screen 对象，用以下方法分别获得整个屏幕的尺寸和浏览器窗口(包含滚动条)的尺寸。

```
// 获得整个屏幕的尺寸
var screenWidth = screen.width;
var screenHeight = screen.height;
console.log('Screen width: ' + screenWidth + ' pixels');
console.log('Screen height: ' + screenHeight + ' pixels');

// 获得浏览器窗口的尺寸
var windowWidth = window.innerWidth;
var windowHeight = window.innerHeight;
console.log('Window width: ' + windowWidth + ' pixels');
console.log('Window height: ' + windowHeight + ' pixels');
```

对一台 PC 或手机来说，屏幕大小是固定的，但浏览器窗口是可变的。当它变化时，可用如下方法获得新尺寸：

```
window.addEventListener('resize', function() {
    var newWidth = window.innerWidth;
    var newHeight = window.innerHeight;
    console.log('New window width: ' + newWidth + ' pixels');
    console.log('New window height: ' + newHeight + ' pixels');
});
```

3. 拍照与上传数据库

本例的需求中有一项要求，需要对周边环境拍照并上传数据库，我们把照片以 BLOB(Binary Large Object，二进制大对象)数据类型保存到"图像记录"表中。借助 JQuery 实现拍照和发起上传很简单，如下代码：

```html
<!--拍照后上传-->
<tr style="background-color:#a9d6ff; ">
<td colspan="2">周边环境拍照并上传> <br>
    <img src="./images/camera.png" onclick="dot_camera_img_click()"></img>
    <input id="get-video" type="file" accept="image/*" capture="camera" style="display: none; " onchange="camera_update('camera')">
    <label id="upload-status" style="color:#ff0000; display: none; " >图像上传 ?.....</label>
    <script>
      function dot_camera_img_click(){
        $("#get-video").click();
      }
    </script>
  </td>
</tr>


<!--上传手机中的图片-->
<tr style="background-color:#a9d6ff; ">
  <td colspan="2">
    <button onclick="saveDotItem()">             </button>
    <span>                                </span>
    <button id="upLocalImg" onclick="upLocalImg()">上传本地图片</button>
    <input id="get-file" type="file" accept="image/*" style="display: none; "
        onchange="camera_update('file')">
    <script>
      function upLocalImg(){
        $("#get-file").click();
      }
    </script>
  </td>
</tr>
```

但是在刚开始的调试中，我们发现图片无法上传，其原因不在前端，而在于 Nginx 服务器/etc/nginx/nginx.config 中有一项：

    client_max_body_size 10m; //上传最大值为 10M

这个值太小了，大于 10M 的数据被拒绝，把它改成 100M，图片就可以正常上传了。

网络编程涉及很多环节，每个环节的开发者都想通过很多创意来保证该环节的高性能，但是不同环节的措施可能是有冲突的。网络编程在调试时，定位问题常常很难，但之后解决问题并不难。

参 考 文 献

[1] 尹圣雨，TCP/IP 网络编程[M]. 金国哲，译. 北京：人民邮电出版社，2014.

[2] 杨秋黎，金智. Windows 网络编程[M]. 2 版. 北京：人民邮电出版社，2015.

[3] STEVENS W R. TCP/IP 详解(卷 3)[M]. 北京：机械工业出版社，2019.

[4] COMER D E，STEVENS D L. 用 TCP/IP 进行网际互连(第三卷)[M]. 北京：电子工业出版社，2009.

[5] 冯一飞，丁楠，叶钧超，等. 领域专用低延迟高带宽 TCP/IP 卸载引擎设计与实现[J]. 计算机工程，2022，48(09)，162-170.

[6] STEVENS W R. UNIX 环境高级编程[M]. 3 版. 北京：人民邮电出版社，2019

[7] SHOTTS W E，JR. The Linux Command Line: A Complete Introduction[M]. San Francisco，CA：No Starch Press，2012.

[8] BLUM R，BRESNAHAN C. Complete Guide to Linux Command Line and Shell Script Programming[M]. 4th ed. Upper Saddle River, NJ：Addison-Wesley，2018.

[9] KERRISK M. Linux/UNIX 系统编程手册[M]. 孙剑，许从年，董健，等译. 北京：人民邮电出版社，2014.

[10] BRYANT R E，O'HALLARON D R. 深入理解计算机系统[M]. 3 版. 北京：机械工业出版社，2017.

[11] LOVE R. Linux 内核设计与实现[M]. 陈莉君，康华，译. 3 版. 北京：机械工业出版社，2011.

[12] MAUMELA T，NELWAMONDO F，MARWALA T. Introducing Ulimisana Optimization Algorithm Based on Ubuntu Philosophy[J]. IEEE Access，2020，8：2169-3536.

[13] 李兴华，邢碧麟. Linux 网络编程[M]. 北京：人民邮电出版社，2020.

[14] 周凯，任怡，汪哲，等. 基于主题模型的 Ubuntu 操作系统缺陷报告的分类及分析[J]. 计算机科学，2020，47(12)：35-41.

[15] JOSEPH E K，REY J A，HELMKE M. The Official Ubuntu Book [M]. 9th ed. Upper Saddle River，NJ：Addison-Wesley Professional，2016.

[16] ROBEY R，ZAMORA Y. Parallel and High Performance Computing[M]. New York，NY：Manning Publications 出版社，2021.

[17] 周永福，黄君羡. IPv6 技术与应用(华三版)[M]. 北京：电子工业出版社，2023.

[18] AL-ANI A K，ANBAR M，AL-ANI A. et al. Match-Prevention Technique Against Denial-of-Service Attack on Address Resolution and Duplicate Address Detection Processes in IPv6 Link-Local Network[J]. IEEE Access，2020，8：27122-27138.

[19] 新华三技术有限公司. IPv6 技术详解与实践[M]. 北京：清华大学出版社，2022.

[20] DESMEULES R. Cisco IPv6 网络实现技术[M]. 王玲芳，张宇，李颖华，等译. 北京：

人民邮电出版社，2013.

[21] 王维波，栗宝鹃，侯春望. Qt5.9 C++开发指南[M]. 北京：人民邮电出版社，2018.

[22] 王维波，栗宝鹃，侯春望. Qt6 C++开发指南[M]. 北京：人民邮电出版社，2023.

[23] 陆文周. Qt5 开发及实例[M]. 4 版. 北京：电子工业出版社，2019.

[24] 白振勇. Qt5/PyQt5 实战指南：手把手教你掌握 100 个精彩案例[M]. 北京：清华大学出版社，2020.

[25] JOHNSON B，Visual Studio 2017 高级编程 [M].李立新，译. 7 版. 北京：清华大学出版社，2018.

[26] 林志光，吴文祥，秦骏达，等. 直流控制保护的多 DSP 并行可视化编程方法研究[J]. 电力电子技术，2020，54(01)：1-4.

[27] DEITEL P，DEITEL H. Visual C#大学教程[M]. 洛基山，张君施，译. 6 版. 北京：电子工业出版社，2019.

[28] 明日科技.C#从入门到精通[M]. 6 版. 北京：清华大学出版社，2021.

[29] 陶辉.深入理解 NGINX：模块开发与架构解析[M]. 2 版.北京：机械工业出版社，2016.

[30] DEJONGHE D. NGINX 完全指南[M]. 北京：O'Reilly 电子出版社中国分公司，2022.

[31] YEH C K，LIU Z P，LIN I H，et al. WYSIWYG Design of Hypnotic Line Art[J] .IEEE Transactions on Visualization and Computer Graphics，2022，6(28)：2517-2529.

[32] WOODS S. HTML5 触摸界面设计与开发[M]. 覃介右，谷岳，译. 北京：人民邮电出版社，2014.

[33] FREEMAN A. HTML5 权威指南[M]. 谢廷晟，牛化成，刘美英，译. 北京：人民邮电出版社，2014.

[34] MACKLON F，VIGGIATO M，ROMANOVA N，et al. A Taxonomy of Testable HTML5 Canvas Issues[J]. IEEE Transactions on Software Engineering，2023，6(49)：3647-3659.

[35] 山西优逸客科技有限公司. HTML5 实战宝典[M]. 北京：机械工业出版社，2017.

[36] FRISBIE M. JavaScript 高级程序设计[M]. 李松峰，译. 4 版. 北京：人民邮电出版社，2020.

[37] 安托·阿拉文思，斯里坎特·马基拉朱. JavaScript ES8 函数式编程实践入门 [M].梁平，译. 2 版. 北京：清华大学出版社，2022.

[38] CROWDER T J. 深入理解现代 JavaScript[M]. 赵永，卢贤泼，译. 北京：清华大学出版社，2022.

[39] MISHRA B，KERTESZ A. The Use of MQTT in M2M and IoT Systems: A Survey[J]. IEEE Access，2020，8：2169-3536.

[40] CROCKFORD D. JavaScript 语言精粹[M]. 赵泽欣，鄢学鹍，译. 北京：电子工业出版社，2021.

[41] 李锴. Node.js 开发指南[M]. 北京：人民邮电出版社，2020.

[42] RAUCH G. 了不起的 Node.js[M]. ZHAO G，译. 北京：电子工业出版社，2014.

[43] MQTT 中文网. MQTT 协议 5.0 中文版. https://mqtt.p2hp.com/mqtt-5-0，2018.

[44] BUCCAFURRI F，ANGELIS V D，LAZZARO S. MQTT-A: A Broker-Bridging P2P Architecture to Achieve Anonymity in MQTT[J]. IEEE Internet of Things Journal，2023，

17(10): 15443-15463.
- [45] 付强. 物联网系统开发: 从 0 到 1 构建 IoT 平台[M]. 北京: 机械工业出版社, 2020.
- [46] FIZZA K, JAYARAMAN P P, BANERJEE A. et al. IoT-QWatch: A Novel Framework to Support the Development of Quality-Aware Autonomic IoT Applications[J]. IEEE Internet of Things Journal, 2023, 20(10): 17666-17669.
- [47] 王良明. 云计算通俗讲义[M]. 北京: 电子工业出版社, 2015.
- [48] WU C, TOOSI A N, BUYYA R, et al. Hedonic Pricing of Cloud Computing Services[J]. IEEE Transactions on Cloud Computing, 2021, 1(9): 182-196.
- [49] ERL T, MAHMOOD Z, PUTTIN R. 云计算: 概念、技术与架构[M]. 北京: 机械工业出版社, 2016.
- [50] HOLMES S, HARBER C.MEAN 全栈开发[M]. 2 版. 北京: 清华大学出版社, 2020.
- [51] ANTAL G, HEGEDŰS P, HERCZEG Z, et al. Is JavaScript Call Graph Extraction Solved Yet? A Comparative Study of Static and Dynamic Tools[J]. IEEE Access, 2023, 11: 2169-3536.
- [52] 王金柱. Vue.js+Node.js 全栈开发实战[M]. 北京: 清华大学出版社, 2021.
- [53] 柳伟卫. Vue.js+Spring Boot 全栈开发实战[M]. 北京: 人民邮电出版社, 2023.